JN312314

口絵1　2008年8月21日，北京五輪陸上男子4×100 mリレー準決勝の最後のバトンパス
左から米国（アテネ五輪金），ナイジェリア（アテネ五輪銅），南アフリカ共和国，日本の各チーム（読売新聞社提供）．

口絵2　筆者（小倉）が大学院生のころの年賀状木版画
4台のマニプレータ（微小操作器）で4本のガラス針と微小電極を操っている．頭上に病床の鎌田先生を奥様が描かれた油絵が掛っていた．

口絵3　アメフラシ
アメフラシは磯の動物で，海底の砂地にいる姿はむしろ珍しい．この A. kurodai は体長約20 cm．カンデル博士が用いた A. californica はこれより大きく，体長30 cmを超える（井田ダイビングセンター・片野猛氏提供）．

口絵4　エムラミノウミウシ
体長約3 cm．アルコン博士が用いたものもこの種．ウミウシもアメフラシ同様磯の動物だが，アメフラシが保護色作戦をとるのに対し，ウミウシは警戒色作戦でよく目立つ（井田ダイビングセンター・片野猛氏提供）．

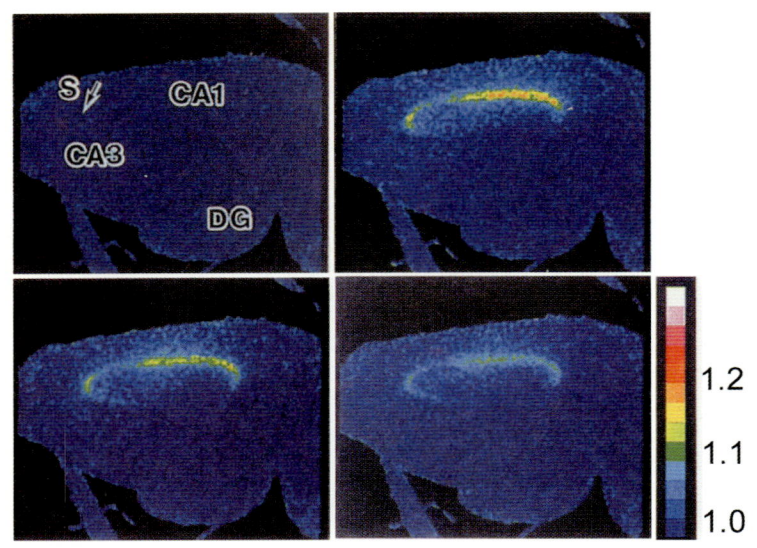

口絵5 海馬LTP誘発時のシナプス後細胞内 Ca^{2+} 濃度の上昇
刺激前との変化率を疑似カラーで表示し，青→黄→赤となるほど大きな Ca^{2+} 上昇が起きたことを意味する．Sはシャファー側枝においた刺激電極．左上は刺激前，右上は刺激10秒後，左下60秒後，右下180秒後．刺激は50 Hz，2秒間だが，Ca^{2+} 上昇が3分間ほど持続している（工藤・小倉原図）．

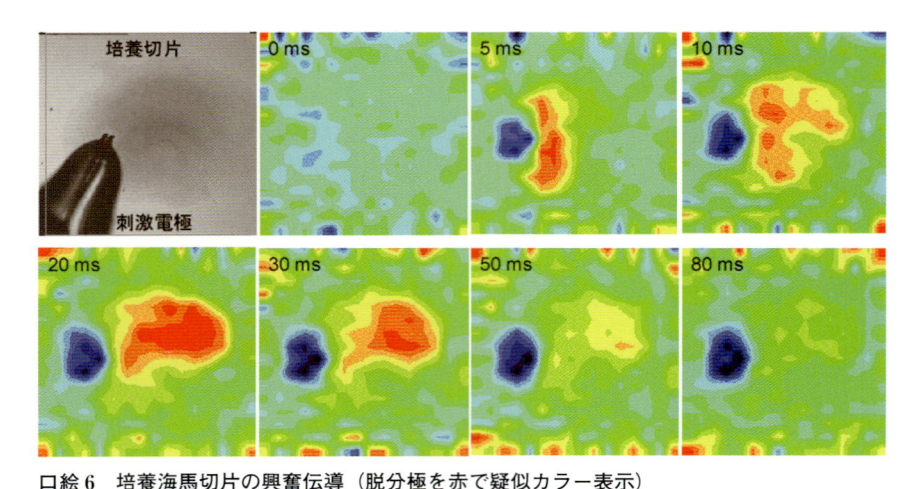

口絵6 培養海馬切片の興奮伝導（脱分極を赤で疑似カラー表示）
数字は刺激後の経過時間（ミリ秒）．シャファー側枝の中途に刺激電極をおいて通電しているので，興奮は順行性にCA1方向に伝播するだけでなく，逆行性にCA3細胞体方向にも伝播している（篠田・小倉原図）．

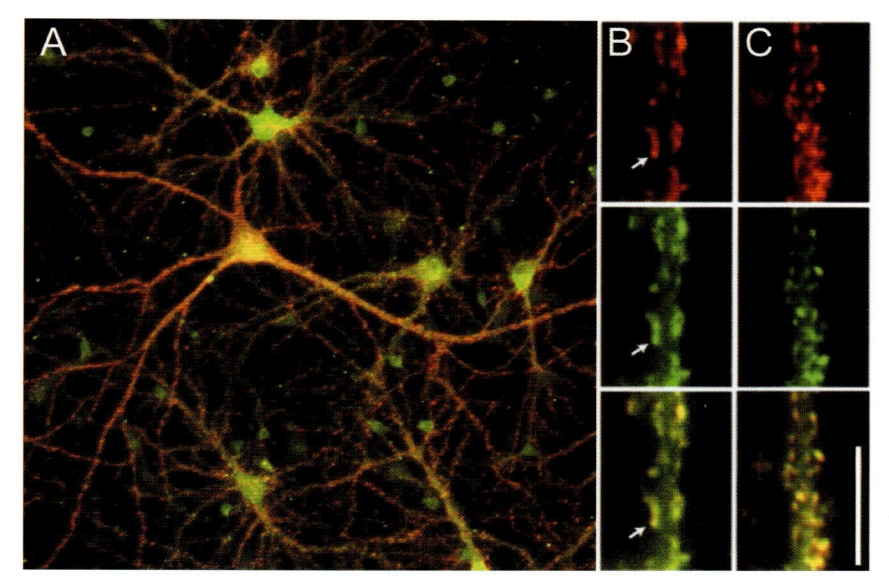

口絵7　分散培養下の海馬錐体ニューロン上のシナプス
赤色はシナプス小胞タンパク質シナプトフィジンの染色で，軸索末端を，緑色はシナプス後骨格タンパク質ドレブリンの染色で，樹状突起棘を示す．合成中のタンパク質もあるので，細胞体も染色される．両者が相対している部分がシナプスで，赤と緑の蛍光が重なって黄色に表示されている（シナプスはこの写真に多数写っているが，矢印でそのうちの1つを示す）．Bは無刺激．CはBDNFの30分間投与を3回繰り返した14日後で，シナプスが増えている（山本・谷口・冨永原図）．

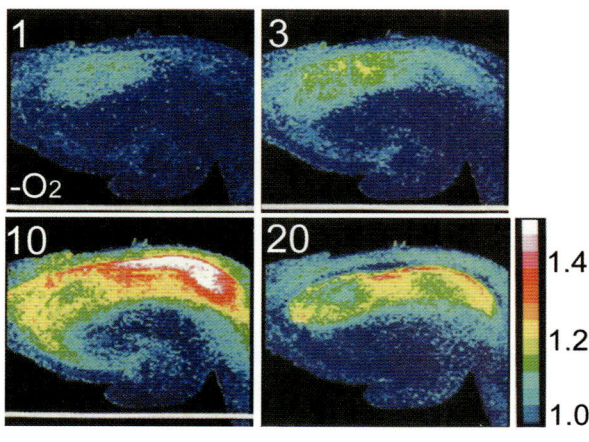

口絵8
模擬虚血として無酸素無グルコース溶液を海馬切片に還流した際のニューロン内 Ca^{2+} 濃度上昇
刺激前との変化率を疑似カラーで表示し，青→黄→赤となるほど大きな Ca^{2+} 上昇が起きたことを意味する．数字は無酸素液還流開始後の経過時間（分）．10分後に有酸素有グルコース溶液に戻したが，Ca^{2+} は長時間高いままである（工藤・小倉原図）．

記憶とNMDA受容体との関係については，本文第6章参照．
イラスト：菅家　舞（大阪大学理学研究科）

シリーズ《生命機能》
木下修一　近藤寿人
【編集】

3

記憶の細胞生物学

小倉明彦・冨永恵子
【著】

朝倉書店

まえがき

　日本人はリレーが好きで，結構強い（陸上競技に限らず水泳でもスキーでも）．陸上の華，4×100 m リレーの日本チームは，アテネオリンピック（2004年）では決勝4位で惜しくもメダルを逃したが，北京オリンピック（2008年）でついに宿願を果たし，この種目で日本陸上競技史上初の銅メダルを獲得した．かつて陸上少年だった筆者（小倉）は，テレビの前で感涙にむせんだ．考えてみてほしい，アメリカチーム（デビッド・マーチン，トラビス・パジェット，ダービス・パットン，タイソン・ゲイ）は全員100 m を 9 秒 6～9 台で走る．対する日本チーム（塚原直貴，末續慎吾，高平慎士，朝原宣治）は最速の朝原選手でもベストが 10 秒 02 である．8 人並べてヨーイドンしたら誰一人敵わない．それなのになぜ日本が 3 位か．それはバトンパスの巧拙による．

　このレース，強豪のアメリカ，イギリス，ナイジェリア（それぞれアテネの1～3位）は，みな予選でバトンパスに失敗し，決勝に進めなかったのである（口絵1参照）．「なんだ，タナボタか」というなかれ，リレーとはバトンパスまで含めての競技である．結局北京の決勝では，アサファ・パウエル，ウサイン・ボルトを擁した大本命ジャマイカが金，ダークホースのトリニダード・トバゴが銀だったが，それでもアンカー朝原選手にバトンが渡るまで，ジャマイカに大差はつけられていなかった．そう，リレーはバトンパス次第で，勝ちも負けもするのである．そのバトンパスは，練習次第で大いに向上する．ジャマイカもアメリカも，バトンパス練習はレース直前に数回やっただけだったという．対する日本チームは，1走をアテネの土江寛裕選手から塚原選手に代えただけで，メンバーを固定してスパルタ練習を積んできた．

　さて，神経細胞間の情報伝達の方法は，このリレーと全く同じである．手前の神経細胞の線維を，興奮が駆け下りてきて線維の末端まで達すると，バトン

にあたる神経伝達物質という分子が放出される．次に控える神経細胞はそのバトンを受けて興奮を発し，次の神経細胞に向けて走り出す．このリレーゾーンをシナプスという．バトンパスは，伝達物質の放出，伝達物質の拡散，伝達物質を受ける分子（受容体）の活性化，受けた細胞の興奮，といった多くのステップを経て行われるから，そうしたステップのどれかでも変化すれば，シナプスでの神経伝達の効率は，上がりも下がりもする．これが本書の主題である「記憶」の仕組みに直結している．では，リレーでのスパルタ練習にあたる神経現象とは具体的に何か．リレーでのバトンパスの巧拙にあたる神経現象とは具体的に何か．それが本書のテーマである．

　記憶の研究は，1970年代まで心理学の対象であって生物学の対象ではなかった，といってよい．第3章で紹介するような先駆的な研究はあるが，現在の理解にはほとんどつながっていない．いっぽう，神経系の生物学は，1970年代までは構成要素についての生物物理学か細胞の配置についての記述的解剖学であって，脳がその機能を発揮する場である回路の機能については，ほとんど手つかずだった．

　その状況を劇的に変えたのが2人の巨人，米コロンビア大学のエリック・カンデル博士と英ロンドン大学のティム・ブリス博士だった．カンデル博士は軟体動物アメフラシを研究材料として，それまで理論的にしか扱われなかったシナプス伝達効率の可変性を実証した．ブリス博士は，哺乳動物脳で可変シナプスの実在を示した．以来約30年，筆者自身を含め世界の多くの研究者がこれらの系に解析を加え，相当なことがわかった（それらのあらましを第6章までに説明する）．そして，20世紀が終わるころには，およそ調べるべきことは調べつくされた，今や記憶の生物学研究は山を越えた，という見方もされた．しかし，本当にそうだろうか．大事なポイントが未解明なのではないか．筆者らの研究はそこから出発した．

　私たちが日常会話で「記憶」というとき，それは引き算で上の位から10借りてきたことを数秒間憶えていることよりも，旅先でホテルの部屋番号を滞在中の期間だけ憶えていることよりも，少年時代飼っていた猫の毛色や，その猫が急にいなくなって探し歩いた町角の光景を憶えているような，数十年の時を超えてもなお詳細に情報を保持している不思議な脳機能を指していうのではない

まえがき

だろうか．そうした記憶の細胞機構も，すでに解明されたといってよいのだろうか．

よい，というのが21世紀の開幕当時の主流的見解であった．現在でもそうかもしれない．が，それならそれを示してからでないと，堂々とそう主張はできまい．数十年は検証不可能でも，せめて数週間は保持されることを確かめなくては，日常語でいう「記憶」とは対応しないだろう．こうして筆者らの21世紀研究が始まった．その結果，どうも「よい」とはいいきれなくなってきたのである．しかし，違うというだけならただの文句屋にすぎない．代わりの説明をみつけなくてはならない．筆者らの苦闘が始まった．何事につけ，非主流は世に生きにくいものである．

そんなときこの大阪大学に生命機能研究科が発足した（2002年4月）．研究科の主義は「ナンバーワンかオンリーワンか」だという．研究科の大多数のメンバーは前者だが，後者をも召し抱える度量をもつという．乗せていただこうではないか．以来，度量に甘えつつえられた「代わりの説明」を第7章に示したい．

記憶の機構の細胞生物学研究は，今や基礎科学の課題から社会的な課題に様相を変えつつある．高齢化社会では，記憶障害を主症状とする認知症の原因解明とその予防法・治療法の開発は，もっとも重要な社会的課題の1つだからである．また，現代文明は，生物としてのヒトにとって生きやすい状況を与えてくれているとはとてもいえない．この強ストレス社会がもたらす精神障害には，心的外傷後ストレス障害（PTSD）などの忘却障害（ないし記憶更新障害）が含まれる．最終章には，こうした記憶に関連した疾病について，近未来を展望したい．

2011年1月

小倉明彦
冨永恵子

目　　次

1. **記憶とは何か** ･･ 1
   1.1 情報内容による分類 ･･････････････････････････････････ 1
   1.2 時間経過による分類 ･･････････････････････････････････ 4
   1.3 関与部位による分類 ･･････････････････････････････････ 5
   1.4 細胞機構による分類 ･･････････････････････････････････ 6

2. **ニューロン生物学概説** ････････････････････････････････ 8
   2.1 メーキング・オブ・脳 ････････････････････････････････ 8
   2.2 ニューロンとは何か ･･････････････････････････････････ 12
   2.3 グリアとは何か ･･････････････････････････････････････ 13
   2.4 シナプスとは何か ････････････････････････････････････ 15
   2.5 興奮とは何か ･･ 25
   2.6 シナプス調節とは何か ････････････････････････････････ 27

3. **記憶の生物学的研究小史** ････････････････････････････ 32
   3.1 記憶物質仮説 ･･ 32
   3.2 シナプス仮説 ･･ 34
   3.3 細 胞 仮 説 ･･ 37
   3.4 新・物質仮説 ･･ 39

4. **ヘッブの仮説** ･･ 41
   4.1 パブロフの条件反射 ･･････････････････････････････････ 41

4.2　ヘッブの仮説の検証··43
　4.3　モデル系の探索···46
　4.4　可塑性モデルとしての薬物依存症·····································47

5.　**無脊椎動物での可塑性研究**···53
　5.1　アメフラシの鰓引き込み反射··53
　5.2　アメフラシの慣れと鋭敏化，その細胞内機構·······················54
　5.3　ウミウシの走光性抑制学習··60
　5.4　ショウジョウバエの記憶異常変異·····································62

6.　**哺乳類での可塑性研究**···68
　6.1　海馬のLTP··68
　6.2　LTPはプレかポストか論争··74
　6.3　グルタミン酸受容体··78
　6.4　NMDA型受容体分子のヘッブ性·······································83
　6.5　Ca^{2+}流入以後の反応カスケード·····································85
　6.6　ドゥーギーマウスの誕生···93
　6.7　海馬のLTD··95
　6.8　発火タイミング依存的可塑性の謎·····································98
　6.9　シナプスタグの謎···100
　6.10　LTP/LTDとシナプス形態の変化····································103
　6.11　小脳のLTPとLTD··109

7.　**長期可塑性研究のパラダイム転換をめざして**·························115
　7.1　LTPは本当に「長期」増強か···116
　7.2　モデル実験系の探索··117
　7.3　培養海馬切片のLTP··124
　7.4　RISEの発見··128
　7.5　RISEにはシナプス新生が伴う······································132
　7.6　繰り返しの意味とRISE成立機構の仮説····························133

7.7 グルタミン酸受容体の動態·················136
7.8 シナプス新生の途中経過·················137
7.9 LOSS の発見·······················141
7.10 LOSS 成立機構の仮説·················144
7.11 RISE と LOSS の鏡像性················146
7.12 シナプス形成過程の観察················152
7.13 今後しなくてはならないこと··············154

8. 記憶の障害···························157
8.1 虚血性神経細胞死と脳血管性障害············157
8.2 アポトーシスとネクローシス···············162
8.3 アルツハイマー病····················164
8.4 ストレスと記憶·····················170
8.5 ホルモンと記憶·····················172

文　　献·······························177
対談：あとがきに代えて························183
索　　引·······························195

コラム

- 2.1 グリア　16
- 2.2 神経伝達物質と受容体　20
- 2.3 膜電位の発見　23
- 2.4 シナプスの統合　24
- 2.5 神経活動の記録法　28

- 3.1 骨相学と機能局在　40

- 4.1 パブロフと大阪大学　44
- 4.2 麻薬・覚醒剤と社会　50
- 4.3 脳内報酬系と鎮痛　51

- 5.1 アメフラシの魅力　55
- 5.2 ウミウシの魅力　63
- 5.3 昆虫の記憶とキノコ体　66

- 6.1 海馬とは何か　73
- 6.2 伝達物質としてのグルタミン酸　79
- 6.3 AMPA型受容体もCa^{2+}を通すことがある　82
- 6.4 Ca^{2+}イメージング装置の開発　91
- 6.5 1990年代の顕微鏡技術の飛躍的進歩　105
- 6.6 小脳LTDの生理的意義　114

- 7.1 ニューロンの培養　122
- 7.2 小脳顆粒ニューロンの活動依存的生存　123
- 7.3 電位感受性色素　129
- 7.4 ジョロウグモ毒素　138
- 7.5 シナプス発芽説の先駆者　139
- 7.6 片眼遮蔽と皮質盲　147
- 7.7 ニューロトロフィンとその前駆体　148

- 8.1 謎のAPP　169
- 8.2 環境ホルモンの恐怖　175

1

記憶とは何か

　まず本書でいう「記憶」とは何かを定義しておかなくてはならない．しかし，記憶とは日常用語であって，科学的に厳密に定義しようとすればするほど，日常用語の指すところから離れていってしまう．ひとまず，「動物が，個体に入力した感覚情報とそれに対する応答を，再生可能な形で短期または長期に保持する現象」くらいにしておく．「感覚情報」と限定すると，外界からの情報だけに限るように聞こえるかもしれないが，内的な刺激や自発的な活動の結果として生起する情報も，個体内部の感覚器で受容しているわけだから，間違いではないだろう．また「応答」というと，何の応答も外界に返していないこともあるといわれようが，内部で何らかの反応を引き起こしている限り，応答とよんでよいだろう．何の内部反応も起こしていないなら，その情報が保持されるはずはない．

1.1　情報内容による分類

　ヒトの心理学では「記憶」を「陳述記憶」「非陳述記憶」に分類し，「ことばで述べることができる記憶」と「できない記憶」とに分けるが，ラットはもちろん，サルも経験をことばで述べることはできない．ヒト心理学ではさらに「陳述記憶」を「エピソード記憶」と「意味記憶」に分け，前者を「○月○日に何があった，というような出来事の記憶」，後者を「○○とは××の意味，というような約束事の記憶」とする．これは，字義通りの意味では，もう動物ではありえない．

しかし，これに相当する動物の感覚情報保持がどのようなものか考えておくことは，無意味ではなかろう．なぜなら，このようなヒトの記憶の諸様相は，ヒト脳がそのどこかで，何らかの機構を使って実現している以上，それに対応する様相は，少なくとも脳の成り立ちをヒトと共有している脊椎動物においては，萌芽的であれ存在していると期待できるからである．また，その様相のそれぞれに生存上の意義があるならば，後述のように脳の成り立ちが相当異なる無脊椎動物においても生存上の意義があるはずで，彼らも神経系のどこかを使って相同な機能を実現していると期待できるからである．

　「出来事に関する記憶」は，「○月○日か」まで問わなければ，ヒト以外にもあることが証明されている．ラットの海馬（本書で主役を張る脳の一部位）には場所細胞（place cell）があって，各場所細胞には運動場内で自分が「担当する」地点が割り振られており，ラットが当該細胞の担当地点に来ると興奮する．だから，ラットを迷路に入れて走らせると，道筋の各地点を担当する各場所細胞が，その順番に興奮する．その後ラットを飼育箱に戻す．さて，その晩ラットが眠っている間（ラットは夜行性なので翌昼か）海馬から記録をとると，先刻経験した迷路の走路順に場所細胞が興奮するのがみられる．つまり，彼は夢の中で（？）迷路を思い出しているのである．また，ミツバチが花をみつけて巣に戻り，巣箱の前で有名な8の字歩きをするとき，彼女は（働きバチは雌である）キノコ体（䕷状体，昆虫脳の一部位）を使って，みつけた花までの距離と方角を思い出しているはずである．

　「約束事に関する記憶」も同様に，ヒト以外にもある．ラットをプールで泳がせ，隠した台までたどりつかせる水迷路という課題を課すと，台の周囲につけた旗なり電球なりを目印にして，「あの旗は台」という記憶がラットに成立する．ハエの飼育瓶にバナナの匂いとハッカの匂いのする管をつけ，バナナに入ると電気ショックを与えるようにすると，ハエに「バナナは危険」の記憶が成立する．バナナの匂いそのものでなくても似た匂いを避けるから，類型分けの判断も入っており，言語によるとはいえなくとも「記号化」は認められる．

　ヒト心理学で「エピソード記憶」と「意味記憶」を分けるのは，後者が前者の要素をなしてより基底にあることや，臨床的にも，認知症で出来事は憶えられなくなっても，単語や文法はなかなか消えないという事実があるからだが，

おそらく動物の記憶においても，基底的な要素情報と，それらの組み合わせによって築かれる高次の情報は，両者ともにあって，基底要素ほど擾乱(じょうらん)に強いはずである．そして両者は，おそらく情報を保持している脳構造の部位か，数か，情報処理の階層のレベルかにおいて，差があると思われる．

「非陳述記憶」は「運動に関する記憶」と置き換えられるだろう．先日，筆者（小倉）は一輪車に約20年ぶりに乗ったが，少々の練習で思い出すことができた．蔵王(ざおう)に行ったら，たぶんシュテム・クリスチャニアくらいはできるだろう．これは大脳基底核か小脳による記憶である．パブロフのイヌがベルの音を聴いて唾液を分泌する「条件づけ」(コンディショニング)もこの部類だろう．イヌはベルの音を聴いたとき，「あ，餌だ」という心理過程を経ることなく，気づかぬうちに唾液が出ているはずである（生理学では，分泌や心拍増大などの身体反応も，広い意味での運動出力に含める）．これも，責任脳部位の特定こそ難しいが，海馬によらない記憶である．

こうした条件反射は，無脊椎動物でも難なく成立する．無脊椎動物での実験では，心理過程を判断するのはイヌ以上に困難で，運動出力によって判定するしかないから，ほとんどはこれに含まれる．第5章で説明するが，軟体動物のアメフラシを無害な刺激に慣らしたあと，侵害刺激をかけると慣れが解除される「鋭敏化」という記憶現象がある．これに関与する神経細胞群は腹部神経節にあって，脳（頭部神経節）の関与はないから，おそらく心理過程はないといってよいだろう．上の「バナナは危険」のハエも，こちらかもしれない（ただし，匂い学習にはキノコ体の関与があるので，筆者としては入れたくない）．

「画像記憶」といって，風景なり本のページなりを，目の焦点を無限遠に置いてしばらくじーっと眺めていると，その映像を写真に撮ったかのように記憶できてしまう能力が実在する．このとき，「どこの橋の右側にビルがあって…」というような，ことばによる記憶はしていない．思い出すときも，考えて映像を再構築するわけではなく，映像がゆっくり脳裏に浮かんでくる．あえてことばにせよといわれたら，その画像をもう一度読み直してことばに翻訳するしかない．歴史年表をじーっと眺めていったん憶えると，憶えるつもりなど全くなかった右下のページ番号までみえてくる（実は，筆者（小倉）には18歳くらいまでその能力があった．受験勉強に有利なようだが実はそうでもなく，理解して

憶えたわけではないので，脳裏に浮かばせた教科書のページをめくりながら試験場でもう一度読み直さなくてはならなかった）．生物学的な機構は未解明だが，おそらく音楽の記憶などと同様，海馬の関与しない「非陳述記憶」の一例といえるだろう．

このようにみてくると，心理学でいう「陳述記憶」「非陳述記憶」「エピソード記憶」「意味記憶」に相当する現象は動物にも存在し，逆にいえば動物実験で解析可能だということになろう．

1.2 時間経過による分類

「数秒から数分程度までの情報保持を短期記憶といい，数時間以上の保持を長期記憶という」というのが，教科書の定義である（たとえば文献[1]のp. 248）．

しかし，この時間区分は日常語として使う短期-長期とかなりかけ離れている．日常語で長期記憶といえば，数日以上，場合によっては個体の一生涯保持されるような情報を指すはずだ．そして，数時間の保持と，数日以上の保持を同一視してよいかは，研究者の立場を反映して意見が分かれるのではなかろうか．まとめるという行為は，そこに共通性を想定してこその行為なのだから．

本書の中で筆者らは，いわゆる海馬LTP（第6章で説明する）は，数時間は保持される（条件によっては数日程度までは保持されるかもしれない）が，それ以上は保持されず，数日以上保持される情報は別の機構によるのではないか，との主張をするつもりである．それゆえ，ここで教科書的見解に異議を唱えているのであって，「数時間〜数日までの保持を中期記憶といい，数日以上を長期記憶という」としたいところなのだが，そこまできっぱり反旗を翻す勇気もない．まとめることと同様に，分けるという行為は質的に異なるという想定を含意している．したがって中期記憶と長期記憶を分けることは，これらが別物であると宣言することに等しいから，「その後解析を進めてみたら，違いはありませんでした，単に長さで一応区切ってみただけです，お騒がせしました」と平気な顔ではいえなくなるのだ．

しかし，持続時間で区分するのではなく，成立に要する時間で区分することには，あまり異論がないだろう．瞬時に成立する「即時記憶」は，出来事以前

から存在していた神経装置を調節することで達成される情報保持であり，瞬時に成立しえない「遅延記憶」は，出来事以降に新たに生じた装置によって達成される情報保持だと分類できるだろう．

　つまり，教科書的見解では，ここでいう即時記憶を短期記憶と，遅延記憶を長期記憶と読み替えているわけである．しかし，論理上は，即時記憶と短期記憶は同義ではないし，遅延記憶と長期記憶は同義ではない．即時に成立して長期維持される記憶があってもいいし，遅れて成立して早く消える記憶があってもいい．だから，本書で筆者らが提案したいのは，ともかくこの遅延記憶を解析してみようではないか，ということである．その解析を通じて，質的に異なる相が特定されたなら，それを「中期」「長期」なり「超長期」なり分類し直せばよいだろうし，質的に異なる相がみつからなかったら，一括して「長期」とまとめればよいだろう．

1.3　関与部位による分類

　すでに1.1，1.2節で触れてきたように，情報は脳内のいくつもの部位で保持される．「陳述記憶」は，哺乳類なら海馬関与の情報保持，昆虫なら（確定的にはいえないが）キノコ体関与の情報保持とくくることができるだろうし，「非陳述記憶」は，海馬・キノコ体非関与の情報保持とくくることができるだろう．

　また，海馬は，空間位置などの一部の情報を除いて記憶の最終保存部位ではなく，視覚情報は視覚野の，言語情報は言語野の一部に格納されると考えられるから，最終保存部位という観点からの分類も可能だろう．

　さらに観点を変えて，報酬-罰系による強化が加わる場合と，そうでない場合という分類も可能だろう．動物に課題を与えて記憶をみるとき，報酬（甘味や餌）または罰（電気ショックなど）を用いると，その獲得効率も保持期間も大きく違ってくる．哺乳類脳では，報酬は中脳腹側被蓋野から発して大脳辺縁系（海馬を含む大脳の縁にあたる構造群）に至るドーパミン（神経伝達物質の一種，第2章で説明する）性の神経路がそれを伝えている．罰は，延髄後索核から上行し，内側毛帯を通って視床に至る痛覚経路がそれを伝えている．したがって，これらの脳構造の関与の有無や関与の程度の高低で記憶を分類すること

また，恐怖を代表とする情動（ヒトでいえば感情だが，動物の感情はわからず，実験者は竦(すく)み反応（freezing）や心拍変化などの運動出力で判断するので「情動」と表現する）刺激も，記憶を調節する大きな要因となる．哺乳類脳では扁桃体(へんとうたい)が主役を演じる．扁桃体が関与する（または扁桃体自体に保持される）記憶が知られている．昆虫や軟体動物で，報酬−罰系や情動中枢がどこにあってどう関与するのかは，まだよくわかっていない．しかし，昆虫の学習で餌や電気ショックが記憶を修飾するのは事実だから，いずれみつかるだろうと思われる．

1.4　細胞機構による分類

　第2章以降で説明するので，ここで先どりして詳しくは説明しないが，神経情報の伝達は多くのステップを経て行われるから，それぞれのステップで調節が行われて記憶が成立する可能性があるし，実際その通りである．

　たとえば，神経情報伝達は，2つの神経細胞の接点（シナプス）において，手前の神経細胞の末端から次の神経細胞に向けて，神経伝達物質が放出され，次の細胞がそれを受けとって行われる．このとき，放出する側が変わっても，受容する側が変わっても，伝達の効率は変化する．その変化状態が一定時間持続すれば，それは記憶の素過程になる．したがって，「伝える側の細胞に起因する記憶」と「受けとる側の細胞に起因する記憶」という分類ができる．

　こうした変化を，シナプス可塑性（synaptic plasticity，第3章で説明する）という．可塑性とは，弾性（elasticity）の反対語である．前者は「外力による変形が外力の除去後も残る性質」，つまり型に嵌(は)めればその形になる可塑性(プラスチック)樹脂の性質を指し，後者は「外力の除去後に変形が残らない性質」，つまり手を放せば元に戻るゴムのような性質を指す．神経系の弾性的な性質を反映した記憶もありうる．

　作業記憶（working memory）という分類カテゴリーがある．引き算の際，上の位から10借りてきたのを，その位に進むまでのごく短時間憶えておいたり，文のはじめの方に「こそ」を使ったら，文末を已然(いぜん)形で結ぶまで憶えてい

るような記憶をさす．必ずしも「ごく短時間」とは限らない．「はじめてのおつかい」に出た子が，お肉屋さんに着くまで「コロッケ3つ，コロッケ3つ」と唱え，買い終えたら忘れるというとき，それは結構長時間にもなる．これは，脳内にすでにある（あるいは随時生じる）循環的な神経回路を，活動電位（第2章で説明する）がぐるぐる回っている間だけ保持される情報だと考えられている．次々に作業を連続して行う行動では，必要が済みしだい状態を弾性的に戻して即時に情報を消すことが，生体にとってはむしろ好都合である．

2

ニューロン生物学概説

ここで、脳を構成する細胞について説明をしておこう．それについては先刻承知済みという読者は、本章をスキップしていただきたい．またより詳しく知りたいという読者は、別の教科書を参照されたい[2-4]．

2.1 メーキング・オブ・脳

まず脳のつくられ方を説明しよう（図2.1）．ヒトを含む脊椎動物では、まず受精卵が分裂・増殖して中空のゴムまり状の構造ができる．これを胞胚（blastula）という．分裂が続くと、やがて一部が凹んで内部に入り込み（原腸陥入）、表の袋を内側から下張りした二重の袋になる．外側の袋を外胚葉、内側の袋を内胚葉とよぶ．この時期以降内側の袋は筒状になって将来の消化管になるから、原腸ともよばれる．この二重袋形の胚を嚢胚（gastrula）といい、原腸が陥入していく引き込み口を原口（blastopore）とよぶ．脊椎動物胚の原口は将来肛門になる．原腸陥入の始まったときに原口の上唇部分にあった細胞群は、特別な能力をもっている．この細胞群は、嚢胚が完成したときには、原腸の背側中央部に縦に（将来の前後軸方向に）分布することになり、集合して中実の棒状構造をつくる．これを脊索（notocord）という．

内側から脊索に裏打ちされることになった外側の細胞群、つまり背中央の表皮にあたる細胞群（この時期にはまだ皮膚として分化しているわけではなく、胚の表面という意味）は、脊索に引っ張りこまれるようにして管をつくる（神経管陥入）．この管を神経管（neural tube）とよび、この時期の胚を神経胚

2.1 メーキング・オブ・脳

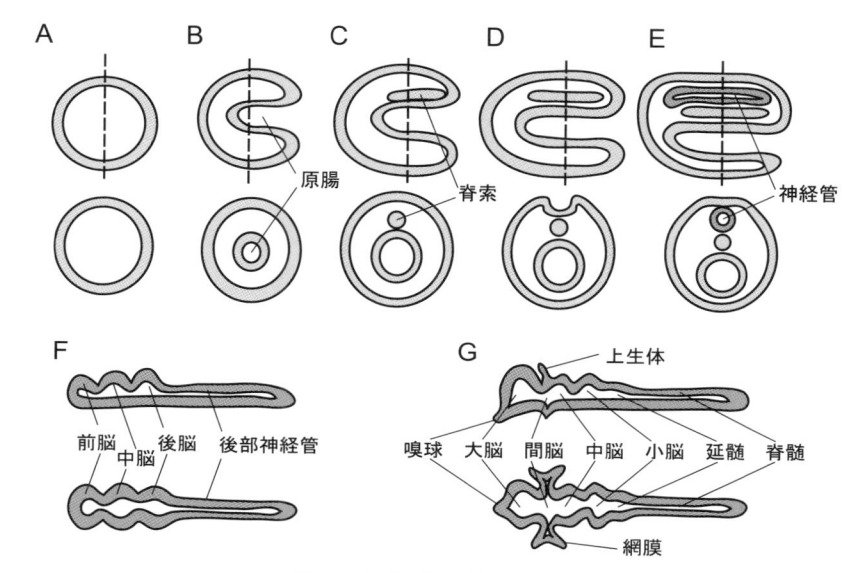

図2.1 脊椎動物の神経発生概略
Aは胞胚期, B-Dは嚢胚期, Eは神経胚期. それぞれ上段は側面図, 下段は上段図の点線で切った断面. FはEよりやや進んだ神経管, Gはさらに進んだ神経管. それぞれ上段は側面図, 下段は上から見た図. 神経管前端部(脳)は背面で膨大化・分節化するが, 腹面はさほど膨大化せず連続的で, 大脳部から延髄部まで通して脳幹とよばれる場合もある.

(neurula)という. 神経管の細胞は, 管の内壁付近で分裂しては外側に移動していくというやり方を繰り返してどんどん増えていくが, とくに神経管の前端部分の背側では増殖が盛んなので, 必然的に神経管の前端背側が膨らんでくる. これが脳の起源である.

膨らみは3つあり, 前から前脳(forebrain), 中脳(midbrain), 後脳(hindbrain)と名づけられている. 前脳の本来の役割は, のちに嗅覚情報の処理に当たるべき細胞集団を準備することにあり, 同様に中脳は光感覚, 後脳は振動感覚の処理にあずかる細胞集団を準備することにある. ただし, 魚類でこそその原プランが残されているが, 進化とともに機能は流用に流用が重ねられ, 哺乳類ではもはや上記の機能分けは成り立たない.

前・中・後脳は細胞増殖を続け, それぞれの内部や移行部に小部域をつくり出していく. 前脳は嗅球(olfactory bulb)・大脳(cerebrum, 大きいとは限

らず，大きくないときは終脳（telencephalon）とよばれる），前脳と中脳の間に間脳（diencephalon）とそこから左右に張り出す目の網膜（retina）をつくり出す．哺乳類では，終脳の背側部分の細胞生産がとくに著しく，層をなして大脳皮質を形成する．大脳皮質のうち初めにつくられた部分は，あとにつくられる部分によって徐々に縁に追いやられてしまうが，その比較的古い大脳皮質部分に本書の後半で主役を張る海馬が含まれる（そこで海馬を原皮質とよぶことがある）．中脳は視蓋（optic tectum，上丘（superior colliculus）ともいう）と聴蓋（auditory tectum，下丘（inferior colliculus）ともいい，上丘と合わせて上下左右の隆起を四丘体（quadrigeminal bodies）ともよぶ）をつくる．後脳は小脳（cerebellum）と延髄（medulla）という区分構造をつくる．しかし，神経管前端部であっても，背側に比べて腹側では細胞増殖は少なく，前・中・後脳の境界もあいまいなため，まとめて脳幹（brain stem）とよばれることもある．この部分の細胞は，やがて個体の生存のための自律的な制御にあずかる細胞集団に育っていく．

　動物種によって時期の差こそあれ，孵化または出生が近づくにつれて神経管細胞の増殖速度は鈍り，孵化・出生とほぼ同期して終わる．卵黄として貯蔵されていた栄養または胎盤を通した母体からの栄養供給が終わり，自立して生存を図らなくてはならないその時期までに神経系を完成させておくという生存的意義があるのだろう．以後は基本的に増殖しない（近年一部に例外がみつかり，それをもって「中枢神経系の細胞も増殖する」と主張する論者もいる．それはそれで正しいが，あくまで例外で，原則として増殖はしない）．

　無脊椎動物（ここでは環形動物や節足動物や軟体動物など，原口が将来の口になる前口動物群をさす）では，嚢胚形成までは脊椎動物と同じだが，それ以降でデザインの異なる体づくりをする（図2.2）．まず体の前後軸に沿って細胞群が区分され，体節がつくられる．1つ1つの体節は，外側と内側に1層ずつのシート状の細胞群（外胚葉と内胚葉）と，2層の間に起源の異なる第3の細胞群（中胚葉．この細胞群の起源は，陥入しつつある原腸の先端にあらわれた左右一対の端細胞であり，脊索も含めて原腸の壁が二次的に陥入して中胚葉をつくる脊椎動物とは異なる）とをワンセットでもっている．最後尾の体節でこのセットが同期的に増殖し，その後ろに新たなセットを次々に生み出して体節

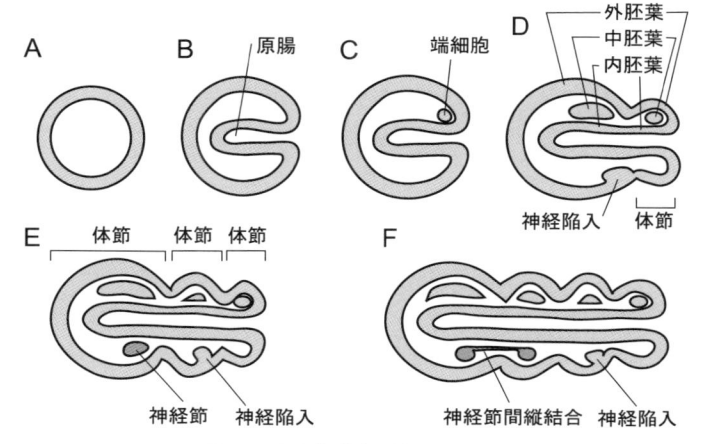

図2.2 無脊椎動物の神経発生概略
Aは胞胚期，Bは嚢胚期．原腸の尾端に中胚葉原基の端細胞が現れる（C）．尾端の外胚葉，内胚葉と端細胞は，同期的に増殖し，細胞をワンセットで前に前に送り出し，体節を生み出す（D）．各体節では腹側外胚葉から神経原基が陥入して，左右の神経節をつくる（E）．神経節細胞は前後左右に軸索を伸ばして，縦と横に結合し，梯子状の神経系を形成する（F）．節足動物・軟体動物などでは，左右の神経節が近接してみかけ上1本の紐状の腹髄となる．

数を増していく．同時に，それぞれの体節の中で，外シート（外胚葉）の腹側から内側に一部の細胞が陥入・離出して増殖する．この左右一対の細胞集団が，のちに情報処理を担当することになる．これを神経節（ganglion，複数形はganglia）という．各体節ごとに左右一対ずつ生じた神経節の細胞は，縦（体軸）方向と横（左右）方向に突起を伸ばして相互に連合し，梯子状のネットワークをつくる（その結果，消化管が背側，神経索が腹側に位置することになる．つまり，脊椎動物の腹臓，脊髄に対するところの，無脊椎動物の背臓，腹髄である）．

無脊椎動物でも，すべての体節の神経節の機能が平等というわけではない．一部，とくに前端部の神経節は，動物体全体の機能の制御を代表して行うようになり（感覚情報は動物が進んでゆく前端部に最初に入るのだから，それをできるだけ近くで処理するのが合理的な帰結ではある），構成細胞数も多くて大きなものとなる．そこでこれを脳とよびならわす．しかし，この前端部の神経節に体制御機能のすべてが集中しているわけではなく，心臓付近の体節などの神

経節も，他より大きくて体機能制御を分担している．そのため，前端の神経節を「脳」ではなく，あくまで頭部神経節とよぶべきだとする見解もある．

2.2 ニューロンとは何か

前節で説明したように，脊椎動物と無脊椎動物とで神経系の成り立ちはかなり違う．にもかかわらず，構成細胞（神経細胞と後述のグリア細胞）の性質は，ほとんど全く同じといってよい．これは，動物が脊椎動物と無脊椎動物に枝分かれするより前の段階で，すでに細胞のデザインができあがっていたことを反映しているのだろう．

図2.3に神経細胞の模式図を示す．神経細胞も，細胞として生きるために必

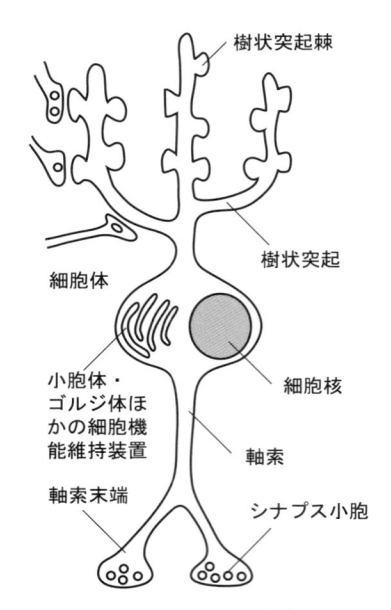

図2.3 ニューロンの概念図
細胞としての生存維持は細胞体（核周体）で行われる．比較的短く分枝の多い樹状突起と，典型的には1本だけの長い軸索を出す．軸索は標的近くで分枝する．標的が複数ある場合，中間で分枝するが，最大の標的への軸索を主枝，そうでないものを側枝とよぶ．

要な遺伝子セット（ゲノム（genome），-ome とは「○○の全体」を意味する語尾で，遺伝子 gene の全体なら genome，タンパク質 protein の全体なら proteome）を納めた細胞核を，当然ながら身体の他の細胞と同じように備えている．核のある部分を細胞体（soma，複数形は somata）という．細胞タイプごとに若干の大小の差こそあれ，だいたい直径 10 μm 程度である．その点は腸や肝臓の細胞と変わりないが，そこから2種類の長大な突起を発出している点が特徴的である．

　1つは樹状突起（dendrite）で，細胞体の周囲数百 μm の範囲に枝分かれを繰り返しながら広がっている．樹状突起は，1つ手前のニューロンからの情報を受けとる，いわばアンテナである．もう1つは軸索（axon，複数形は本来 axa だが，すでに十分に英語化しているので axons という方がふつう）で，典型的には細胞体から1本だけ伸び出ていて，場合によっては1m以上（細胞体の直径の10万倍！）も先にある次の神経細胞まで情報を送り届ける，いわば出力ケーブルである．これらの突起の張り方は実にみごとで，細胞の居場所・タイプごとに決まっており，解剖学の実習でこの標本をみて感動し，この道に入ったという神経研究者は数多い．

　1個の神経細胞は数百〜数千の細胞から情報を受け，数百〜数千の細胞に情報を送っており，こうして巨大なネットワークを構成している．個々の神経細胞を，生きた細胞としてというよりも，ネットワーク中の一情報処理素子として見るとき，ニューロン（neuron）という呼称を用いる（かつて，神経元(げん)と訳されたこともあるが，今は使われない）．「神経細胞」と「ニューロン」は，指している実体は同じものだが，ニュアンスが異なる．

2.3　グリアとは何か

　神経系を構成する細胞のもう一方の群はグリア（neuroglia または単に glia．集合名詞なので複数形はない．個々の細胞を指すなら glial cell/cells）である．グリア細胞は非常に多様な機能を担っている．
　1）神経系を物理的に支え保護・固定する支持機能
　2）脳内を走る毛細血管の血液からブドウ糖やアミノ酸を拾ってニューロンに

届ける仲介機能（血管壁細胞とグリア細胞とがつくるこのフィルターを血液脳関門（BBB, blood brain barrier）といい，もしこれがないと血中の成分変動が即神経機能に影響してしまう）
3) 神経活動に伴う老廃物を処理し，環境の乱れを整える恒常性維持機能
4) 軸索の周囲をとりまいて混線を避け，同時に情報伝播を高速化する絶縁機能
5) 脳内に侵入した異物を排除する自然免疫機能

などである．1)〜3)は星状グリア（astroglia）細胞，4)は希突起グリア（oligodendroglia）細胞，5)は微小グリア（microglia）細胞が担当する（図

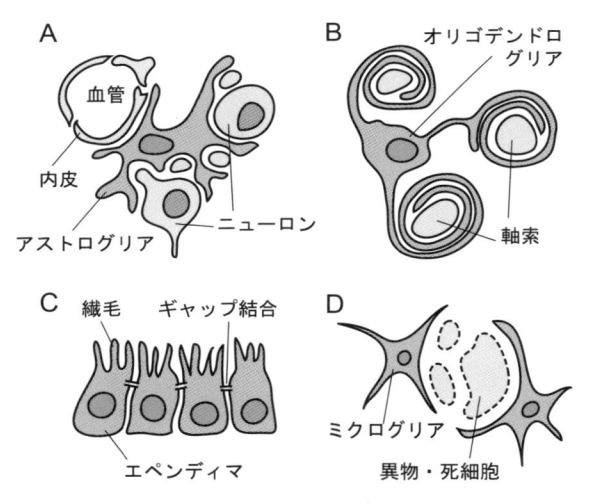

図2.4 グリアの概念図
A. アストログリアはニューロン間のすき間を埋めて機械的な支持を行うと同時に，ニューロンと血管とを隔離する．ニューロンが血液成分に直接触れることは，原則としてない．アストログリアは，ニューロンの活動に伴って細胞間隙に増減するイオンや代謝物を処理・補給しニューロンにとっての活動環境を一定に保つ．
B. オリゴデンドログリアは軸索をとり囲み，脂質の絶縁壁をつくる．中枢では1個のオリゴデンドログリア細胞が複数の軸索を担当するが，末梢では1個のオリゴデンドログリア（とくにシュワン細胞とよぶ）は1本の軸索にしか巻きつかない．
C. エペンディマ（上衣）は神経管・脳室の内壁を単層に内張りし，頂端の繊毛で脳脊髄液を還流させる．
D. ミクログリアは脳内を遊走し，死んだ細胞の破片や侵入した異物を貪食して排除する．

2.4)．

　最近は，そうした下働き的な機能だけでなく，星状グリア細胞がニューロンの活動レベルを大きく上下させる信号分子を合成・放出したり，グリア細胞どうしがネットワークを形成して相互に情報を伝達し，ニューロン機能を制御する調節機能も認められている．また，かつてはニューロンの専売特許と思われていた情報受容や興奮も，状況次第では行うことがわかってきた．細胞の起源からいえば，ニューロンとグリア細胞は，同じ神経幹細胞（neural stem cell）を起源とする姉妹細胞であるから，ある意味で当然のありようだという見方もできる．10年後，20年後には，グリア細胞のイメージは今のそれとはだいぶ違ったものになっているはずである[5]（コラム2.1参照）．

　2.1節で，中枢神経系の発生期には，神経管の内壁付近で細胞が分裂しては外側に送り出す，といった．この，生まれたての細胞が外側移動する際のガイドとなる，神経管の内壁から外壁まで差し渡している柱状の細胞は，放射グリア（radial glia）とよばれる．しかし近年，この細胞こそ，分裂してニューロンを生み出している神経幹細胞であるという見方が支配的となってきた[6]．この考えが正しければ，これをグリアとよぶのは誤りということになる．

　グリア細胞は脊椎動物だけでなく，無脊椎動物にも同様に存在し，支持機能や恒常性維持機能を果たしている．また，ニューロン機能を調節する機能も報告されている．無脊椎動物のグリア細胞も，神経幹細胞を起源としており，ニューロンと姉妹関係にある．

2.4　シナプスとは何か

　では，ニューロン間の情報伝達はどのようにして行われるのだろうか．ニューロンと次のニューロンの間には，原則として，ごく狭いものの明らかな隙間（cleft）があいていて，ニューロンどうしは接着したり融合して1つの細胞になったりはしていない．軸索の末端からは神経伝達物質（neurotransmitter）とよばれる分子（コラム2.2参照）が放出されて，これが前述の狭い隙間を拡散して樹状突起表面に届く．樹状突起表面には，伝達物質と特異的に結合するタンパク質（受容体）が備わっていて，これに伝達物質が結合すると伝達が成立

2.1　グリア

　グリアとは英語の glue（糊）と同義のラテン語で，ニューロンどうしを結びつけて固定している糊という意味で命名されたものである．日本語では，かつては神経膠と訳されて使われたが，今この訳語はほとんど使われない．膠とはニカワの意味である．ニカワといってもまだ通じないかもしれない．かつて接着剤として使われた工芸材料で，獣皮などを煮出してつくる．要するに熱変性コラーゲン，つまりゼラチンで，植物性の糊（米または麦のでんぷん）と違って，接着後にもある程度の粘性を保つため，木材の接着などに適している．今でも日本画には欠かせない材料で，岩絵具に混ぜたり，金箔を貼る糊とする．墨は煤をニカワで固めたものである．

　なお，関節リウマチなどを含む膠原病という表現は，すでに日本語に定着しており，ニカワは忘れられても，この病名は残る．これは collagenosis，つまりコラーゲンの病気の意味で（実際はコラーゲンは単なるタンパク質で，病気になるも何もないが，コラーゲンを生産する結合組織の異常ということ），コラーゲンを「膠原」と，意味と音とを兼ねて訳した功績は大きい．

　グリア細胞は，かつては本当に「ただの糊」扱いで，神経科学の教科書にもほとんど記述がなかった．本文中に記した 1)〜5) の機能こそ古くから知られていたが，いずれもニューロンの機能を補助する，地味な役どころである．しかし，1970 年代後半から認識が変わってきた．そのきっかけは伝達物質受容体の発見である．1983 年，筆者が星状グリア系の株細胞（形質転換して無限増殖能を獲得したクローン細胞）や初代培養（脳から単離して培養した細胞）が，神経伝達物質の一種セロトニンに膜電位応答を示すことを発見し[7]，「グリア細胞に神経伝達物質受容体が備わっている」ことを初めて報告しようとしたとき，某週刊学術誌からは「グリアにそんな機能があるはずはない，投稿者は教科書をよく読み直せ」との叱責つきで却下されたほどである．が，その後同様の報告が続き，1980 年代後半からは同誌にも普通にグリア受容体の論文が載るようになった[8]．とくに細胞内 Ca^{2+} 濃度の可視化技術（コラム 6.4 参照）が確立したあとは，グリアの応答を容易に調べることができるようになって（膜電位変化は Ca^{2+} 濃度変化の二次的効果で，第一義的な効果は Ca^{2+} 濃度上昇の方にある），グリア細胞の見方が大きく変わった．2003 年からは日本でもグリア研究のオール・ジャパン・チーム（特定領域研究）が立ちあがり，大きな予算がついた（グリア研究の元祖を自負する筆者は，しかしなぜか入れてもらえなかった）．

　細胞内濃度の上昇を起こした星状グリア細胞は，アデノシン三リン酸（ATP, *a*denosine *t*ris*p*hosphate）を分泌し，この ATP が隣接するグリア細胞のプリン受容体（ATP などの核酸系伝達物質の受容体）を活性化して Ca^{2+} 濃度上昇を引き起こす．こうしてグリア細胞間を情報が波紋のように広がってゆく（図 2.5）．活動電位こそ出さないため（電位依存性イオンチャネルも発現していないわけではなく，人工的に条件を整えてやれば活動電位も出せる），伝播速度こそ遅いが，これはニュ

2.4 シナプスとは何か

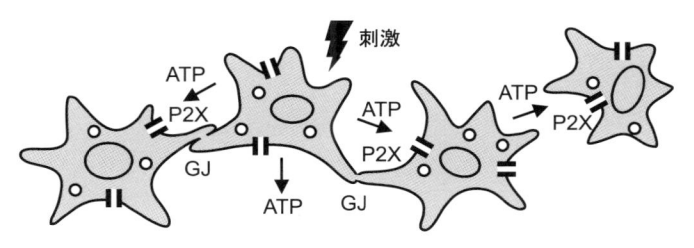

図 2.5　星状グリア細胞間の情報伝達
一部のグリア細胞に刺激（機械刺激，化学刺激，温度刺激など）が加わると，ATP が開口放出される．周囲のグリア細胞はそれをプリン受容体（P2X）で受け，Ca^{2+} 濃度上昇を起こす．これによって ATP が開口放出され，次々に同心円状に Ca^{2+} 上昇の波が伝播していく．グリア細胞間にはギャップ結合（GJ）があって，これを介した情報連絡も可能なはずだが，実際はそれによらない．

ーロンにおけるシナプス伝達と基本的に相同な過程である．このグリア間情報伝達は，慢性的な疼痛などの場面で重要な役割を果たしている．ATP をグリア間の情報伝達分子ととらえ，神経伝達物質になぞらえてグリア伝達物質（gliotransmitter）とよぶこともある．この現象を見出した国立衛生試験所の小泉 修一博士（現・山梨大学）らが，生理的役割を追求している[9]．

　脳や脊髄が損傷を受けると，星状グリア細胞が増殖して損傷を応急的に埋めるが，このために，その後のニューロンの軸索再生がかえって妨げられる．したがって，神経外科医はグリア増殖を制御する方法を求めている．当研究室の三木 崇君（現・小野薬品）は，ATP 刺激を受けた星状グリア細胞群が貪食活動や増殖を始めることを見出している．また，大平隆史君（現・MSD）は，増殖する星状グリア（反応性グリアという）が，ただ軸索伸長を物理的に妨害するだけでなく，ニューロンを傷害するような因子を放出する可能性を示した．

　脳内で増殖能をもつ細胞は原則としてグリア細胞だけなので（といって，腸管や皮膚の細胞のように日頃からさかんに増殖しているわけではないが），脳腫瘍とは（胎児性の一部を除いて）グリア細胞のガンである．グリア細胞の増殖には，グリア伝達物質やグリア細胞内の信号伝達経路が深く関与していると想像される．このように，グリア細胞の研究は，かつては考えられなかったほど関心を集めている．

する．こうした情報のリレーが行われる場所をシナプス（synapse）とよぶ．英国反射学の権威チャールズ・シェリントン卿（Sir Charles Scott Sherrington）が 1900 年，ギリシャ語の syn-（共に，の意の接頭辞）と haptein（触れる，の意）からつくった造語で，接合部という意味になる．陸上競技のリレーにたとえれば，シナプスはバトンパスを行うリレーゾーン，シナプス前ニューロンは前のランナー，シナプス後ニューロンは次のランナー，伝達物質はバトン，

受容体は次のランナーの手のひら，ということになろうか（図2.6）．

　伝達の成立とは具体的にどういうことか説明しよう．ニューロンに限ったことではなく，単細胞生物も植物も含めてすべての細胞には，細胞内外にイオンの濃度差が維持されている．これは「遺伝子はDNAでできている」というのと同じくらい生物界に普遍的な事実である（ウィルスには膜がないので問題外，だいいちウィルスは生物ではない）．

　ナトリウムイオン（Na^+）や塩化物イオン（Cl^-）は細胞外に多く，カリウムイオン（K^+）は細胞内に多い．また，細胞膜はイオン種ごとに通しやすさが異なる．その結果，細胞の内外には電位差（電圧）が生じており（物理学用語では「分極している」という），その値は細胞の内側が外側に対して負で50〜100mVくらいである．この電位差はかなり大きなもので，細胞10〜20個を直列に

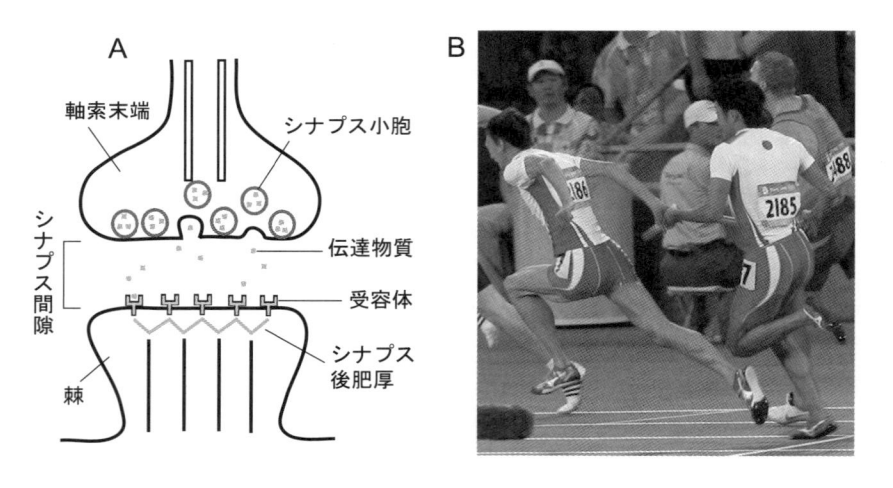

図2.6　シナプスの概念図
A. グルタミン酸，アセチルコリン，ドーパミン，セロトニン，ガンマアミノ酪酸などの低分子性の伝達物質は，軸索末端の細胞質で合成され，シナプス小胞内に輸送されて一定量ずつ梱包される．軸索を興奮が下りてくると，軸索末端の細胞膜上にある電位依存性Caチャネルが開き，末端細胞質のCa^{2+}濃度が高まる．これによって，シナプス小胞は細胞膜と融合し，内容物たる伝達物質がシナプス間隙に放出される．伝達物質は間隙を拡散し，シナプス後部の受容体と結合する．興奮性のシナプスの多くは，棘という樹状突起から短く突出した構造をつくるが，抑制性のシナプスは棘をつくらず，樹状突起の幹の上につくられる．
B. 2008年8月23日，北京五輪男子4×100mリレー決勝．日本チーム第2走者末續選手から第3走者高平選手への美事なバトンパス．たとえていえば，末續選手の右手がシナプス小胞，バトンが伝達物質，高平選手の右手が受容体にあたる．写真は報知新聞社提供．

つないで電池とすれば，乾電池程度の電圧になる．この通常時内側負の電位を静止電位（resting potential）という．この膜を隔てた内外の電位差を膜電位といい，静止時に内側が負の膜電位がかかっていることも「遺伝子はDNA」と同じくらい生物界に普遍的な事実である（コラム2.3参照）．

　神経伝達は，この内側負の電位差を一時的に変化させることで行われる．たとえば，脳の中で使われている伝達物質の1つにグルタミン酸があるが，グルタミン酸が樹状突起上のグルタミン酸受容体分子に結合すると，細胞外からNa^+が流入して，細胞の内側負の電位が減少する（分極の程度が減るわけだから，これを脱分極（depolarization）という）．1個のグルタミン酸性シナプスが活動して樹状突起に起こる脱分極（興奮性シナプス後電位，またはEPSP, excitatory postsynaptic potential という）は1mV程度である．また，脳内で大活躍するもう1つの伝達物質であるガンマアミノ酪酸（GABA, gamma-aminobutyric acid）の場合，軸索末端からGABAが分泌されてGABA受容体分子に結合すると，Cl^-が流入して内側負の電位が増大する（分極の程度が増すわけだから過分極（hyperpolarization）という）．1個のGABA性シナプスが活動して樹状突起に起こる過分極（抑制性シナプス後電位，またはIPSP, inhibitory postsynaptic potential という）も1mV程度である．

　さて，本節の最初で，1個のニューロンの樹状突起上には，多数の軸索末端がシナプスをつくっているといった．同時に入ったシナプス電位変化は，距離にしたがって徐々に減衰しながら，細胞体に届き，細胞体で加算・減算されて総和がとられる（正確にいうと，細胞体から軸索に移行する出口の部位，軸索初節（initial segment）とよばれる部位で総和がとられる）．この総和が一定値以上に達すると（この臨界値を閾値（threshold）とよぶ），そのニューロンは「興奮」して，軸索を通して次のニューロンへ信号を伝える（図2.7）．軸索初節でのシナプス電位の総和が閾値に達しなければ，ニューロンは興奮せず，情報はそこで立ち消えになる．この和をとる過程を統合（integration）という．統合というと，えらく複雑で高級なことをしているように聞こえるかもしれないが，いたって単純な過程である（コラム2.4参照）．

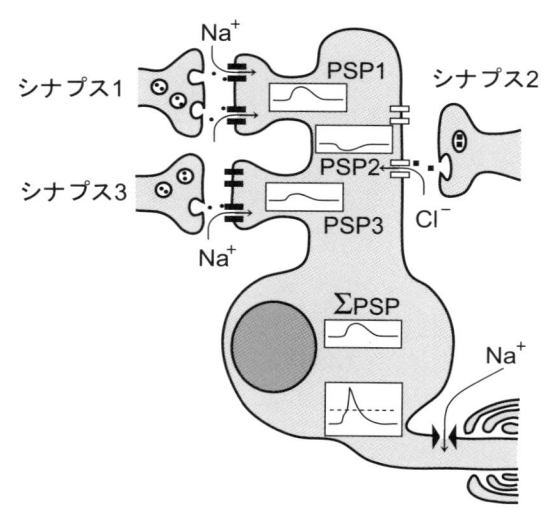

図 2.7　シナプスの統合
各シナプスで生じた後シナプス電位（PSP）は，（距離に応じた減衰を伴いつつ）細胞体に伝えられ，加算される（ΣPSP）．軸索の出発点でΣPSPがある大きさ（閾値）以上であれば，活動電位が発生し，これが軸索を下りていく．

2.2　神経伝達物質と受容体

　神経伝達物質は一種のホルモンである．高校の生物教科書に従えば，ホルモンは血流に乗って全身に届けられる情報分子に限って使う語だから，別物ということになるが，実際には同一の分子が，あるケースではホルモンとして，あるケースでは神経伝達物質として使われている．

　神経伝達物質は，大きく低分子伝達物質と神経ペプチドとに分類される．低分子伝達物質は，その多くが生体構成分子の代謝産物で，いわば細胞の糞である．たとえばアセチルコリンは細胞膜を構成する脂質の主成分であるホスファチジルコリンの代謝産物（再利用されるから原材料ともいえる）である．また，グルタミン酸，アスパラギン酸，グリシンはタンパク質を構成していたアミノ酸そのものである．ドーパミン，ノルアドレナリン，アドレナリンはそのアミノ酸の1つチロシンの一連の代謝産物，セロトニンはトリプトファンの，ヒスタミンはヒスチジンの，ガンマアミノ酪酸（GABA）はグルタミン酸の代謝産物である．アルギニンの代謝産物である一酸化窒素（NO）ガスも伝達物質とみなせるから，同じ形式である．核酸の構成成分であるATP（アデノシン三リン酸），ADP（アデノシン二リン酸），AMP

（アデノシン一リン酸），AOP（アデノシン）も伝達物質として使われている．

　これらの低分子伝達物質の大部分は，脊椎動物と進化的起源が離れた無脊椎動物でも共通に使われており（ごく一部に昆虫だけで使われる，というようなものもあるが），「廃品を利用した細胞間情報伝達」は，進化上非常に古く成立した信号伝達方式だということが想像される．実際，アセチルコリンやグルタミン酸は，単細胞の原生動物も分泌し，細胞膜にその特異的受容体が備わっていて，細胞間情報伝達に使われているらしい[10,11]．ただし，植物のホルモンとは全く共通していないので，動物と植物が分かれたあとの発明だろうとはいえる（しかし，植物が神経という方式を不採用にしたとき，一緒に捨てた可能性もある）．

　これに対して神経ペプチドは，何か別の目的の分子を流用したわけではなく，最初からその目的で設計された分子のようにみえる．ある酵素や細胞接着分子の一部分が神経ペプチドになっているというような例は，今のところ知られていないが，今後みつかるかもしれない（大きなタンパク質が切断されて，複数の神経ペプチドを生み出す例は，京都大学の沼　正作博士の研究室の中西重忠博士（現・大阪バイオサイエンス研究所長）らによって発見されたプロオピオメラノコルチン（pro-opiomelanocortin）の例があるが，この前駆体タンパク質がそれ自身固有の機能を担っているとは考えられていない）．

　1個のニューロンが合成・放出する伝達物質は，どの軸索末端からでも同じである．これを英国の薬理学者ヘンリー・デール卿（Sir Henry Hallet Dale）の名をとってデールの規則（Dale's rule）という．これを拡大して，1個のニューロンが合成・放出する伝達物質は1種だけである，という考えも一時広まり，これも「デールの規則」とよばれたことがあるが，その後反例が多数みつかって（ドーパミンとATPの両者を出すなど），こちらの意味では今はよばれていない．

　いっぽう1個のニューロンが受けとることのできる伝達物質は，多種類にわたる．1個のニューロンが，あるシナプスではグルタミン酸を受け，そのすぐ隣のシナプスではGABAを受けている，というようなことはごくふつうにみられる．

　伝達物質の分類は，上記のようにその化学的性状に従っても行われるが，その作用に従って行われることも多い．たとえば，グルタミン酸は，脳内では脱分極を引き起こし，統合されて活動電位の発生（興奮）を促すから，興奮性伝達物質とよばれる．GABAやグリシンは，過分極を引き起こし，統合されて活動電位の発生を抑えることになるから（目立った電位変化を引き起こさず，ただ膜の抵抗を下げるだけの場合もあるが，その場合でも同時に入った興奮性入力を電気的に短絡してEPSPを減殺するので同じ効果をもつ），抑制性伝達物質とよばれる．ただし，この分類法はおおむね正しく便利ではあるが，完全に正確とはいえない．伝達物質を受けたニューロンが脱分極するか過分極するかは，伝達物質が決めることではなく，細胞が決めることだから，細胞が異なると，同じ伝達物質が興奮性にも抑制性にも働きうる．実際，グルタミン酸は網膜の一部では抑制性の伝達物質として働いていることが中西らによって示されている[12]．これは受容体の違いに起因する．アセチルコリンは骨格筋に対しては興奮性に働くが，心筋に対しては抑制性に働いている．これも受容体の違いによる．

また，同じ伝達物質と同じ受容体分子の組み合わせなのに，興奮性にも抑制性にもなる例が GABA で知られている．GABA$_A$ 受容体は Cl$^-$ を通すチャネルを開く分子だが，発生初期には細胞内の Cl$^-$ 濃度が高く，チャネルが開くと Cl$^-$ は流出して脱分極が起こる．発生が進むと細胞内 Cl$^-$ 濃度が下がって流入に変わり，過分極になる[13]．したがって，「興奮性伝達物質」「抑制性伝達物質」といういい方は，注意して用いないと誤解を招く．

1種類の伝達物質に対しては，複数種の受容体が存在するのがふつうである．そこで受容体を分類する必要が生じる．受容体分子のタンパク質としての性状に従って，大きくイオンチャネル共役型と G タンパク質共役型とに分けられる（図2.8）．

イオンチャネル共役型は，複数個のタンパク質（サブユニット）が集合して，中央にイオン流路が形成されるタイプである．イオンチャネル共役型受容体は，細胞膜を4回往復して N 端・C 端とも細胞外に出ているアセチルコリン受容体（ニコチン性）タイプと，細胞膜を3回往復して N 端が細胞外，C 端が細胞内になるグルタミン酸受容体（チャネル性）タイプとに分類される．それぞれ複数のメンバーをもつ遺伝子ファミリーだが，両者は近縁で，これらをまとめる大スーパーファミリーも想定できる．しかし，膜を2回往復して N 端・C 端とも細胞内にあるプリン受容体（X型）は，上の大ファミリーと類縁性はなく，別の遺伝子ファミリーを構成する[14]．

イオンチャネル共役型の受容体反応は伝達物質の結合によって膜電位の変化が起

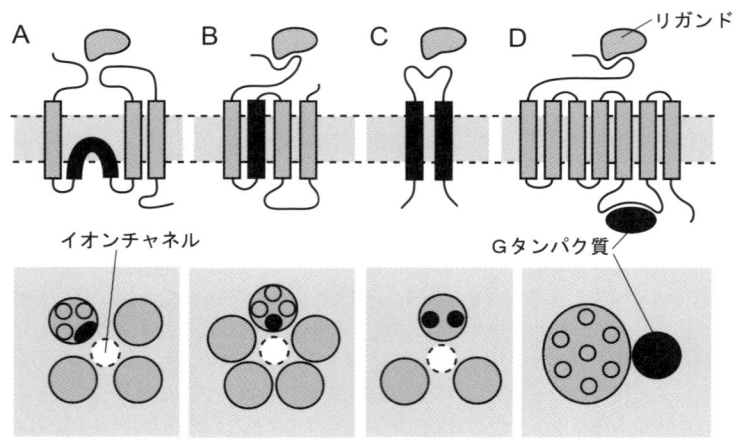

図2.8 受容体分子の模式図と分類
上段はサブユニット1個を側面からみた図．下段は機能する受容体を上面からみた図．
A. グルタミン酸受容体グループ．膜を3回横切り，N 端は細胞外，C 端は細胞内にある．4分子集まって中央に孔ができ，ここをイオンが通過する．
B. アセチルコリン受容体/GABA 受容体グループ．膜を4回横切る．4分子または5分子集まって中央に孔がつくられる．
C. プリン受容体グループ．膜を2回横切る．3分子集まって中央に孔がつくられる．
D. 代謝型（G タンパク質共役型）受容体．膜を7回横切る．1分子で独立に存在し，細胞内で活性化された三量体 G タンパク質と相互作用する．

こるので，概して応答が早い．通過させるイオンの種類によって，興奮を促すことになるか，抑制することになるかは前述のとおりである．

　Gタンパク質共役型受容体は，細胞膜を7回往復し，5番目と6番目の間の細胞内領域（5-6ループ）で，三量体Gタンパク質と総称される信号分子と相互作用する．受容体自身はイオンチャネルをつくらず，伝達物質の結合によってGタンパク質が活性化されて，主として酵素反応が始まる（ただし，Gタンパク質が別のイオンチャネルに働いて，これを開閉するケースはある．それなら最初からイオンチャネル共役型受容体を使えばよかろうにとも思うが，増幅度を重視したのだろう）．そのため，概して作用の始まりは遅い．しかし，信号の持続は長く増幅率が大きい（概しての話であって，網膜のmGluR6とか知覚経路にあるP物質(サブスタンスピー)受容体などの反応はかなり高速である）．

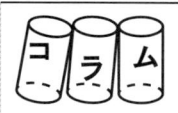

コラム　2.3　膜電位の発見

　膜を隔てて細胞の内外に，イオンの濃度差に基づく電位差がかかっていることを推論したのは，誰が最初かはわからない．素焼(すやき)の鉢の内外に濃度の異なる食塩水をおけば，内外間に電位差が生じる「濃淡電池」と同等の現象だから（素焼の板には陰イオンより陽イオンを通す選択的透過性があるためである），細胞膜の選択的透過性の発見者，ユリウス・ベルンシュタイン（Julius Bernstein）といえるかもしれない．原理的な推論ということになれば，遡ってボルタ（Alessandro Volta）かガルバーニ（Luigi Galvani）にまで行きつくだろう．

　しかし，その膜電位を理論ではなく実際に測定したのが誰が最初でいつのことか，ということならば，それはわかっている．東京大学動物学教室の鎌田武雄(かまだたけお)博士，1934年のことである．材料はゾウリムシ．ガラス管を熱して細く引いた針に食塩水を詰めて電極とし，この単細胞の原生動物に刺入して細胞内外の電位差を実測しただけでなく，細胞外の液のイオン組成を変えて電位差の変化を記録して分析した（コラム2.5参照）．その結果は英文で報告[15]されている．

　欧米の生理学の教科書には，膜電位の最初の実測者は英ケンブリッジ大学のアラン・ホジキン（Alan Lloyd Hodgkin）博士とアンドルー・ハクスレー（Andrew Fielding Huxley）博士で，1945年のこと[16]，対象はイカの巨大神経軸索，方法は金属電極だと書かれている．ガラス管微小電極の発明は1949年，シカゴ大学のジェラード（Ralph Waldo Gerard）博士による[17]とも書かれている．日本の生理学教科書の多くもそれを踏襲している．しかし，それは間違いである．ただ，ホジキンもジェラードも，鎌田のことを知らなかったにすぎない．

　鎌田が国際的に知られなかったのは，戦争のためだといってよい．1930〜40年代，日本は日中戦争から太平洋戦争になだれ込み，基礎科学の研究予算は切り詰め

られ，鎌田の研究は頓挫した（国庫が苦しくなると，まず基礎科学予算が「役に立たない」「投資効率が低い」と仕分けされる歴史は，2009年11月にも繰り返された）．国交断絶によって鎌田から研究成果を国際発表する機会が奪われた．鎌田へ海外の最新研究情報が入る経路も失われた．しかし，その苦境の中にあっても鎌田は研究への情熱を保ち続けた．筋肉の収縮にCa^{2+}がかかわることを，得意のガラス微細管技術を駆使し，筋細胞に局所的にCa^{2+}を投与する方法によって証明した[18]．筋収縮に関するCa^{2+}の役割を完全証明したのは，東京大学医学部薬理学教室の江橋節郎博士の業績であるが，その江橋自身が，自分の発見は鎌田の発見の再発見であったと述懐している．戦争が終わって研究が再開できるようになったとき，天才鎌田の健康は回復不能なほど冒されていた．栄養失調である．

筆者（小倉）が大学院に入ってゾウリムシの電気生理学研究を東京大学理学部2号館3階の研究室で始めたとき（口絵2），筆者の頭上には鎌田の肖像画が掛けられてあった．鎌田夫人が病室で描いた，パジャマ姿で微笑する博士の，少しやつれた温顔である．鎌田武雄―木下治雄―内藤豊と続いた東大ゾウリムシ生理学の学統を，筆者が絶やしてしまったことは，まことに慙愧に堪えない．

2.4 シナプスの統合

運動ニューロンと骨格筋の間のシナプス（神経筋接合部）では，運動ニューロンの軸索を活動電位が下りてくると，軸索末端から大量の伝達物質（アセチルコリン）が放出され，20～30 mV に達する大きな EPSP が発生する．これによって骨格筋は必ず活動電位を発生し収縮を始める．しかし，中枢神経系のシナプスでは事情が違う．1本の入力軸索が活動しても，大きな EPSP は発生しないのがふつうである．数 mV がせいぜいで，時には EPSP が全く発生しない失敗伝達（failure）すら起こる．

それも合目的的といえる．なぜなら，中枢神経系のニューロンは，樹状突起上に多数付着している入力軸索の活動を統合して，つまりシナプス後電位（EPSP と IPSP）を加算して，自分が次のニューロンに出力するかどうかを決めるのが役目だからである．入力軸索の1本から活動電位が下りてきたとき，大きな EPSP を発生して必ず活動電位を出力するようでは，まるで「子どものお使い」で統合は成り立たず，仕事にならない．しかし，骨格筋はそうではない．運動ニューロンから活動電位が下りてきたとき，筋肉がときどき収縮しときどき収縮しないでは，捕食者に襲われたら最後で，そんな動物がかりに地球上に出現したとしてもたちまち絶滅しただろう．

2.5 興奮とは何か

前節でニューロンが「興奮する」と書いたが，生理学でいう興奮とは次のような現象である（図 2.9）．軸索初節も細胞の一部だから，内外にイオンの濃度差と電位差を保っていることは同じである．その電位差が，シナプス入力の統合の結果，ある程度（たとえば 10 mV）脱分極したとしよう．細胞膜には，電位依存性 Na(ナトリウム) チャネル（VDSC, *voltage-dependent sodium channel*）という分子が多数あって，これはふだん閉じた構造をしているのだが，脱分極があると一時的に開いた構造に変わる（膜電位によって開閉する性質を「電位依存性」という）．

Na^+ は外に濃いので，流路が開けば Na^+ は軸索内に流入する．Na^+ が流入すれば，Na^+ は陽イオンだから軸索膜は脱分極する．脱分極すると VDSC は開く．開くと Na^+ が流入して脱分極する．こうして結果が原因に循環し，結局そこにある VDSC の全部が，一挙に開くことになる．これが「興奮（excitation）」の実体である．日常用語でいう「興奮」には，とくに交感神経系の興奮が相当す

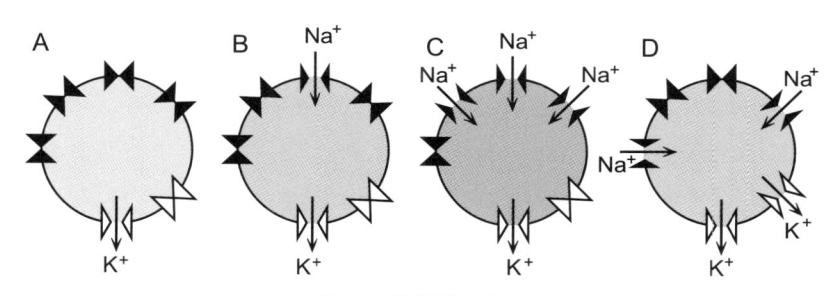

図 2.9 活動電位の発生
A. 静止時．ニューロン膜は K チャネル（白い対三角）の一部だけが開いており，膜電位は −60 〜 −80 mV 程度の大きな負の値を示す（これを「深い」膜電位と称する）．
B. 活動電位の最初期．何らかの原因（感覚ニューロンなら感覚刺激，一般のニューロンならシナプス入力や隣接部位での活動電位の発火など）で細胞膜が脱分極する（膜電位が浅くなる）と，Na チャネル（黒い対三角）が開く．
C. 活動電位の発達期．Na チャネルの開口は膜電位を脱分極させ，脱分極は Na チャネルを開口させる．このポジティブ・フィードバックが回転し始めると，膜電位は爆発的に脱分極する．
D. 活動電位の終息期．いったん開いた Na チャネルは自発的に閉じ始める．K チャネルが若干遅れて開き始める．その結果膜電位はふたたび深くなる．

るようであるが，体全体の鎮静を促す副交感神経系の活動も，その構成ニューロンの興奮による．ここで発生した爆発的な脱分極を活動電位（action potential）とよぶ（今爆発にたとえたが，ほんものの爆発も同じで，火薬が酸化する，酸化すると発熱する，発熱すると酸化が進む，という自励的な循環が起こっている．もしも酸化が吸熱反応ならば，爆発にならない）．この状況をとらえて，活動電位の発生のことを発火（firing）とよぶことも多い．

静止時には内側が負で 50～100 mV くらいあった膜電位が，活動電位のピークでは，内側が正で 50 mV くらいになるから，振幅は 100 mV 以上になり，これはかなり大きな発電だといえる．実際，シビレエイやデンキウナギは，筋肉を変形させた発電細胞（electrocyte）を直列に多数連結し，これらを同時に興奮させて数十～数百 V の発電を行っている（ただし，電圧は大きくても内部抵抗が高いため，とり出せる電流は大きくない．デンキウナギは侵入者にショックを与えるだけで，感電死させるわけではない．もし不幸な被害者が昇天したとしたら，それは川の中に倒れて溺死したのである）．

しかし VDSC は開きっぱなしでなく，行儀よく自分から閉じる．その上，やはり軸索膜上に多数備わっている電位依存性 K（カリウム）チャネル（VDPC, *v*oltage-*d*ependent *p*otassium *c*hannel）が，やや遅れて開き始める（電位依存性という語が示すように，これも脱分極に応じて開く）．K^+ は細胞内に濃いから，流路が開くと細胞外に流出し，膜電位は過分極方向に向かう．その結果，興奮は一過性に終わる．

軸索はとても細長い構造なので，全長にわたっていちどきに興奮することはできない．まず細胞体に近い部分が興奮する．そのとき流入した Na^+ が隣接部分の軸索細胞膜をも脱分極してそこに興奮を起こす．すると，その興奮で流入した Na^+ がそのまた隣の軸索膜を脱分極して興奮を起こし…ということを繰り返して，興奮が軸索末端へと伝わっていく（さきほど活動電位の発生を爆発にたとえたが，活動電位の伝導はちょうど花火の導火線にたとえられよう．一か所の発火が隣接部位を加熱して発火を促し，それが隣へ隣へと伝播していく）．興奮の伝播速度は，もっとも速いもので 100 m/s，脳内では 1～10 m/s 程度である．

このように，ニューロンの興奮は「発火」するかしないかの二者択一で，中

間はない．これを悉無的（all-or-none）という．それではシナプス入力の微妙な強弱を表現できないではないか，と思われるかもしれない．心配はご無用．多くのシナプスが活動して統合された結果，大きな EPSP が生じたときには，ただ脱分極の規模が大きいだけでなく持続時間も長くなる．したがって，1回目の興奮が終わってもまだ EPSP が残っており，2発目，3発目の発火が起きる．こうして入力の強さは発火の数（頻度）で表現されることになる．工学用語でいうところの，信号のパルス列変調（PCM, *pulse code modulation*）方式である．弱い興奮・強い興奮というのは，活動電位の振れ幅が小さい・大きいではなく（それは悉無的でいつも同じ），活動電位を低頻度・高頻度に発火するということである（コラム 2.5 参照）．

なお，神経興奮やシナプス伝達の機構を，より厳密に定量的に理解したい読者は参考書[6]を参照されたい．

2.6 シナプス調節とは何か

軸索での興奮伝導が 100 m/s にも及ぶ高速な情報伝送であるのにもかかわらず，軸索末端まで来ると，前述のように「伝達物質の放出」，「シナプス間隙の拡散」，「受容体への結合」，「新たなシナプス電位の発生」，「細胞体でのシナプス電位の統合」，というまだるっこしい多段階過程を経て，やっと次のニューロンでの新たな興奮が発生する（あるいは閾値に届かず興奮しなかったりもする）．このシナプス伝達には 1 ms（ミリ秒，1000分の1秒）くらいを要するので，神経組織中での興奮伝播の様子を電位感受性色素（コラム 7.3 参照）などで目にみえるようにして観察すると，サーッとやってきた軸索興奮が，シナプスを乗り継ぐところで一呼吸遅れ，その後またサーッと走り去るという状態であることが実感できる．この遅れをシナプス遅延（synaptic delay）という．動物はなぜそのようにわざわざ時間をかけるような一見不都合なことをしているのだろうか．

そうしかできなかった，というわけではない．実際，ニューロンとニューロンとを特殊な孔あきタンパク質（コネキシン（connexin））でつなぎ，シナプス手前まで来た軸索の電気的興奮を，化学信号に変換する作業を省いて，そのま

2.5 神経活動の記録法

　故障した電化製品の故障個所を突き止めるのに，テスターの探針（プローブ）を各所に当てて電圧を調べるように，ニューロンの電気活動を調べるのにもっとも基本的な方法は，1本の電極を細胞の中に置き，細胞の外（多くはアース）に置いたもう1本の電極との間で電位差を記録することである．しかし，例外的に巨大なイカの軸索など，ごく少数の細胞以外，テスターの探針のような金属線を細胞内に挿入することはできない．

　そこで考えられた方法は，直径1 mmくらいのガラス管を熱して引いて先端径1 μm以下の針をつくり，この中に電解質溶液を詰めて探針の代わりにして，細胞に刺入することであった（細胞内誘導）．しかし，この「ガラス管微小電極」は金属に比べて抵抗がおそろしく高いので（10〜100 MΩ），入力抵抗のきわめて大きな前置増幅器を特別に設計する必要がある（さもないと，細胞が発生する電圧の大部分はガラス管電極の方に分配されて，測定器側には分配されない．筆者が大学院に入学して最初の課題は，この増幅器を自作することで，秋葉原の部品屋にはずいぶん通ったものだ．ついでに上野鈴本演芸場に寄って落語を聴いて帰ったりもしたが）．しかし，それにしても電極を刺入できる細胞の大きさには限度がある．

　これとは別に，電極を細胞の中には刺入しないで，細胞の直外において細胞外の電位を計測する記録法がある（細胞外誘導）．ニューロンが興奮しているとき，その場所には周囲から電流が流れ込んでいるから，そこに電極をおけばアースに対して負の電位が記録される．逆に，記録場所ではなくその近隣部が興奮しているときは，記録場所から興奮部に向けて電流が供給されることになるから，正の電位が記録される（これを四字熟語？で active sink passive source という）．したがって，細胞外に電極を置くことでも興奮は記録できる（電流指標を記録することになるので，細胞内誘導と波形は異なる．大ざっぱにいえば細胞内記録の微分形になる）．細胞外誘導に使うガラス管電極は，細くなくてよい（1〜10 MΩがふつう）．また，この方法では電極先端付近にある多数のニューロンや軸索の活動の和が記録されるから，1回の記録自体がすでに平均値となる．したがって，細胞外誘導は細胞内誘導ができないときの「代用法」というわけではなく，目的によってメリットを活かして使い分けるべき方法である（図2.10，図6.3Bも参照）．

　さて，細胞外誘導用のガラス管電極がたまたまニューロン表面に密着すると，不思議な記録がとれることがあった．電流が極端に小さくなり，矩形（長方形）でほぼ大きさの揃った電流が点滅するようにみえるのである．これを観測した実験者は過去にも多数いたろうが，初めて由来を真剣に考え，「もしかすると，これは電極先端に捕捉されたイオンチャネル1分子の開閉をみているのではないか」と推論したのが，独マックス・プランク研究所のエルヴィン・ネーア（Erwin Neher）博士とベルト・ザクマン（Bert Sakmann）博士だった．彼らは細胞に密着しやすいように電極の先端をあえて熱で鈍し，電極内部に少し陰圧をかけて細胞膜を吸いつけた．

2.6 シナプス調節とは何か

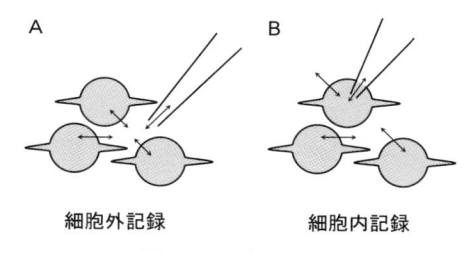

図 2.10　興奮の記録法
A. 細胞外記録．電極はその近傍にある複数の細胞について，細胞膜を出入りする電流（の一部）を拾って測る．
B. 細胞内記録．電極は刺入した当該細胞の膜を出入りする電流を測る．

この電極中に低濃度のアセチルコリンを含ませておき，筋細胞の表面に当てたところ，期待通り濃度に応じて点滅の頻度が変わった．アセチルコリン受容体1分子の開閉の様子がみえたのである[19]．1976年，パッチ・クランプ法（patch clamp）の誕生である（パッチとは，電極先端に囲まれた細胞膜の小部分を服の「つぎ」に見立てた命名で，クランプとは，電極内外の電位差を固定して電流だけを記録する，その「固定」の意味）．もちろんすぐに評判になったが，後にノーベル賞を受ける（1991）ことになるとは思わず，当時筆者が留学していた研究室でネーア博士を研究室セミナーによぶと，ヒゲモジャの青年がジーパン，スニーカー姿で気軽にやってきたのを憶えている．

パッチ・クランプ法はその後多くの変法を生んだ（図2.11）．密着した膜部分（パッチ）をさらに陰圧をかけて吸い破ると，電極内は細胞内と導通して，細胞内誘導と等価な状態になる．この方法は，細胞質を吸い出して電極内液と入れ替えてしまうことになるから，電極内液はあらかじめ慎重に考えて決めないと，本来の細胞反応とは違った反応をみてしまう，という難点もあったが，何といっても，極細の電極を慎重に刺入するような熟練技によらず簡単に細胞内誘導ができるので，小型のニューロン（10 μm程度まで）からも記録がえられ，爆発的に広まった．これをホールセル・パッチ・クランプ法という（whole-cell patch clamp, パッチはもう破られて存在しないのだから，おかしな呼称ではある．これに対して，細胞に密着させたままの当初の方法を接着パッチ法（cell-attached patch clamp）という）．ホールセル法で記録されるのは，個々のチャネル電流ではなく細胞全体のチャネル電流の総和である．

ホールセル状態を，膜を破るのではなく電極内に入れておいた抗生物質やごく薄い界面活性剤で実現すると，細胞内の状態を乱さない自然条件に近い状態に保てる．これを穿孔パッチ法（perforated patch clamp）とか，使う薬剤の名をとってニスタチン・パッチ法とかアンホテリシン・パッチ法などとよぶ．

また，電極を密着させたあと電極自体を引っ張ると，パッチ部分の細胞膜だけを細胞からちぎりとることができる．この場合，もとの細胞内部が実験槽側に露出する形（inside-out configuration という）になるから，細胞内環境を実験者が任意に

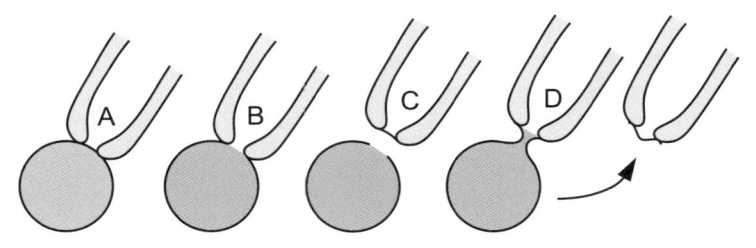

図2.11 パッチ・クランプ法とその変法
A. Cell-attached configuration. 細胞に先端口径1〜数μmの電極を当てて，陰圧をかけると先端が密着する．密着度を上げるために，引き切った電極の先端に熱をかけて鈍化し，広い平滑な接着面をつくるなどの前処理をしておく．この開口部を出入りする電流を測る．
B. Whole-cell clamp configuration. Aの状態からパルス状の陰圧をかけて細胞膜を破ると細胞内と電極内が導通する．これで細胞内に電極を刺入したのとトポロジー的に同じになる．
C. Inside-out configuration. Aの状態から電極を素早く引いて細胞膜を切りとる．本来細胞の内側にあたる面が実験液に面することになる．電極内が細胞外に相当する．
D. Outside-out configuration. Bの状態からゆっくり電極を引き，細胞膜を切りとる．本来細胞の外側にあたる面が実験液に面することになる．電極内が細胞内に相当する．

操作することが可能になる．たとえばチャネルの活性維持にATPが必要だとか，Ca^{2+}による制御がかかるといった知見は，この方法でえられた．逆に，もとの細胞外面を実験槽側に向ける形（outside-out configuration という）にすることもできる．

　なお，当時こうしたパッチ・クランプ実験に従事する電気生理学者を，舌先男とか口先女と呼んだ．電極の密着やパッチ破りをするのに，当初はガラス電極につないだポリエチレン・チューブを口で吸って陰圧をかけたり，舌先で圧を断続したからである（子どもたちの間では「学校の怪談」が流行し，「恐怖の口さけ女」が人気だった）．

ま次のニューロンの興奮に流していく「電気シナプス」という方式も，部位によっては採られているのだから（シナプス遅延については，次のような余話がある．陸上競技で号砲より前にスターティング・ブロックを離れたらフライングで失格になるが，国際陸連の規則では，号砲よりあとであってもそれが0.1秒未満だとフライングと判定される．それは人間が音を聞いてから脚の筋肉を収縮させるまで，軸索伝導とシナプス遅延の合計が0.1秒以上ある，という神経生理学的知見に基づく．もし，それより速ければ，予測して飛びだしたとみなされてフライングと判定されるのである．「オレは電気シナプス経由でスター

トしている」と主張してもおそらく認められない).

　その答えは，むしろ「興奮をそのまま伝えない」ことにあるのだろう．少数の入力では出力を出さず，多くの入力があって（シナプスごとに重みの差はあるにせよ）初めて出力を出す統合過程は，いわば「判断」の細胞学的基盤だといえよう（コラム 2.4 参照）．

　また，シナプス伝達が伝達物質の放出，拡散，受容，統合の多段階の過程を介するということは，これらが変化すると，つまり放出量が増加したり減少したり，拡散中の分子が途中で分解されたり吸収されたり，受容体分子が増加したり減少したりすると，シナプス伝達の効率は容易に変化するということである．逆にいえば，これらを積極的に変調させれば伝達効率を容易に調節できるということでもある（まえがき参照）．このことが，本書で述べる記憶現象のカギになる．

3

記憶の生物学的研究小史

3.1 記憶物質仮説

1953年,英ケンブリッジ大学のジェームズ・ワトソン (James Dewey Watson) 博士とフランシス・クリック (Francis Harry Compton Crick) 博士によるDNAの構造仮説の発表と,それに続くセントラルドグマ (DNA [情報の保存] → RNA [情報の移動] → タンパク質 [情報の発現] という遺伝情報の実現経路) の確立は,遺伝も広義には一種の記憶とみなしうるだけに,神経記憶研究にも影響を与えないはずはなかった.

プラナリア (ナミウズムシ, *Dugesia* sp.) は長さ数cmの扁形動物で,数mm角に切り刻んでもそれぞれが1個体を形成する強い再生能力をもっている.また,光照射とともに電気ショックを加えるというトレーニングを繰り返すと,光だけで回避姿勢をとるようになるという,学習とみなせる行動を示す.そこで,1960年代前半,米ミシガン大学のジェームズ・マッコーネル (James V. McConnell) 博士らはプラナリアにこのトレーニングを施したあと,刻んで再生させ,頭部神経節以外の部分から再生した個体に記憶が残るか,という実験を行った.すると,再生個体はトレーニング経験のない個体に比べて,光に対して回避姿勢をとる確率が有意に高かった.

また,プラナリアは餌が枯渇すると共食いをする.そこで,トレーニング後の個体を刻んで,トレーニング経験のない個体に食わせたところ,食った個体は訓練なしでも光に対して回避姿勢をとるようになった,という.マッコーネルは,これらの結果を「光と電撃を連合する学習」が何らかの物質に保存され

3.1 記憶物質仮説

ているものと解釈した[20]．今から考えると，ツッコミどころ満載の実験であったが，遺伝子生物学の勃興期には，セントラルドグマを遺伝記憶から神経記憶に拡張するものとして，熱い支持をもって迎えられた．

すぐに哺乳類にも同じ仮説が当てはまるかどうかの検証が行われた．その中でもっとも有名な研究が，1960年代後半の米ベイラー大学のジョージ・アンガー（Georges Ungar）博士らの実験である．ラットやマウスは夜行性の動物なので明るい環境を好まず，明暗に二分された箱の中に入れると，暗い方を選んで入る．しかし，暗い区画に入ると足に電気ショックが与えられるようにすると，やがて暗い区画に入らなくなる．経験によって「暗所は恐い」という学習が成立したわけである．

こうして学習したラットの脳を摘出して抽出液をつくり，無訓練のマウス脳内に注入したところ（ラット脳成分をマウスに注射したのは，ラット脳の方が大きく抽出液を多く採れるという意図からだろう），最初から暗所を嫌う（暗所滞在時間が短い）ようになったという．そこでアンガーらは抽出液を生化学的に分画し，有効な画分を決めていく作業に進んだ．その結果有効な画分はアミノ酸15個からなるペプチドにまで純化され，暗所恐怖症生起物質の意味からスコトフォビン（scotophobin）と名づけられた．きちんと用量効果も効果持続時

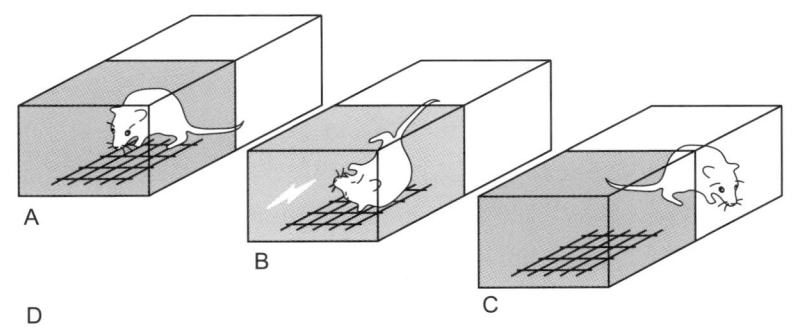

Ser-Asp-Asn-Asn-Gln-Gln-Gly-Lys-Ser-Ala-Gln-Gln-Gly-Gly-Tyr-NH2

図3.1 恐怖条件づけ

ラット（マウス）は夜行性で，本来暗所を好む（A）．しかし，暗所に入ると電気ショックを与えられる（B）と，暗所に入ろうとしなくなる（C）．アンガーらはこの恐怖記憶情報を担う物質が脳につくられると想定し，条件づけ→脳ホモジネート→分画→他動物に注射→行動観察を繰り返し，ついに有効なペンタデカペプチド（D）を同定したとして，これをスコトフォビンと命名して報告した．

間も決められ，これによって無脊椎動物から脊椎動物まで「神経記憶は情報特異的な物質の生成による」とする考えは，このころ大いに奮った[21]（図3.1）．

3.2 シナプス仮説

物質仮説は，ある時誰かが反証を示して真正面から否定した，というわけではない．スコトフォビンは今でも試薬屋で売っている．しかし，神経生理学者の間には，少なくとも一部の記憶は数秒以内に成立する事実からみて，当初から物質仮説を疑問視する空気が漂っていた．物質仮説では，どのようにして高速にタンパク質に「記入」できるのか，どのようにしてその情報を読み出せるのか，動物は光恐怖や暗所恐怖以外にも日々大量の情報を記憶しており，それぞれを物質化したとして，それは脳のどこにどう保存するのか，など多くの点で納得できないというわけである．彼らは代わりの案を模索した（生理学者と生化学者は，今も昔もなかなか相容れないものである）．

生理学者には，1つの頼りになる仮説があった．1940年代，カナダ・モントリオール神経研究所の心理学者ドナルド・ヘッブ（Donald Olding Hebb）博士は，次のような仮説を提示していた[22]．ある入力に対して，あるニューロン群が活動すると，当該ニューロン間のシナプス結合が強化されるとしよう．再度同じ入力があれば，同じニューロン群が活動する確率は，他のニューロン群に比較して高くなるから，前回と同じ出力がなされるだろう．これが想起である．二度目の入力が前回と全く同じでなくても，他に比較して類似度が高ければ，やはり同じ出力がなされるだろう．これが連想による想起である．傍点部が肝心なところで，これを"cells fire together wire together"と表現する（図3.2）．

この仮説は，高速の情報獲得と高速の読み出しを説明できる．しかし，いかんせん，そのようなシナプスの実在が示されていなかった．そもそも，シナプス伝達が可変的であることも示されていなかった．実在しないものは，いかに論理的に美しい説明でも「絵にかいた餅」にすぎない．生理学者たちは1950〜60年代，一所懸命に実例探しを行っていたが，その成功の糸口，すなわちシナプス伝達が可変であることが1960年代末からのエリック・カンデル博士らによ

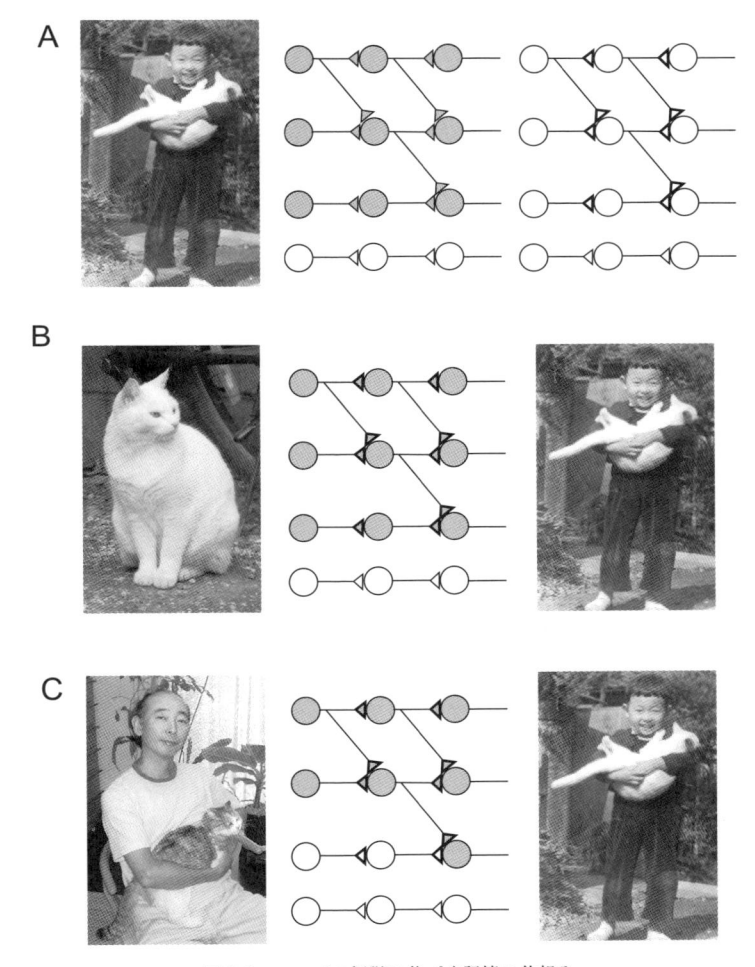

図3.2 ヘッブの仮説に基づく記憶の仕組み

A. 少年が大きな白い動物を抱いたとき,その鳴き声や毛並み,色その他のいろいろな感覚刺激によって,たまたま発火したニューロンのセットがあるはずだ.そのニューロンのセットは,互いの結合を強めあう,と想定しよう(太線の三角[シナプス]).
B. すると,その後,同じようにニャーと鳴き,フワフワした毛をもつ白い動物を目にしたとき,同じニューロンのセットが発火し(他のセットより結合が強くなっていて,発火しやすいのであるから),同じ出力,たとえば「シロ…」とつぶやくような行動を繰り返すだろう.これが想起である.つまり,こうした結合強化ニューロン集団ができ上がることこそが「記憶」だということになる.
C. 数十年後,同じような鳴き声を発し,同じような毛並みをもつ動物を抱いたとき,それが白ければなおさらだが,白くなくても,ほぼ同じニューロンセットが発火して,やはりほぼ同じ出力,たとえば「シロ…」とつぶやく行動が繰り返されるだろう.

る軟体動物アメフラシの鰓引き込み学習研究，ダニエル・アルコン博士らによる軟体動物ミノウミウシの走光性抑制学習研究によって示された（第5章に詳述）．また，哺乳類では，1970年代初めのティム・ブリスとテリェ・レモ両博士による海馬のシナプス伝達長期増強（LTP, *long-term potentiation*）の発見がシナプス伝達の可変性を実証し，これがヘッブの仮説の実証につながっていく（第6章に詳述）．こうしてシナプス仮説に支持が集まるにつれ，当初の意味での物質仮説はだんだんと口に上らなくなっていった．

　物質仮説はその後どのように展開したか．異論もあるだろうが，筆者は行動遺伝学に向かったと位置づけている．1970年代，米カリフォルニア工科大学のシーモア・ベンザー（Seymour Benzer）博士らは，記憶異常のショウジョウバエを分離する試みを精力的に行った[23]．後の章で再述するが，最初に得られたのは，匂い物質と電気ショックを組み合わせ，「危ない匂い」を記憶させるパラダイムで，記憶能力の劣るハエの変異株 dunce だった．変異遺伝子の特定に利のあるショウジョウバエを利用したことで，その原因遺伝子 *dunce* の産物タンパク質はすぐに決定され，環状AMP分解酵素（ホスホジエステラーゼ）であることがわかった．また，その後次々にえられた記憶に異常のある変異ハエの原因遺伝子は，ほぼすべて，環状AMP代謝にかかわる酵素や関連タンパク質であった．

　時代背景として，行動遺伝学者は，1遺伝子1酵素（one gene one enzyme）のアナロジーから1遺伝子1行動（one gene one behavior）を想定し，おそらく「匂い記憶タンパク質」遺伝子，または「匂い記憶タンパク質生合成にかかわるタンパク質」遺伝子，の獲得をめざしたと思われる．しかし，えられた分子は非常に広範な生理作用をもつ細胞間・細胞内信号伝達にかかわる分子群であった．その結果，これらの成果は，物質説よりむしろシナプス説に支持を与えることになった．現在では，環状AMPはシナプスにおける伝達効率調節を担う細胞内信号（の1つ）で，この代謝に異常が生じると記憶の形成または保持ができなくなると解釈されている．それは「匂い記憶」だけに限らず，あらゆる記憶に当てはまる．

3.3 細 胞 仮 説

　シナプス仮説以外に有力な仮説としては，細胞仮説ともよぶべき考え方がある．動物のとるべき行動のパターンが，あらかじめいくつかに限定されて準備されている場合，ある刺激の下であるニューロンが興奮することでそれらのパターンのうち1つが選択的に強まると，特定の入出力が固定されることになる．経験による情報の保存という意味では，記憶の一形式とみなせる．線形動物センチュウ（*Caenorhabditis elegans*）の学習は，この方式によっている．

　センチュウは，餌（大腸菌）を与えて飼育すると，飼育環境の温度を「記憶」し，温度勾配をつけた環境に移されると，「餌を期待できる」温度領域に集まる．この仕組みは次のように説明されている[24]．センチュウの頭部には高温を感知する感覚ニューロン AFD と低温を感知するニューロン AWC とがあり，それぞれ AIY と AIZ という介在ニューロンに興奮性結合する．走性を誘発する運動システムの司令ニューロン RIM は AIY と電気シナプスを，AIZ と化学シナプスをつくっている．AIY と AIZ の活動がそれぞれ高温走性と低温走性を誘発する．しかし AIY は AIZ に抑制性入力を送っており，この抑制の程度がもっとも強い走性を示す温度を決めている．さて餌の有無は，AFD 感覚ニューロン中の *tax-6* 遺伝子の発現を通じて AFD の高温検出感度を調節する．また，AIY 介在ニューロン中の *ncs-1* 遺伝子の発現を通じて AIY の興奮性を調節する．したがって，餌の有無は AIY と AIZ の活動バランスを変え，走性誘発温度を調節する（図3.3）．

　また，センチュウには Na^+ などに誘引され，Cu^{2+} などを忌避する生得的性質があるが，餌と組み合わせると，忌避物質を乗り越えて餌に近づく「学習」を行う．この場合も，誘引物質感覚ニューロンと忌避物質感覚ニューロンとが，上記の走性誘発系 AIY と RIM をめぐって拮抗関係にあることがわかっており，餌の有無がこのバランスを調節している．これらからわかることは，センチュウには，あらかじめ対立する複数の行動パターンと，それらをスタートさせるニューロンがビルトインされていて，「記憶」はそのニューロンの興奮しやすさという形で保存される，ということである．

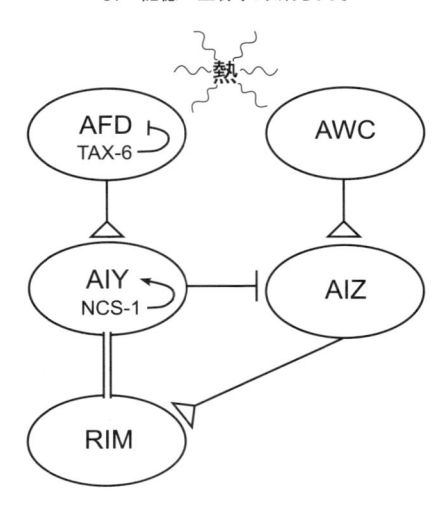

図3.3 センチュウの温度記憶行動の仕組み

　ヒトの認知科学に「おばあさん細胞」仮説（grandmother cell hypothesis）という考えがある．おばあさんの顔でも顔の一部でも，声でもいい，それを感覚器が受けとると，脳内のどこかにある特定の1個または少数のニューロンに情報が届く．もし入力が十分強くて，そのニューロンが興奮すると，その下流にあっておばあさんのイメージの喚起につながる回路が一斉に働き出す，それがおばあさんの認知ということだ，という考えである．この場合，どのような経緯でそのニューロンにおばあさんに関する情報が集中して届けられるようになったかの過程を問わなければ，おばあさんの記憶はその細胞に保存されているとみなすことができるだろう．実験的に「おばあさん細胞」はみつかっていないが，数億個のニューロンの中から，特定の刺激に応答する1個を探り当てることや，1個のニューロンについて，それをもっとも強く興奮させる刺激を無限の可能性の中から特定することは不可能なので，みつからないから存在しない，とはいえない．
　カナダ・マギル大学の脳外科医ワイルダー・ペンフィールド（Wilder Graves Penfield）博士（前述のヘッブ博士の師匠）が，手術中に大脳皮質を電気刺激したとき，ある部位の刺激では患者に「机にもたれて鉛筆をもった人」の光景が浮かび，刺激部位を変えずに刺激を繰り返すと，同じ光景が繰り返し再現し

たという．この結果は「おばあさん細胞」の実在を予想させる[25]（コラム 3.1 参照）．

シナプス仮説では情報は回路に保存されるのであって，細胞仮説のように特定のニューロン（の興奮性）に保存されるわけではない．しかし，この差は明らかなようでいて実はあいまいで，動員されるニューロンの数が多いか少ないかの差にすぎないともいえる．

3.4 新・物質仮説

シナプス仮説において，シナプス伝達を調節するには，その裏づけとなる分子装置，たとえば伝達物質の放出装置や受容体，細胞内の骨格や信号伝達のための装置などが，働いていなくてはならない．記憶情報が遺伝子の塩基配列として書き込まれるとする当初の意味での旧・物質仮説はすでに支持を失ったが，タンパク質の翻訳後修飾や，ケースによってはタンパク質の新合成の関与を疑う研究者はいない．その意味での新・物質仮説は，生き残っているどころか，現在まっ盛りだともいえる．

ちなみに，遺伝子の塩基配列に経験が保存されるという考えは，あながち荒唐無稽とはいえない．なぜなら免疫系はまさにこの方法で，私たちが一生に体験するほとんどすべての体内侵入異物に対して抗体をつくり出しているし，その情報を保存して（これも一種の記憶である）2回目の侵入に対して1回目より増強された応答を引き起こしているからである．ただし，あらかじめ用意された遺伝子ピースの順列・組み合わせによって，膨大な種類の抗体やT細胞受容体をつくり出せるとはいっても，神経記憶が保存する情報量に比べればはるかに少ないし，また，その情報保存の成立速度も保存情報の再生速度も，神経記憶におけるよりずっとゆっくりである（その代わり安定である）．

3.1 骨相学と機能局在

19世紀初め，ナポレオンが帝位に就き，たちまち追放されてブルボン王朝が復活したころ，パリの社交界ではある性格判断が流行していた．ウィーン出身の医師フランツ・ガル（Franz Joseph Gall）が唱えた骨相学（phrenology）である．「あの男爵様は，うなじのあたりが張っていらっしゃるから，きっと夜がお盛んですわ」「あの将軍は偉そうにしているが，耳の後ろが狭いから本当は臆病者なのだ」などなど．現代の血液型性格判断のようなものである．

ガルは，医学生時代の友人で記憶力に優れた人たちがおしなべて奥目で額が広かったことから，眼窩の上の部分に記憶の座があると考えた．さらに，それらの人の得意な記憶能力から，順序の記憶，場所の記憶など，記憶の内容ごとに脳（頭）の各部分を割り振ったうえ，勢いついでに過去・現在の著名人の伝記と肖像画を見比べて，他の機能も頭の外形と対応づけたのである．

あまりに流行し，あまりにさまざまなバージョンが出て，識者からトンデモ科学の烙印を押され，やがて廃れてしまった．しかし，脳機能の局在性を唱えたという意味では，当時の「正統派」科学者たちの「脳は全体として機能する」という哲学的抽象論より，むしろ現代の脳理解につながるものを備えている．

現在の理解からいえば，記憶の座は，ガルの予測したような眼窩前頭皮質ではない（現代ではそこは報酬と罰を予測して行動計画を評価する部位，とされている）．しかし，本文中で触れたペンフィールドの研究結果は，やはり「特定の記憶は特定の脳部分に格納されている」ということを，あらためて確認させることになった．ペンフィールドの報告は，事例報告であって，一般化できるわけではない．しかし，現在では，サルでの実験で，脳部位と保存される情報内容との範疇分けもなされており，ガルはある意味で再評価されているともいえる．

4

ヘッブの仮説

3.2 節で述べたように,ドナルド・ヘッブは,理論的な考察から情報の保存についての仮説を立てた.その背景となる知見から説明しよう.

4.1 パブロフの条件反射

1890 年代,帝政ロシアはサンクトペテルブルグの生理学者イワン・パブロフ (Ivan Petrovich Pavlov) は,食物消化の仕組みを解明するために,イヌを実験動物にして,迷走(めいそう)神経刺激による唾液・胃液・膵液・胆汁などの分泌や,これらに含まれる発酵素(ferment,今でいう酵素)の性質を調べていた.そのためには,食物由来の成分を含まない純粋な消化液を大量に集める必要があった.そこで彼は,イヌに餌を与えずに消化液の分泌を促す方法を考案した.餌を与えるとき,同時にベルを鳴らす.それを何回か繰り返すと,やがてイヌはベルを鳴らすだけで唾液を分泌するようになる.唾液だけでなく,胃液も分泌するようになる.パブロフはこれを情緒性分泌(emotional secretion)とよび,この方法で純粋な消化液を大量にえて化学的分析を行い,状況に応じてその成分組成が変化することなどを見出した[26].これらの消化に関する生理・生化学的成果に対して,1904 年度のノーベル生理学・医学賞が授与された.しばしば誤解されるが,パブロフの受賞理由は,情緒性分泌,つまり今でいう条件反射の研究ではなく,消化生理学の研究である(コラム 4.1 参照).彼にとって条件反射とは,サンプル採取のために考案した方法にすぎなかった.「パブロフ」ときけば「条件反射」と答える条件反射が成立している後世の人をみれば,パブ

4. ヘッブの仮説

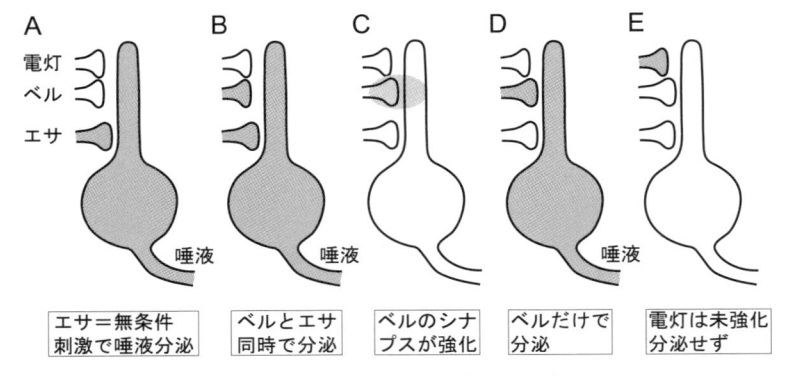

A	B	C	D	E
電灯 ベル エサ				
唾液	唾液		唾液	
エサ＝無条件 刺激で唾液分泌	ベルとエサ 同時で分泌	ベルのシナ プスが強化	ベルだけで 分泌	電灯は未強化 分泌せず

図 4.1 「パブロフの犬」で想定される仕組み

実際に脳のどこにあるかはわからないが，エサが与えられたとき発火して，唾液の分泌を促すニューロンがあるはずだ．これは生得的に強いシナプスである（A）．なぜなら，エサが与えられて唾液が出ないようなイヌは生きていられない．エサと同時にベルが鳴らされると（B），このニューロンに音の情報を，直接にか間接にか伝えているニューロンのシナプスが，強化される（C）．このシナプスは生得的に強いシナプスではない．なぜなら，訓練を受けないかぎりベルの音で唾液を出すイヌはいない．このシナプスが訓練によって強化された結果，その後はベルが鳴るだけで（エサはなくても），唾液ニューロンは発火し，唾液が分泌される（D）．しかし，エサと同時に電灯を点けるという訓練はしなかったので，光情報を伝えるシナプスは強化されておらず，電灯が点いてもあいかわらず唾液は出ない（E）．

ロフ先生は「違う！ それは単なる材料採取方法だ，俺の業績はもっとすごい」と怒り出すに違いない．

　パブロフの思惑はどうあれ，条件反射の発見は，実験心理学者に記憶・学習研究への糸口を与えた．条件反射の脳内機構については，今でもすっかり解明されているとはいえないが，ヘッブはこれを次のように考えた．唾液の分泌を司令するニューロン（唾液腺周囲の平滑筋の収縮を指令する運動ニューロンとでも考えればよい）が脳のどこかにあるはずだ（たぶん視床下部内だろうが，それはここでの問題ではない）．そのニューロン上には，餌の提示を伝える感覚経路とベルの音を伝える感覚経路とが入力している．音だけでなく電灯の光を伝える経路も入力しているだろう．餌ニューロンと唾液ニューロンの結合はもともと強い．もしそうでなければ，餌を食べても唾液が出ず，イヌは餌を消化できないはずだからだ．

　そこでヘッブは次のように考えた．餌の提示とベルの音が唾液ニューロンに

同時に入ったとき，「同時に発火するニューロンは結合を強める（cells fire together wire together）」ことがもしあれば，ベルニューロンと唾液ニューロンのシナプス結合は強められ，やがてベルだけで唾液の分泌が誘発されることになるだろう．しかし，光ニューロンと唾液ニューロンは同時に発火していないから，光ニューロンと唾液ニューロンのシナプス結合は強化されておらず，光だけでは唾液は出ない．しかし，もし光と餌が同時に与えられていたなら，今度はそのシナプス結合が強められ，光で唾液分泌が起こることになっただろう（図 4.1）．

4.2 ヘッブの仮説の検証

ヘッブの理論は魅力的なものであったが，当時はまだシナプスの伝達効率が変化しうるものかどうかすらわかっていない時代だった．あくまで「もしそういうことがあったなら」という仮説にすぎない．まして，その変化が同時的発火によって制御されるかどうか，というような実験は，どのような実験系で検証したらよいかすら，手掛かりがなかった．

当時，シナプス伝達を研究するためにもっともよく使われた実験系は，カエルの神経筋接合部（運動ニューロンが骨格筋の上につくるシナプス）であった．今でも伝達機構自体を調べるにはしばしば用いられる有力な系である．しかし，今から振り返ってみると，この標本は，こと調節の研究に関しては不向きな実験系であった．成熟した脊椎動物の骨格筋細胞は，筋細胞 1 個について 1 個のシナプスしかもたない．これはシナプスの統合（2.4 節参照）がない，ということである．また，この運動ニューロン–筋シナプスははじめから大変強い．運動ニューロンが興奮を送ってくれば，筋細胞は必ず興奮する（コラム 2.4 参照）．実際電子顕微鏡でこの神経筋接合部を観察すると，脳でのニューロン–ニューロン間シナプスに比べて，まずサイズが非常に大きい．運動ニューロンの軸索末端には，伝達物質（アセチルコリン）を含んだシナプス小胞が即時放出可能状態（末端の細胞膜に接岸した状態）でぎっしり並んでいる．したがって，運動ニューロンの一発の発火で放出されるアセチルコリンの量は大量である．また，軸索末端の対岸の筋細胞側には，アセチルコリン受容体分子がひしめき

4.1　パブロフと大阪大学

　大阪大学医学部の同窓会館「銀杏会館」の1階には，小規模ながら医学史博物館がある．その一角に，ペットボトル大のガラス角瓶が置かれていて，液体が入っている．底にわずかな褐色の沈殿があるが，液は透明清澄を保っている．これこそ，パブロフ博士が採取して分析していたイヌの胃液，そのものである．なぜそれがわかるかというと，その隣にこの標本の寄贈者，瀬良好太氏の自作詩が添えられていて，その中にこれが譲られた経緯が具体的に詠み込まれているからである．詩に曰く，

御者停車旧巷間	二層楼屋雪斑々	斜傍外壁攀階梯	表札懸軒寂閉関
碩学幽居不構門	一扉繊隔接乾坤	身凌雨雲已知足	志遠馳窮造化源
粛叩幽扉待応声	家居簡素実堪驚	却思功業燦陰無	生理学壇馳盛名
豈思先生自出迎	聴我来意目如驚	須臾握手和顔曰	初値相見日人栄
先生更曰任希望	期午迎君大学堂	辞去駆車帝城畔	何図危入練兵場
竟訪城頭大学林	満庭残雪照天陰	先生如約親迎接	改仰英風万感深
教授短躯沈敏神	胃腸生理学風新	為吾開放全施設	示説殷勲情可親
備見先生実験場	幾多良丈幾多房	手移椅子使吾座	示説余無施術方
先驚繋犬特殊台	穿頬人工唾瘻開	舌笛一吹欹両耳	忽看分泌作流来
還見胃液採取場	巨犬連頭作列長	豈思臨床已応用	先生手餞一壜芳

　最終段の末尾にある「先生手づからはなむけす一壜かんばし」の「一壜」こそこれだ，というわけである．これを読むと，どうやら，消化液採取の条件づけ刺激は，よくいわれるベルではなく，舌笛（リードつきの笛）だったようだ．

　パブロフがノーベル賞を受賞したのは1904年，日露戦争の勃発した年であり，瀬良氏がサンクトペテルブルクに博士を訪ねた1910年は，その余燼の燻ぶるロシア革命前夜のことである．この詩の一行一行には，その憎むべき敵国からの一訪問者を，研究者として厚く遇してくれた老碩学への畏敬と「学問に国境なし」を実感した感動とが籠められている．

　なお，蛇足ながら，この七言絶句十連作は，押韻ばかりでなく各字の平仄も含めて漢詩作法をすべて忠実に守った正格の詩である．最近の政治家が訪中して余興でつくる，ただ漢字を並べただけの疑似漢詩とは全く質が違う．明治の知識人は，こうした教養を内に備えていたのである．筆者はそれにまた感動する．

合うように並んでおり，受容体のない「無地の」細胞膜部分を探すのが難しいほどである．こうして，運動ニューロン–骨格筋間のシナプス伝達は「失敗しない」ように設計されている．いい方をかえると，伝達効率を調節する余地はほ

4.2 ヘッブの仮説の検証

とんどない，のである．

今あらためて神経筋接合部を詳細に調べてみると，伝達の調節機構はやはり存在し，それなりに機能していることがわかっている．しかし，その可変範囲は中枢のシナプスよりはるかに限定されており，また，その生理的意義は別のところにある．

また，個体発生の途中では，1個の筋細胞に複数の運動ニューロン末端がシナプスをつくっており，そのうちの1個が「競争」を経て領域を広げ，勝ち残ってゆく．この過程は，中枢シナプスで記憶形成に伴って起こると想定されているシナプスの機能上の強化・弱化，形態上の拡大・縮小の過程と相似しており，見方によっては中枢シナプスの極限形ともみえる．したがって，この神経筋接合部の発達（活動によるシナプスの拡大・廃止）過程を，あらためて記憶につながるシナプス調節現象のモデル系としてとらえ直して，そこにもヘッブ的な原理が働いている（筋興奮を起こせた運動ニューロンだけが強化される，つまり cells fire together wire together）と考えて，解析している研究者もある（図4.2）．

しかし，当時にあっては，伝達効率がはじめから最大で一定という神経筋接合部を実験対象としたのでは，シナプス伝達の調節現象を調べることは難しかった．

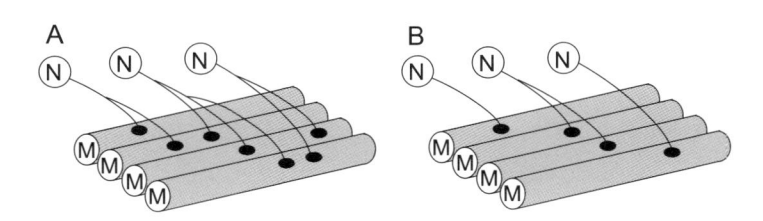

図4.2 正常発生に伴う回路の剪定の例

脊椎動物の骨格筋はたくさんの筋細胞（M）の集まりだが，発生初期には1個の筋細胞に複数の運動ニューロン（N）が結合して，それぞれ独立に筋収縮を指令している（A）．発生が進むにつれ，軸索分枝は剪定されてシナプスは整理され，1個の筋細胞に入力する運動ニューロンは1個だけに限定されるようになる（B）．ただし，1個の運動ニューロンが複数の筋細胞を支配することは禁じられていない．1個の運動ニューロンの支配下にある筋細胞の集団を運動ユニットといい，大きなユニットも小さなユニットもある．

4.3 モデル系の探索

　古典的なシナプス伝達の解析実験系として，神経筋シナプスの次によく用いられたのは，カエルの交感神経節である．ここには，アセチルコリンを主伝達物質とする入力線維（節前線維）と，ノルエピネフリンを合成・分泌する交感神経ニューロン（節後細胞）とがシナプス結合をつくっている．九州大学の纐纈 教三博士とその一門は，その系での生理学的解析の中心的存在だった．纐纈研の久場健司博士は，神経節細胞から電気記録をとりながら節前線維を高頻度で刺激すると，その後しばらくの間伝達効率が高まることを見出した．交感神経節では，節前線維からアセチルコリンと神経ペプチド（LHRH）が分泌され，前者のアセチルコリンへの応答の中にも，ニコチン性受容体を介する早い応答とムスカリン性受容体を介する遅い応答とがあって，これらの3相（抑制相を含めると4相）に及ぶ非可塑的な反応がある．これと新たにみつかった可塑的な応答とを識別するのは，実は容易ではないのだが，久場らは注意深い実験でそれらを分離し，可塑的な応答が節前線維末端からのアセチルコリン放出量の増大に由来することを確認した．

　その後の研究で，この放出増大は軸索末端膜上のβ-アドレナリン受容体を介すること，節前線維末端でのベースの細胞質内 Ca^{2+} 濃度増大によること，などがわかっている[27]．

　この発見は，「活動の履歴によって伝達効率が変化し，一定時間持続する」という可塑性の定義と合致し，シナプス可塑性の研究史において画期的な成果である．しかし，記憶の細胞基盤となりうるシナプス可塑性とは，様相の異なるものであることも事実である．なぜなら，この可塑性にはヘッブ性がない．シナプス後ニューロン（ここでは交感神経節ニューロン）がなくても，シナプス前ニューロン（ここでは節前線維）の活動だけで，この変化は起こる．つまり，シナプス前ニューロンのみの閉じた系内で正のフィードバック機構が発動するのであって，"cells fire together wire together" の状態には該当しない．むしろ，次章に解説する軟体動物の系との共通性が高い．

4.4 可塑性モデルとしての薬物依存症

　話が突然飛ぶようだが，麻薬や覚醒剤に中毒（依存症，addiction）という現象がある．麻薬には肉体的な痛みの緩和作用だけでなく精神的苦痛の緩和作用があって，ひとたびその強力な効果を知ると，以後その誘惑を断ち切ることができなくなる．覚醒剤には，気分の高揚，疲労感や眠気の除去などの精神作用があり，これらを伴いがちな任務や職業に就く人がその効果に頼り出すと，際限がなくなる（コラム 4.2 参照）．たとえば，先日 MDMA（*methylenedioxymethamphetamine*，「覚せい剤取締法」ではなく，「麻薬及び向精神薬取締法」に指定されているため，法律上は麻薬に分類されるが，薬理学的には覚醒剤である）の使用と接客業嬢への致死的供与の廉で摘発された某俳優兼歌手は，おそらく職業上のストレス回避が使用のきっかけになって常用癖に落ち込んだのだろうが，ウリにしていた偽悪的で挑発的な言動を続けるにも，覚醒剤の力が必要だったのだろう．

　覚醒剤は，次のような機構で気分の高揚と不機嫌とをもたらす（図 4.3）．モノアミン系神経伝達物質（ドーパミン，ノルアドレナリン，アドレナリン，セ

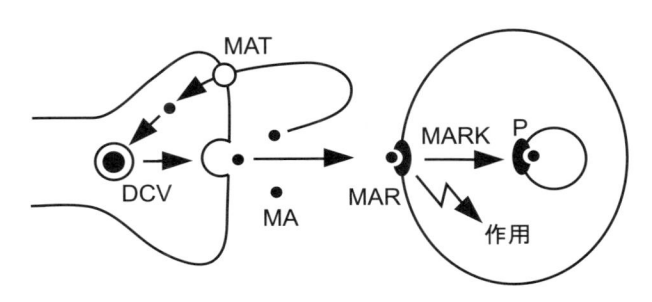

図 4.3　モノアミン系伝達物質の動態
軸索末端中のモノアミン（MA，*monoamines*．ドーパミン，ノルアドレナリン，アドレナリン，セロトニン，ヒスタミン）は有芯顆粒（DCV，*dense core vesicle*）に梱包されている．開口放出されると，シナプス後細胞膜上のモノアミン受容体（MAR，*monoamine receptors*）に結合して，作用をあらわす．シナプス間隙中の伝達物質は軸索末端の輸送体（MAT，*monoamine transporters*）によってとり込まれて効果を終える．持続的に活性化された受容体は受容体キナーゼ（MARK，*monoamine receptor kinases*）によってリン酸化（P）を受け，細胞内にとり込まれて無効化される（脱感作）．

ロトニン，ヒスタミンなど）は，軸索末端からの放出後，放出源のニューロンに回収されて役目を終える．したがって，この回収（とり込み）機構を阻害すると，シナプスでの濃度が高まり，かつ効果が長時間持続する．コカインを代表（出発物質）とする覚醒剤はこれを行う．

　ドーパミンを伝達物質とするニューロンは，中脳の黒質（こくしつ）（substantia nigra）と腹側被蓋野（tegmentum ventrale）を二大部位として，前者の黒質ニューロンは大脳基底核の線条体（せんじょうたい）（corpus striatum）に軸索を送って運動の制御にあずかる．したがって，黒質ニューロンが何らかの原因で細胞死を起こして減少すると，運動失調があらわれる．これがパーキンソン病である（パーキンソン病そのものではないが，同様の黒質障害症状患者の人生を描いた「レナードの朝」は，主演ロバート・デ・ニーロと助演ロビン・ウィリアムスの好演で，もっとも感動的な「神経科学映画」の1つとなった．おすすめ）．後者の腹側被蓋ニューロンは「やる気中枢」の別名をもつ大脳基底核の側坐核（そくざ）（nucleus accumbens）をはじめとして大脳全体に軸索を送っており，報酬系とよばれる経路になっている（コラム4.3参照）．つまり，ドーパミンの作用を高進させると，脳は自分で自分を褒める，要するにいい気分になる．

　いっぽう，セロトニンを伝達物質とするニューロンは，延髄の縫線核（ほうせん）（nucleus rapheus）を一大起源として，大脳皮質全体に軸索を送り，皮質ニューロンの活動レベルを上げて，「覚醒した」状態をつくり出す．花粉症で抗ヒスタミン剤を飲むと，副作用でセロトニン経路が多少とも阻害されるため眠気を催すから，自動車の運転をしないよう注意書きが添えられている．抗ヒスタミン剤は覚醒剤と逆の作用を起こしているわけである．

　話題になったMDMAには，放出されたドーパミン/セロトニンのとり込み阻害作用だけでなく，軸索末端からのドーパミン/セロトニン放出促進の作用も認められる．しかし，どちらにしてもモノアミン伝達の作用を強めて精神作用を引き起こす点は同じである．

　さて，モノアミン系伝達物質の受容体には，脱感作（だつかんさ）という性質が顕著にみられる．伝達物質の作用が続くと，受容体分子のリン酸化を介して，機能的な受容体の数が減少するのである．これは生体の恒常性（homeostasis）維持機構の1つとみなすことができる．すると，覚醒剤によってモノアミン伝達物質の作

用を強めたことが，受容体の数を減らして伝達の効率を落とす結果を招くから，以前と同じだけの効果をえるには，以前より多くの覚醒剤を必要とするようになる．また，受容体が減って，脳が自前で分泌していたモノアミン伝達物質の報酬作用も低下するから，薬の作用が切れると言動は不機嫌になり，これを逃れるためにさらに覚醒剤を求めることになる．

　麻薬（法律上での麻薬ではなく，薬理学上の麻薬，つまりモルヒネやコデインなど）は，覚醒剤とは作用点が違い，脳が自前でつくっている鎮痛物質（内在性麻薬様物質，endogenous opioids という）の受容体に結合して鎮痛作用をあらわす．しかし，この受容体にも生体恒常性機構が働き，活性化が持続すると効果が下がっていく．すると，より高用量の麻薬を必要としたり，内在性物質の作用を維持するために，常に麻薬を必要とするようになる．筆者（冨永）は，東海大学の岡哲雄博士の研究室で，その分子機構が，モノアミン受容体と同様な受容体の内在化によるのか，それとも受容体信号経路など生体作用側の低下によるのか，という研究を行っていた経験がある．

　覚醒剤や麻薬の使用による脱感作は，シナプス伝達の履歴的制御（経験による伝達効率の可塑的変化）という意味で，記憶と共通の様相がある．しかも，モノアミン受容体の内在化は，細胞レベルの機構でも第6章で説明するLTDの機構と共通する．したがって，内在化の分子機構研究のモデル実験系となりうる．また，脱感作が受容体以降の過程で起きているとしたら（たとえば，モノアミン受容体はGタンパク質共役型受容体で，活性化されたGタンパク質が他の酵素を活性化し，その産物がさらに下流の信号を起動するという連鎖反応を通じて作用をあらわすので，この連鎖反応の共役効率が変化すれば，最終的な出力/入力比，つまり伝達効率が変化しうる），その分子機構を解明することは，麻薬・覚醒剤の作用機構の研究に対してだけでなく，記憶の研究にも寄与する．

4.2　麻薬・覚醒剤と社会

　麻薬・覚醒剤が社会問題になるのは，その耽溺性で社会の生産性を低下させるからというのが第一の理由だが（19世紀，英国が対中国貿易の交易品として堂々とインド産のアヘンを中国に輸出し，清朝の崩壊を引き起こしたことは有名な史実である），第二にそれが犯罪の温床となるからでもある（現在も，国家規模で麻薬密輸出にかかわっている国があるし，中東の国際テロ組織や南米の国際シンジケートが，資金源として大規模な麻薬生産を行っている）．

　日本では，太平洋戦争中，兵士の戦意高揚（と夜間戦闘時の覚醒維持）のため，国策的に覚醒剤が用いられた（撃墜王黒鳥四郎少尉と倉本十三上飛曹は，これを飲んで夜間攻撃機「月光」を操り，B29を迎撃した．もちろん米軍側も服用していた）．戦争が終わり，国内各基地に備蓄されていた覚醒剤（大日本製薬のメタンフェタミン製剤「ヒロポン」など）は，闇ルートを通じて市中に放出され，大量のヒロポン中毒者（ポンチュー）を生み出した．その闇ルートをとり仕切って広域暴力団が急速に勢力を拡大した．その経過は，深作欣二監督の連作実録映画「仁義なき戦い」に活写されている．

　ただ，第二の点は，第一の点から法律が禁じているために起こるのであって，法律が禁じなければ起きない（そうすべきと主張しているのではなく，事実として）．現に，かつてはコカイン入りの清涼飲料もコデイン入りの咳止め薬も，堂々と市販されていた時代がある（高村光太郎の詩集「道程」には，光太郎が咳止めシロップを飲んでは東京の街を徘徊する様子が描かれている（「狂者の詩」））．

　そしてまた，第一の点も絶対不変ではない．どこに有害と無害の線を引くかは，社会と時代の要請次第で変わりうる．たとえばエタノールは，イスラーム社会では現に禁忌である．米国でも1920年代には社会正義のためとして酒類の製造・販売が厳しく規制され，これを密造・密輸・密売するアル・カポネを首領とするシカゴ・ギャング団とエリオット・ネス率いる財務省の武装国税査察官との間で激しい攻防が繰り広げられたことは，映画「アンタッチャブル」でよく知られている．

　現在，わが国で同様のボーダーライン上にある物質が，ニコチン（タバコ）である．明らかな健康侵害性と耽溺性，停止症状（禁断症状）がある．そう遠くない将来，第一の理由でタバコが禁制となり，第二の理由で犯罪の苗床になるかもしれない．さらに100年後，メチルキサンチン類（コーヒーのカフェイン，お茶のテオフィリン，ココア・チョコレートのテオブロミン．これらには耽溺性と弱いながらも停止症状がみられる）が，まだ規制を免れているかどうかは予断を許さない．

4.3 脳内報酬系と鎮痛

ラットの脳に電極を植え込み，レバーを押すとその電極を通して刺激が加わるように設定する．すると電極の位置次第で，ラットがわき目も振らずレバーを押し続けることがある．その電極位置を脳地図上にマークしてゆくと，とびとびではなく，1つの経路が描ける．それが中脳腹側被蓋野から発して大脳基底核群の1つ側坐核に至るドーパミン性神経の経路だった．これを A10 経路という（脳内の神経路には記号・番号がつけられており，たとえばノルアドレナリン性の経路には A1〜A7 が，ドーパミン性の経路には A8〜A15，セロトニン性の経路には B1〜B9 が振られている）．これは，非常に強力な欲求らしく，疲労で倒れるまで餌も摂らずに，1 秒に 10 回以上ものハイペースでレバーを押しつづけたケースもあったという．

アニメ「新世紀エヴァンゲリオン」では，主人公 碇 シンジが脳波導出用のヘッドセットをつけ，脳波とシンクロさせることによってロボット兵器エヴァンゲリオン初号機を操縦するが，そのときシンクロさせる対象は A10 ということになっている．運動を起こし，その結果が満足にたるものであったとき A10 が活動する，これによってエヴァンゲリオンは適切な運動を自己学習することになる，という作者の意図なのだろうか．しかし，それなら最初から運動野や運動前野から活動を導出して運動企図を相似的に拡大する方が効率がよいような気がする（実際に，そういうロボットは当研究科の客員教授でもある国際電気通信基礎技術研究所の川人光男博士のラボなどで，すでにある程度まで実現しているので，SF としてはもはや面白味がないのかもしれない）．

腹側被蓋野には GABA を伝達物質とする抑制性ニューロンが含まれていて，A10 経路に抑制をかけている．浮かれ過ぎるな，というわけである．ところがこの抑制ニューロンは，弓状核（nucleus arcuatus）などの辺縁系諸核から，エンドルフィンというペプチドを伝達物質とする抑制性の入力を受けていて，これが働くと抑制が抑制（脱抑制）されることになるから，報酬系優位状態，つまり快感が生じる．代表的な麻薬のモルヒネは，このエンドルフィンを代行して，快感を生み出す．見方を変えれば，エンドルフィンは脳が自らつくる内在性の麻薬といえ，だからこそエンドルフィン（endogenous morphine＝内的モルヒネ）と命名されたのである[28]（図 4.4）．

モルヒネは本来鎮痛薬である．末期がん患者の疼痛にはモルヒネしか対処法がない．その鎮痛効果もよく似た経路で生じる．弓状核などからは中脳水道周囲灰白質（PAG, periaqueductal grey matter）へのエンドルフィン性の投射があり，PAG 内で GABA 性介在ニューロンを抑制する．その結果 PAG の活動が上がり，延髄縫線核のセロトニン性ニューロンを介して脊髄内の痛覚伝導路が遮断される．モルヒネはここでエンドルフィンの代行をするわけである．これがモルヒネの鎮痛効果の本態である．

なお，エンドルフィンが内在性物質ならば，耽溺性や禁断症状を起こさない理想

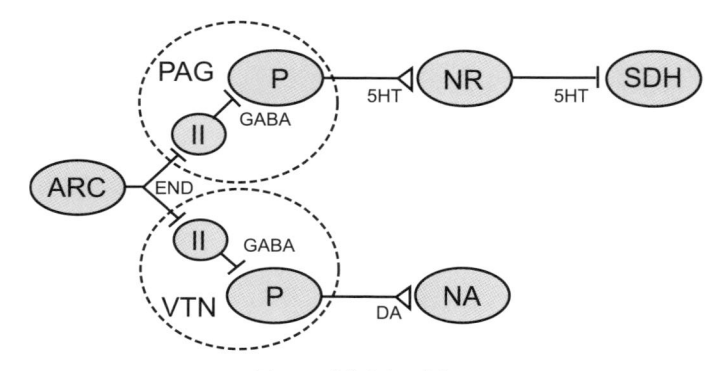

図4.4 薬物中毒の仕組み
中脳水道周囲灰白質（PAG）では，主細胞（P）が延髄縫線核（NR）にセロトニン性の軸索を送り，NR は脊髄背角細胞（SDH）にセロトニン性の軸索を送って痛覚情報を調節する．これを下降性鎮痛路という．通常は PAG 内の抑制性介在ニューロン（II）が P 細胞の活動を抑えて，下降性鎮痛路の発動を抑えているが，視床下部弓状核（ARC）などからのエンドルフィン性軸索が II を抑えると，下降性鎮痛路が発動する．いっぽう中脳腹側被蓋野（VTN）の主細胞（P）はドーパミン性の軸索を側坐核（NA）に送る．これは脳内報酬系（A10 経路）とよばれ，多幸感をもたらす．通常時 VTN 内では抑制性介在ニューロン（II）が P 細胞の活動を抑えており，むやみに快感は生じないが，ARC からエンドルフィンが出て II を抑えると報酬系が発動する．モルヒネなどの麻薬は，このエンドルフィンの作用を代行して，鎮痛と快感をもたらす．覚醒剤はセロトニンとドーパミンの効果を強めて鎮痛と快感をもたらす．

的な鎮痛物質になるかと期待されたが，そうは問屋が卸さず，立派に？中毒を起こした．この説明でもおわかりのように，エンドルフィンは鎮痛とともに多幸感をもたらす．筆者（小倉）はかつて陸上少年で，高校の部練で山手線一周マラソン（約 50 km）などをしばしば課せられたが，最初の 5 km ほどは苦しくても，あるところを過ぎると苦しくなくなり，スピードさえ問われなければ，いつまでも走り続けていたい気分になった．いわゆるランナーズ・ハイ状態である．このとき，脳内ではエンドルフィンが駆け巡っていたのだろう．ただし，筋肉は確実に疲労しており，翌日は全く足腰が立たなかった．

ついでながら，もう一つの耽溺性薬物である大麻（ハシシ，マリファナ）にも，対応する内在性の伝達物質が同定され[29]，これらをカンナビノイドと総称する（アサの学名 *Cannabis* sp. に由来する名称，つまり内在性の大麻様物質という意味）．代表的な物質はアラキドン酸エタノールアミド（別名アナンダミド，アーナンダとはサンスクリット語で「法悦」の意味）である．カンナビノイドはエンドルフィン産生細胞に対して作用し，エンドルフィンの放出を促すことによって，エンドルフィンと同等，つまり麻薬と同等の効果をあらわすと考えられている．

5

無脊椎動物での可塑性研究

5.1 アメフラシの鰓引き込み反射

アメフラシ（*Aplysia*）は，温帯水域の磯に広く産する大型の匍匐性（泳がずに岩や砂の上を這う）軟体動物で，貝殻はあるが身が殻に収まりきれない巻貝（というか海産のナメクジ）である（口絵3およびコラム5.1参照）.

アメフラシは通常時，外套膜をくつろげ，鰓に海水を通して呼吸しているが，体表に刺激を受けると，鰓底部の筋を収縮させて鰓を引っ込めて保護する．これを鰓引き込み反射（gill withdrawal reflex）という．しかし，その刺激が無害であると（とくに波のような周期性のある無害な刺激だと）この反射は抑制され，いちいち鰓の引き込みをしなくなる．これを，慣れまたは馴化（habituation）とよぶ．この現象は実験室でも容易に再現できる（図5.1）.

アメフラシの神経系には実験者にとって有用な点が2つある．1つは一部のニューロンが大型で，直径0.5 mmにも及ぶものがあり，活動記録が容易であ

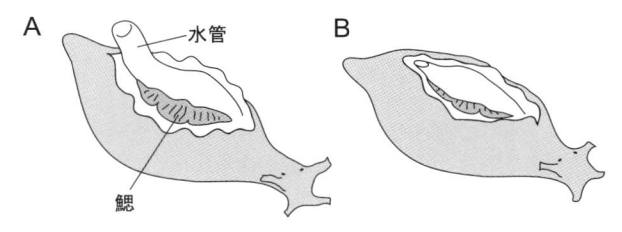

図5.1 アメフラシの鰓引き込み反射
アメフラシは水管から海水を吸いこみ，鰓に通して呼吸しているが（A），体表に刺激を受けるとえらを引き込んで守る（B）.

ること（細胞の大きさは，パッチ・クランプ技術（コラム 2.5 参照）の開発前には非常に重要な条件だった）．もう 1 つは，どの個体をとっても同じ位置に同じ（形態的にも機能的にも）ニューロンが見出せること．これを同定可能性（identifiability）とよび，この性質は大きさ以上に重要である．なぜなら，ある日ある個体で行った実験を，別の日に別個体で続行することもできるし，ある研究者があるニューロンに見出した性質を世界中の誰もが追試・確認でき，その上で一歩先に解析を進めることができるからである．昆虫や脊椎動物では，ほとんどの場合それは不可能である（昆虫の場合はニューロンも小さい）．

ただし，一部の書物に「アメフラシはニューロン数が少なくて回路が単純」と紹介されていることがあるが，そんなことはない．小型のニューロンを数えれば，やはり膨大な数になる（1 神経節あたり 2 万個とか 5 万個とかいわれる）．関与する回路も，この鰓引き込み反射については単純だが，すべての行動について単純とはいえない．ヒトでも異物に触れて手を引っ込める屈曲反射などの回路は，きわめて単純である（体表に末端をもつ感覚ニューロンが脊髄内に軸索を送り，対応する体部位を担当する運動ニューロンと結合して刺激源から遠ざかる運動を起こす．つまり 2 個のニューロンの間の 1 個のシナプスで起こる反射という点ではアメフラシの鰓引き込みと全く同じである）．

また，1920 年代から仏ミシェル・パシャ海洋研究所のアンジェリク・アルバニタキ（Angelique Arvanitaki）博士らをはじめとする海洋生物学者の研究によって，その神経系の解剖学や代表的なニューロンの機能などの基本的性質が早くから明らかにされていた点も，後続の研究に有利な点だった．

5.2 アメフラシの慣れと鋭敏化，その細胞内機構[30]

米コロンビア大学のエリック・カンデル（Eric Richard Kandel）博士は，1929 年オーストリアは花の都ウィーンに生まれたが，9 歳のときナチスが侵攻しユダヤ人迫害が始まると，ベルギーを経て米国に逃れた．ニューヨーク医科大学で精神科医となり，海馬を含めた大脳皮質の研究を行っていたが，1960 年代後半から記憶の生物学的解析をめざして，研究対象を前述の利点をもつアメフラシの系に大胆に転換した．

コラム 5.1　アメフラシの魅力

　アメフラシは，論文などでは sea slug（海のナメクジ）と，いささか情緒に欠ける表現がなされるが，sea hare（海の野兎）という名の方が，その形や大きさをよく表現している．カリフォルニア産のアメフラシ *Aplysia californica* は茶褐色～黒褐色で体長 50 cm にもなる．海藻を餌として水槽での飼育も容易なので，学校の理科教材や実験動物として，米西海岸では昔から使われていたと聞く．日本産の *A. kurodai*（口絵 3 参照）も体長 30 cm くらいにはなる．黒色の地に多数の白点を散らした繊細な模様があり，なかなか優美な動物である．Aplysia とはギリシャ語で「uncleaned＝汚い」の意味だが，そんなことはない．中国語では雨虎（ユーフー）という．

　強く刺激すると紫色のインクを放ち（紫汁（ししゅう）といい，イカ・タコの墨汁に相当する），漁師はこれをみると「明日は雨で漁に出られぬ」といって嫌がる．しかし，古代には染料「貝紫（かいむらさき）」として重用されてもいたという（上等な貝紫は，巻貝のアカニシの紫汁を使い，アメフラシ製は代用品）．

　貝だから食べて食べられないことはなく，実際食べる地方もあるらしい．東京大学動物学科の学生臨海実習では，ゴカイであれヒトデであれ，採集した動物はすべて試食するルールがあった．ジャンケンをして勝った順にドラフトして自分の担当を決めていくのだが，アメフラシは筆者が結構上位で指名したものの，一口だけで断念した（ものすごく生臭かった）．いっぽうアメフラシの卵塊は，見た目には焼きそばの玉のようで，食べる気になった．しかしこちらは有毒で，日本内分泌学の泰斗小林英司（こばやしひでし）教授が筆者らを制止した．

　鰓引き込み反射に関わる回路は，基本的にニューロン 2 個，その間のシナプス 1 個だけのもので，そこがカンデルの卓抜な着眼だった．なぜなら，シナプス仮説に基づけば，現象はそのシナプスで起きているはずであり，細胞仮説に基づいた場合でも，感覚ニューロンか運動ニューロンかの 2 か所にしぼられているからである．

　アメフラシを実験槽に固定し，鰓の後ろに受光板（ホトセル）を置く．動物がくつろいで鰓を広げているとき受光板は覆われているので，素子の出力電圧は最小である．そこでいきなりノズルから海水を体表，たとえば水管に吹きつけると，アメフラシは鰓を引っ込める．このとき受光板は多くの光を受けて素子の出力電圧が上がる．この実に簡単な装置（図 5.2A）で，繰り返し水噴射を繰り返すと，動物の反応が徐々に下がっていくのが記録される（図 5.2B）．

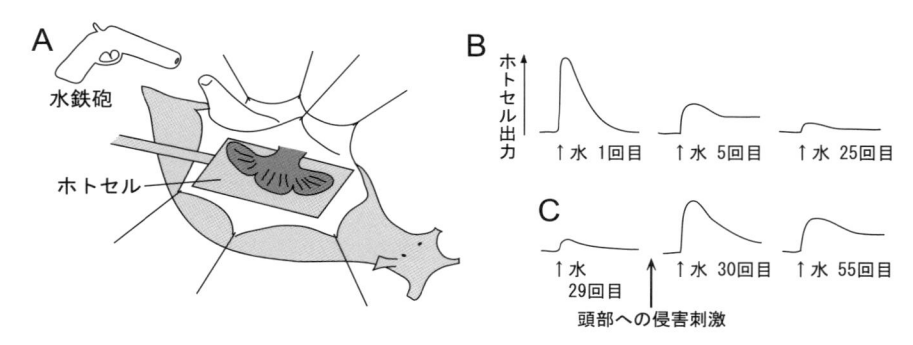

図 5.2 A. 実験装置．鰓の下に光を受けると電圧を発生するホトセルを置く．実験者が水鉄砲で水管に海水を吹きかけると，鰓引き込み反射が起こる．ホトセルの受光面積が増えて，発生電圧が増す．これを記録して反射の強さの指標とする（B）．
B. 周期的に水をかけると徐々に反射は弱くなる（慣れ）．
C. しかし，あるときに頭部をたたくような侵害刺激を与えると，それ以降，いったんは慣れた水刺激にも敏感に応答するようになる（鋭敏化）．

　さて，この水管の刺激を伝える触覚ニューロンは，腹部神経節でSE（複数あり，そのうちの1つL29が実験によく用いられる）と名づけられた同定済みニューロンであることがわかっている．また，鰓基部筋に収縮指令を出す運動ニューロンは，同じ腹部神経節でL7の名がついた同定済みニューロンである．そこで両ニューロンに電極を刺入して電気活動を記録しながら，SEとL7との間のシナプス伝達を記録すると（図5.3），SEへの刺激の回数を重ねるごとに（つまり生体なら水管の刺激を繰り返すごとに），L7ニューロンで記録される興奮性シナプス電位は小さくなっていった．すなわち，「慣れ」は確かにSE-L7間のシナプスで起きていたのである．

　アメフラシ生体では，水管への繰り返し刺激でいったん「慣れ」を生じたあと，たとえば頭部を針でつつくなどといった，いわゆる痛覚刺激（侵害刺激）を与えると，「慣れ」は解除されてしまう．侵害刺激を与えたときに鰓引き込み反射を起こすのはもちろんだが，その侵害刺激終了後もしばらくの間，いったん慣れたはずの無害な水管刺激に対しても過敏に応答して鰓引き込みを行うのである（図5.2C）．これを「鋭敏化」と呼ぶ．楚辞にいう「羹に懲りて膾を吹く（熱いスープで舌を火傷した者はサラダまで吹き冷ます）」状態である．

　この反応をSE-L7シナプスでみると，はたして侵害刺激後に伝達が強まって

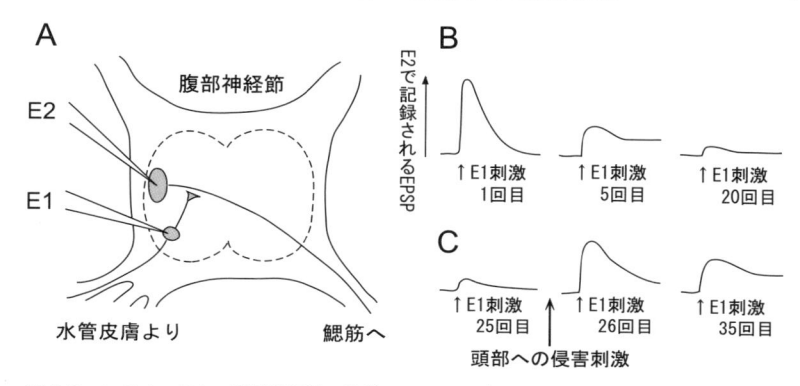

図 5.3　A. アメフラシの腹部神経節．触覚ニューロン（たとえば L29 など）に刺激電極 E1 をあて，鰓筋運動ニューロン（たとえば L7）に記録電極 E2 を刺入する．
B. E1 に通電して E2 のシナプス電位を記録する．慣れを模擬して，周期的に E1 に通電すると徐々にシナプス電位は小さくなる．
C. しかし，あるときに頭部をたたくような侵害刺激を与えると，あるいは頭部神経節の痛覚ニューロンを刺激すると，それ以降，いったん小さくなった E1 刺激にも大きなシナプス電位を示すようになる．

いるのがわかった．水管感覚ニューロン SE は，頭部は受けもち範囲ではなく，頭部刺激では直接活動しないので，このシナプス伝達を外から高める何かがあるはず，と考えて，カンデルらは軟体動物で作用することが当時知られていた神経伝達物質を次々と投与して，SE-L7 伝達を強める物質を探索した．その結果浮かんだのが，セロトニンだった．そこで，セロトニンを含むニューロンが SE-L7 シナプスの近傍にないか検索したところ，SE-L7 シナプスに積み上がるようにしてセロトニンを含む軸索終末がみつかった．このセロトニンの主は，予想通り，頭部侵害刺激によって活動する痛覚介在ニューロン NI であることもわかった．

　物質がわかると，それがどのような機構で作用するかの解析が加速度的に進む．セロトニンは，SE-L7 シナプスで L7（シナプス後ニューロン）側に働いて SE から分泌される伝達物質（おそらくグルタミン酸）への感度を増しているのではなく，SE（シナプス前ニューロン）側に働いて神経伝達物質の放出量を増していることがわかった．つまり，NI ニューロンの末端は，子亀の背中に乗る孫亀よろしく，SE ニューロンの末端に乗って伝達物質放出を制御し，親亀 L7 の活動を制御しているのである（図 5.4）．これを「シナプス前促通」とよぶ．

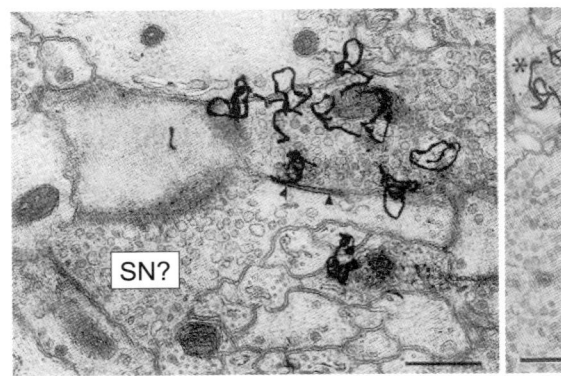

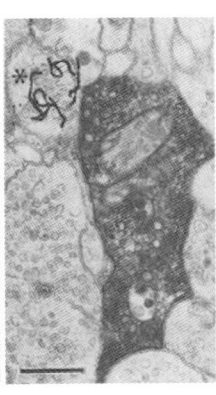

図5.4 アメフラシ腹部神経節の電子顕微鏡写真（Bailey et al.:*J. Neurophysiol.*, 45 (1981), 340-360 より許可をえて転載）
左の図でSN?とあるのがおそらく触覚ニューロンの末端．その右上に接しているのがおそらく痛覚ニューロンの末端．この動物には放射性標識したセロトニンを注射してあり，それに由来するリボン状の銀沈着（β線の飛跡）がみえる．右の図は触覚ニューロンL29を酵素標識したもの．L29が酵素反応産物で黒染されている（ただし，内部構造はみえない）．これにもセロトニンの信号を示すニューロンが接している．スケールはともに0.5 μm．

　NIからのセロトニンが，どのようにして伝達物質の放出を制御するのかも，カンデルらによって明らかにされた．第2章で概説したニューロンの情報伝達の仕組みを復習しよう．伝達物質の放出は，軸索を下行してきた活動電位が軸索末端（シナプス前終末）部に届くと，そこにある電位依存性Caチャネル（細胞膜の脱分極によって開口するCa^{2+}流路タンパク質）を活性化し（つまり開き），軸索末端内にCa^{2+}が流入することによって始まる．しかし，脱分極によって開くチャネルはCaチャネルだけではなく，Kチャネルもある．Caチャネルにやや遅れてKチャネルが開くと，膜電位は脱分極状態から静止状態へと引きもどされる．Caチャネルは開いている理由を失って閉じ，Ca^{2+}流入は止み，Ca^{2+}は排出されて伝達物質の放出は終わる．セロトニンは，このKチャネルを不活性化するのだった（Kチャネルが不活性になると，静止状態への復帰が遅くなるから，それだけCa^{2+}の流入が続いて伝達物質の放出が増すことになる）．
　いっぽうセロトニンは，細胞膜にある酵素，アデニル酸シクラーゼを活性化して環状AMP産生を促進することが，多くのニューロンでわかっている．アメフラシのSEニューロンにおいても同様である．SEニューロンの軸索末端で

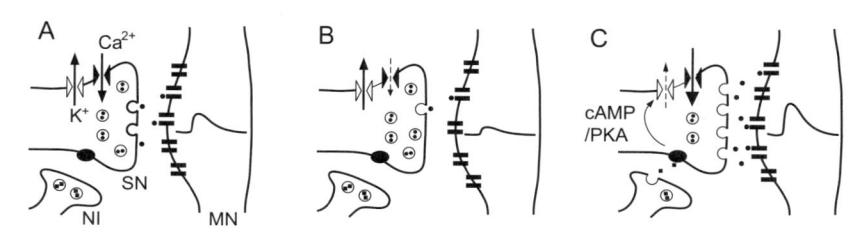

5.2 アメフラシの慣れと鋭敏化，その細胞内機構

図5.5 アメフラシのシナプス伝達調節の機構概念図
A. デフォルト状態．シナプス前細胞である触覚ニューロン（SN）はシナプス後細胞である運動ニューロン（MN）に向けて伝達物質を放出し，シナプス電位を発生させる．
B. 慣れの状態．Caチャネルが不活性化し（1個1個のチャネル分子の開き方が小さくなるわけではなく，開くチャネルの数が減る），軸索末端に下りてきた興奮に伴うCa^{2+}流入が減るため，伝達物質の放出量が減る．
C. 鋭敏化状態．痛覚ニューロン（NI）から放出されたセロトニンがSN軸索末端のセロトニン受容体に作用し，細胞内の環状AMP濃度が増してタンパク質リン酸化酵素（PKA）が活性化し，その結果Kチャネルが不活性化する．これによって軸索末端の活動電位が延長し，流入するCa^{2+}が増えて，伝達物質の放出量が増す．

も同様である，といいたいところだが，いかにアメフラシとはいえ，軸索末端は当時の技術で生化学分析を行うには小さすぎ，細胞体で行わざるをえなかった．上記のKチャネル不活性化の議論も，実は細胞体での観察であり，反カンデル派はこの点を突いて「細胞体と軸索末端での現象を同じとはみなせまい」と論難した．環状AMPは環状AMP依存性タンパク質キナーゼ（PKA）を活性化し，Kチャネルタンパク質を直接リン酸化して不活性化する（Kチャネルの分子構造が不明だった当時は，Kチャネルの活性を調節するタンパク質をリン酸化して，それを介してKチャネル活性が下がる，という間接作用の可能性を否定できなかったが，現在は直接作用とわかっている）（図5.5）．

実は，単純そうにみえた「慣れ」の仕組みの方は，いまだによくわかっていない．慣れは，SEからの伝達物質放出が減る現象だったが，このとき軸索末端での活動電位の持続時間が短くなっている．ここまでは，すぐにわかった．したがってCa^{2+}の流入が少なくなり，伝達物質の放出が減る．これはCaチャネルの不活性化による．これもわかっている（みかけ上「鋭敏化」と正反対の現象なので，Kチャネルの脱リン酸化による活性化が起きていそうだが，そうではないらしい．ということは，慣れと鋭敏化は独立に生じうるということである）．しかし，何が原因でCaチャネルが不活性化されるのかは解明されていな

い．一時，低頻度の繰り返し刺激に伴って流入した Ca^{2+} 自身による制御という説が唱えられたが，今は支持されていない．また，SE 末端から通常伝達の伝達物質とは別に放出される FMRF アミドなどのペプチド性伝達物質が放出元の軸索末端に向けて戻って働く結果だとの説もあるが，これも確定的ではない．

　アメフラシのニューロンは，体外に単離して培養することができる[31]．SE と L7 の 2 個だけを広いシャーレに置いても，ちゃんと結合をつくる．そこで SE を低頻度で繰り返し刺激すると，徐々に伝達が低下する．つまり，この 2 個のニューロンだけで慣れが生じることは明らかである．だから，慣れを全然別の「犯人」の仕業にはできない．NI ニューロンを共存培養してやれば，ニューロン 3 個だけで鋭敏化も起こせる．カンデルのこれらの一連の解明に対して，2000 年度のノーベル医学・生理学賞が授与された．

5.3　ウミウシの走光性抑制学習[32]

　カンデルらと同時期に，ウミウシ（口絵 4 参照）を使ってシナプス可塑性を追求していた研究者がいた．米国立保健研究所（NIH）のダニエル・アルコン（Daniel L. Alkon）博士らである．ウミウシはアメフラシと同じ軟体動物腹足綱の仲間だが，類縁的には目レベルで異なり（ウミウシは裸鰓目，アメフラシは被鰓目），ネズミ（齧歯目）とヒト（霊長目）程度の距離は離れている（コラム 5.2 参照）．

　ウミウシは昼行性の動物で，明るい方に向かう性質（走光性）がある．したがって，図 5.6 のように，ウミウシを入れた試験管を円板の縁にとりつけて，円板の中央に光を当てると，ウミウシは試験管の棲処から中央に出てくる．しかし，このとき円板を回転したり振動させると，この走光性が抑えられて棲処から出てこなくなる．アルコンは「海の荒れた日には岩陰の巣から出てこないよう，ウミウシに安全教育を施しているのだ」といっている．ウミウシがこの教育をありがたがっているかどうかは別として，この走光性抑制もアメフラシの鋭敏化と同じく，円板回転経験後しばらくの間続くから，一種の学習行動といえる．

　アルコンらはこの機構を詳しく研究して，以下のような仕組みであることを

5.3 ウミウシの走光性抑制学習

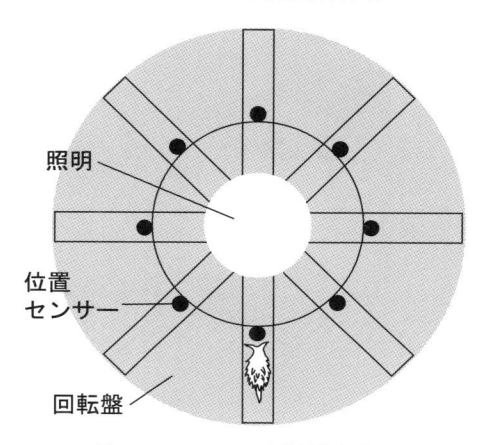

図 5.6　ウミウシの走光性抑制学習
ウミウシを管に入れて管の一端を照明すると，明るい方に向かう．途中にセンサーを置いて，走光性行動をモニターする．多数のウミウシをセットして，何割の動物が走光性を示したか，効率よくデータをとれるようにしてある．途中でこの円板を回転させると，ウミウシの走光性は抑制される．これを繰り返すと，ウミウシは光の方に向かわなくなる．

明らかにした（図5.7）．ウミウシの光受容ニューロンにはAとBの2種類があり，Aは走光性運動ニューロンへの興奮性の結合（すなわち，光が来ればそちらに向かう）を，Bは走光性運動ニューロンと抑制性の結合（すなわち，光が来れば運動を止める）をしている．デフォルト条件ではAのシナプス結合がBより強く，したがって走光性があらわれる．

ウミウシが回転や振動を検知するのは，平衡胞という，ヒトでいえば半規管にあたるような振動受容器で，そこから発するニューロンの一部が，光受容ニューロンBが運動ニューロンとの間につくるシナプスの上に乗っていて，シナプス前促通をかけている．つまり，アメフラシ腹部神経節内で，水管触覚ニューロンが鰓運動ニューロンとの間につくるシナプスの上に，頭部痛覚ニューロンが乗ってシナプス前促通をかけているのと全く同じ構図である．しかも，その促通をかける伝達物質がセロトニンで，生じる効果がKチャネルのリン酸化＝抑制による伝達物質放出量の増加＝伝達増強（ただしこの場合は抑制性伝達の増強）である点も，アメフラシの鋭敏化の場合と全く同じ図式が成り立つ．したがって，光と振動がともに来た場合，光受容ニューロンBが走光性運動ニ

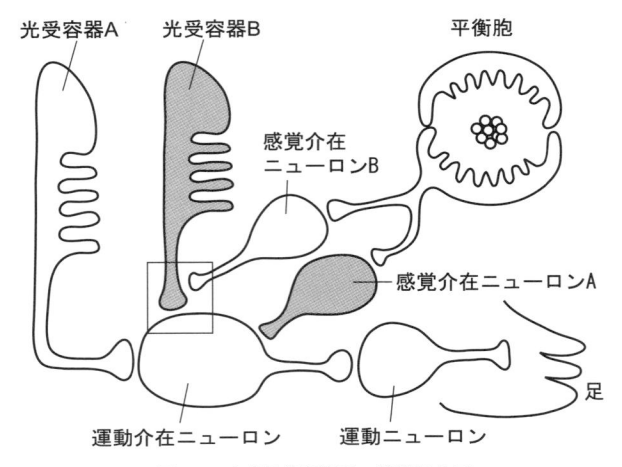

図 5.7 走光性抑制学習の機構概念図
ウミウシには光受容器細胞が 2 種類あり，A は運動介在ニューロンを介して走光性行動を促す．光受容器 B は運動介在ニューロンを抑制し，走光性行動を抑制するが，デフォルト状態での活動は弱い．ところが振動受容器（平衡胞）が働くと感覚介在ニューロン B がセロトニンを放出し，光受容器 B のシナプス伝達を強める．その結果，ウミウシの走光性行動が抑制される．この部分（四角で囲んだ）のシナプス前促通が，アメフラシの鋭敏化の場合と相同であることに注意．

ニューロンにつくっているシナプスの方が，光受容ニューロン A のつくっているシナプスより強くなり，走光性の発現が抑えられることになる．

カンデルがノーベル賞を受け，アルコンが選から外れたのは，決してアルコンの研究がカンデルのまねをした二番煎じ研究だったからではない．アルコンはカンデルと独立に研究を進めていたのだが，常にほんの少しカンデルの方が先に論文を発表していたことによる．しかし，アルコンの結果がカンデルの結果とことごとく一致したことは，カンデルの結果の信頼性を側面から支え，こうした機構が一般的に適用できるとの期待を高めて，シナプス可塑性研究の進展に大きく寄与した．アルコンの功績は大きい．

5.4 ショウジョウバエの記憶異常変異

すでに 3.2 節に紹介したが，米カリフォルニア工科大学のシーモア・ベンザー博士らは，1970 年代，遺伝学の好材料であるショウジョウバエを使って，記

コラム　5.2　ウミウシの魅力

　ウミウシは，アメフラシよりはるかに小型だが美しい海産軟体動物で，日本の沿岸にもたくさんいる．たくさんいるが，珍しい種類は適度に珍しく，世にウミウシファンは多い．シュノーケリングなどは必要なく，海水浴にはまだ少し早い初夏の磯の潮だまりで，家族連れで楽しめる娯楽になる．また，ホルマリン浸漬標本などにすると，鮮やかな体色がたちまち抜けてしまうため，生きたまま観察しなくてはならず，それがまたファンには魅力となる．肉食性のため餌の確保がネックとなって，家庭での飼育は難しい．筆者が採取したもっとも美しい種はサラサウミウシ（*Chromodoris tinctoria*）で，純白の体の縁が金色，背の中央に真紅の網目模様がある．

　こうしたウミウシファンのもっとも著名な1人が昭和天皇で，「相模湾産後鰓類の研究」という著書がある．東京大学動物学教室は，昭和天皇の生物学研究と浅からぬ縁があるので，この本が図書室に寄贈されたとき，筆者は陛下の直筆サインを期待して見に行ったのだが，御名御璽は見当たらず，無粋な大学蔵書印だけが押してあって，ひどくがっかりしたのを覚えている（論文や著書が出版されると，著者がサインして贈りあうのが研究者間の習慣なのに）．

　アルコンが研究したウミウシはエムラミノウミウシ（*Hermissenda crassicornis*，口絵4参照．和名は旧制新潟高校教授の軟体動物学者，江村重雄博士にちなむ）という種類で，青白い頭から紫色の触角が伸び，胴体からオレンジ色をしたフサフサの蓑のような突起が一面に生えていて，その各先端が白い，という，これまた美しい種である（体長3 cm程度で日本にも結構いる）．ミノウミウシの生物学的に面白いところは，餌とした腔腸動物の刺胞を消化せず，自分の背の突起に送り出してちゃっかり自分の武器に転用していることである．

憶異常の変異ハエをえる実験を精力的に推進した．時代背景として，1遺伝子が1酵素をつくり，1生体反応を律しているとする「1遺伝子1酵素」の図式が全盛のころであり，これを敷衍させて「特定の遺伝子が動物の特定の行動を律している」とした「1遺伝子1行動」の図式を想定した上での探索であった．

　ベンザー研究室のビル・クイン（William Quinn）博士は，図5.8のような装置を考案して，ハエの学習能力をテストした．ハエを入れた試験管Fは，滑らせると試験管Aまたは試験管Bと通じるようにしてあり，試験管AとBには金網がついていて電流を流せるようになっている．ハエには走光性があるので，上から電灯をつけると試験管に入る．さて，Aには匂い1を，Bには匂い2を

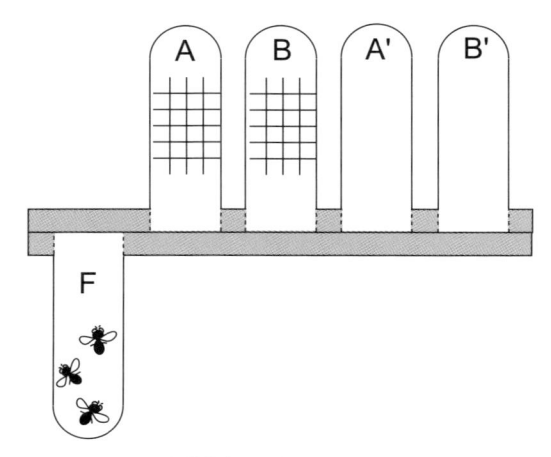

図5.8 記憶能力に異常のあるハエの採取法
ショウジョウバエをFの試験管に入れ，装置をスライドさせる．試験管AとA'には匂い物質Aが含まれ，試験管BとB'には匂い物質Bが含まれている．試験管Aに入ると電気刺激が加わるようにして，何回か訓練を行うと，電気刺激のないA'に対しても進入しなくなる．全体に行動が抑制されたのではなく，匂いAを危険信号として記憶したことを確認するため，Bには変わりなく進入することを確かめておく．装置は匂いBを危険信号とする学習もできるようにしつらえてある．

つけておき，Aに入ると電気ショックがかかり，Bに入った場合にはかからないようにして訓練をする．ハエに学習能力があれば，匂い1は危険だから入らない，匂い2は安全だから入ってよいという学習ができるはずである．確かにできた．訓練からテストまでの時間を伸ばせば，記憶保持能力を調べることができる[33]．

そこで，EMS（*ethyl methanesulfonate*）などの薬剤でハエを処理し，遺伝子変異を誘発してえた変異体を片っ端からテストして，学習や記憶に異常を示すハエはいないかを調べた．いったんそういう異常ハエがえられたら，まさにショウジョウバエで確立・発達した遺伝学の手法を適用して，原因遺伝子を突き止められる（現在は動く遺伝子を利用して変異を誘発するので，直ちに同定可能である）．

1974年，最初にえられた学習異常ハエはdunce（ウスノロの意味）と名づけられ，米ベイラー医科大学のロン・デイビス（Ronald Davis）博士の生化学研

5.4 ショウジョウバエの記憶異常変異

究により，変異は環状 AMP の分解酵素（環状 AMP ホスホジエステラーゼ II）に起きていて，その活性が失われていることがつきとめられた[34]．dunce の行動を詳細に解析してみると，匂いとショックを結びつける学習自体は可能なのだが，それを保持できずに「非常に早く忘れてしまう」記憶異常ハエだった．
また，次にえられた記憶異常ハエ rutabaga（原義は，クリーム煮などにするとおいしい根菜のカブハボタンの意味だが，日本語でカボチャとかトウナスというのと同じで，無能者の意味になる）では，環状 AMP 合成酵素（Ca^{2+} 依存性アデニル酸シクラーゼ）に変異が起きていることがわかった[35]．その後次々にえられた記憶異常ハエは，その多くが，環状 AMP の代謝経路や細胞内の環状 AMP 信号経路，環状 AMP 合成を誘発する神経伝達物質（アメフラシのセロトニンがやはり環状 AMP 信号を駆動していたことを思い出してほしい）など，環状 AMP 信号関連の遺伝子変異だった．

また，匂い学習課題ではなく，宙づりにしたハエが肢を下ろすと電気ショックがかかるようにした装置を使って，肢を挙げたままにする学習（オペラント条件づけ課題）をさせ，それに異常を示したハエを解析した結果も，環状 AMP 経路の異常と結論されるものが多かった．その結果，環状 AMP 信号系は，特定の記憶課題や学習にではなく，記憶一般にかかわる共通経路であるとの認識が確立していった（コラム 5.3 参照）．

5.3 昆虫の記憶とキノコ体

本文中では，記憶研究の先駆けとしてのショウジョウバエ研究を紹介したが，その後の昆虫の記憶機構研究は，独自の展開をみせている．昆虫の脳の大きな部分を占めるのは，光情報処理に当たる視葉板（optic lamina），視髄（o. medulla），視小葉（o. lobulla），正中線近くに匂い情報処理に当たる触角葉（antennal lobe），振動情報処理に当たる後大脳（tritocerebrum）などの感覚情報処理領域であるが，それらの背側左右に突起状に隆起した部分があり，これをキノコ体（mushroom bodyまたは corpus pedunculatus）とよぶ（図 5.9）．キノコ体は，傘にあたる部分すべての感覚情報を受ける．受けるニューロンをケニョン細胞（Kenyon cell）という．ケニョン細胞は柄に軸索を送り，葉とよばれる部分で出力ニューロンにシナプス結合する．出力ニューロンは前大脳に軸索を送るが，ここはもう運動中枢である．したがって，昆虫がシナプス統合にもとづく判断や記憶を行っているとしたら，このケニョン細胞しか候補がなく，いわば哺乳類の海馬錐体ニューロンにあたる細胞だろうと想像される．

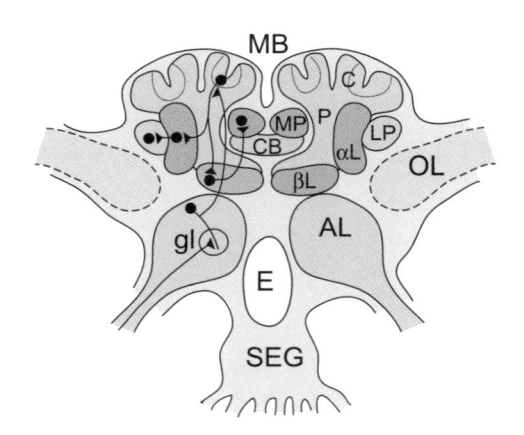

図 5.9 昆虫の脳（頭部神経節）の概略図
正面からみた図．奥行きを表現するため，前端に近い構造を濃く着色してある．触角葉（AL）は嗅覚処理を行う構造．糸球体（gl）で匂い情報を受けた AL ニューロンは，キノコ体（MB）の傘部（C）にあるケニョン細胞に投射する．ケニョン細胞の軸索はキノコ体柄部（P）を下降し，キノコ体葉部 α 葉（αL）と β 葉（βL）に投射する．αL ニューロンと βL ニューロンは内板（MP）外板（LP）の運動系ニューロンに投射する．視葉（OL）は視覚処理を行う構造で，この軸索もケニョン細胞に軸索を送る．すなわち，キノコ体ケニョン細胞は感覚情報の統合を行うという意味で，脊椎動物の大脳皮質ニューロンにあたる役割を果たす．E は食道の通る孔．SEG は食道下神経節．CB は中央体．

5.4　ショウジョウバエの記憶異常変異

　そこでキノコ体の損傷実験が企画されることになるが，問題はその小ささである．それに成功したのが東北大学の水波　誠博士らで，ゴキブリに水迷路ならぬ火迷路学習を行わせた．具体的には，ゴキブリの走る床を 50 度くらいに熱し，1 か所だけ熱くない部分を設ける．ゴキブリは周囲の壁の模様などを手がかりにして，この安全地帯を憶える．左右のキノコ体をアルミホイルの小片の挿入で断線されたゴキブリは，この学習ができなくなった[36]．

　独ベルリン自由大学のランドルフ・メンツェル（Randolph Menzel）博士らは，ミツバチにパブロフ流の条件づけを行った．ハチは砂糖水に口吻（proboscis）を伸ばすが，このとき特定の匂いをかがせておくと，数回の訓練の後には匂いだけで吻を伸ばすようになる．メンツェルは金属針をハチの脳に刺しておいた．金属針は熱伝導がよいので，根元を冷やすと先端まで冷えてその周囲のニューロンを麻酔できる．この方法の優れた点は，細胞を殺しても回路を切断してもいないので，冷却をやめれば元の活動が戻ることである．条件づけは，針をキノコ体に刺してあったときに阻害された．他の脳領域たとえば前大脳（運動中枢）を冷やすと，その間の吻伸展運動は阻害されても，学習そのものは阻害されなかった[40]．

　こうしてキノコ体の記憶形成への関与は証明され，本文中で述べた AC-PKA 信号系に依存した可塑的変化は，おそらくここで起こるものと想像される．しかし，このあとシナプス新生などの回路再編成を伴う長期可塑性につながるのかどうかは，まだよくわかっていない．

6

哺乳類での可塑性研究

　軟体動物での研究進展に刺激を受けて，とはいっても，アメフラシの解明が進んだあとにその成果をとり込んで，というわけではなく，同時進行的ではあるが，多分に影響を受けながら，1970年代初めから哺乳類でのシナプス可塑性の解析モデル系が探索されていた．その最初の成功例が，これから述べる海馬LTP（*long-term potentiation*，ふつう「長期増強現象」と和訳されるが，ここでは次章に説明する理由があって，あえて長期増強の訳語を使わず一種の記号として「LTP」とよぶことにしたい）と小脳LTD（*long-term depression*，長期抑圧現象）であった．

6.1　海馬のLTP

　1973年，英ロンドン大学のティム・ブリス（Timothy V. P. Bliss）博士とノルウェー・オスロ大学のテリェ・レモ（Terje Lømo）博士は，麻酔したウサギの海馬（側頭葉の内側，大脳皮質の縁にあたる部分．コラム6.1参照）に電極を植え，海馬への入力神経線維である穿通線維（perforant path，穿の字が常用漢字にないので，貫通線維ともいう）を刺激して，これを受ける海馬歯状回（dentate gyrus）ニューロンから記録をとると，可塑的な変化が起こることを報告した（海馬内の神経回路の模式図を図6.1に示す）．
　その変化とは，2〜4秒に1回の低頻度で穿通線維をテスト刺激していると，歯状回ニューロンの集団興奮性シナプス後電位（細胞外においた電極から記録するので，電極先端付近にある数〜数十個のニューロンの活動の総和がえられ

6.1 海馬の LTP

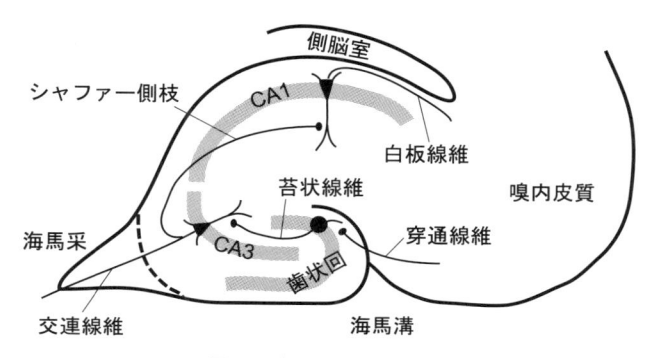

図 6.1　齧歯類海馬の模式図
脳全体との位置関係は，図 7.21 を参照されたい．海馬は，大脳新皮質が大きく広がって，脳全体に覆いかぶさるようになったために，内側に押し込まれてしまった大脳皮質の縁の部分であり，発生の起源は古く，原皮質というよび方もされる．嗅内皮質浅層の錐体細胞に発する軸索は，穿通線維となって海馬歯状回に入り，ここで顆粒細胞にシナプス結合する．顆粒細胞の軸索は苔状線維となって CA3 領域の錐体細胞にシナプス結合する．CA3 錐体細胞の軸索は分枝し，主枝は交連線維として反対側の海馬へ投射するが，側枝（シャファー側枝）は同側の CA1 領域の錐体細胞にシナプス結合する．CA1 錐体細胞の軸索は白板線維になって隣接の海馬台を経，嗅内皮質（深層）に帰る．このように，神経回路をごく薄い切片の平面内に保存できることが，海馬という組織が実験系として好まれる 1 つの大きな理由である．

る．この記録法は，細胞内に細いガラス管を刺入して膜電位の絶対値を直接計測する細胞内記録法に比べて間接的で，実験者の解釈が入りやすい欠点はあるものの，1 つの記録がすでに多数の細胞の反応の平均値で，細胞ごとのバラつきを相殺できる．ダメージが少なく長時間の記録が可能などの利点も多く，現在も頻用される）は，長時間一定に推移するが，途中で 15 Hz の高頻度刺激を数秒間与えたところ状況が変わり，テスト刺激への応答が大きくなって，その後数時間この強化状態が続いた，というものである[41]（図 6.2）．

彼らはこの現象を当初 long-lasting potentiation とよんだ．ここで long の語を使ったのは，それ以前に知られていた別の刺激プロトコルで生じるシナプス増強よりも長時間，具体的には 30 分以上持続したためである．その後，この現象を確実に起こすための標準刺激条件を決めたり，相同な現象が海馬の他のシナプスや他の動物の海馬でも起こるかどうか確認する，いわば「地味な」作業が進められていたが，この現象が世界の神経生理学者の注目をがぜん集めるようになったのは，1975 年にオスロ大学のフィリップ・シュバルツクロイン

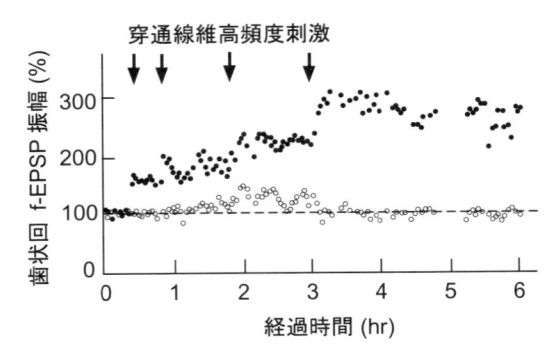

図6.2 ブリスとレモ両博士が最初に報告したLTP（小倉改変）麻酔下のウサギ海馬に電極を刺入し，穿通線維を低頻度で刺激して歯状回顆粒細胞層から集合EPSPを記録する．30秒に1回のテスト刺激による反応を続けているかぎり（白丸），集合EPSPの大きさは変わらない（具体的には数mVの大きさだが，比較のためパーセント表示としている）．矢印の時点で50 Hz，2秒間というような強い刺激（高頻度刺激）を行うと状況が変わり（黒丸），それ以降集合EPSPが増大する．高頻度刺激を再度行えばさらに増大する．このように，最初の実験は摘出切片ではなく動物個体で行われた．

(Philip A. Schwartzkroin) 博士がモルモットの摘出海馬の薄切切片で，インビトロ (*in vitro*，ガラス器内で＝単離して体外での意) でこの増強現象を再現できることを示し[42]，1978年に金沢大学の山本 長三郎博士が細胞内記録で，この応答性の増強が興奮性シナプス電位の増大であることを確証してから[43]である．そのころには，この現象の名もLLPでなくLTPとよばれるようになっていた（筆者にはその差はわからないが，LTPの方が発音しやすいためだそうである）．

摘出海馬切片のインビトロ系で研究ができる意義は大きい．第一には，インビボ (*in vivo*，生体内で＝動物の中にあるままでの意) 実験は手術が容易とはいえず，当然手技の巧拙もあって，他の実験者と同じ条件を再現することが難しい．第二に，インビトロなら刺激も記録も直視下（といっても顕微鏡下ではあるが）で行えるから，実験条件を統一でき，実験者間でデータの交換や比較が可能になる．第三に，インビボでは，実験者は動物自身の活動を制御できない．たとえば，海馬はすべての感覚情報が入力する部位だから，実験者が刺激したのと同じ海馬内神経回路を動物自身が自発的に活動させる可能性が多分に

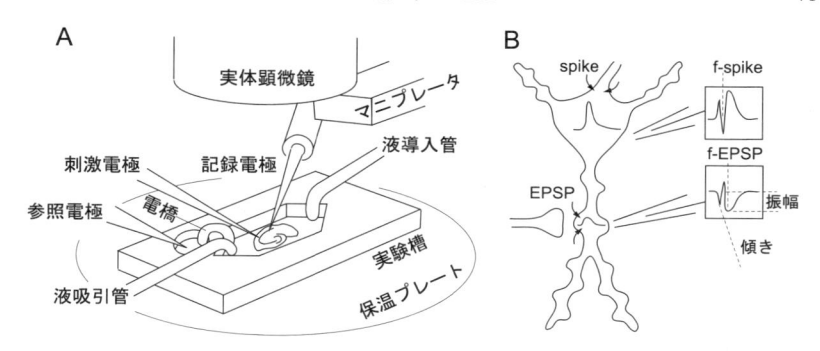

図 6.3 A. 現在の標準的な実験法．溶液（導入前に酸素飽和させておく）をごく浅く満たした実験槽に海馬切片を置き，刺激電極と記録電極（細胞外）を切片に刺入する．刺激電極には，ガラス管電極でなく，タングステン線の先端を電気分解で尖らせた金属線を使うことが多い．記録電極は，多くは実験溶液を満たしたガラス管電極で，マニプレータ（微小操作器）を用いて位置や深さを精密に制御する．記録電極と参照電極（溶液の電位＝接地レベル）との間の電位差を測る．B. 記録電極の位置と記録される電位の関係．記録電極を樹状突起層に置いた場合，シナプス活動に伴って細胞外から細胞内に電流が流れる．この状態を active-sink（活動部位の電流吸い込み）と表現する．電流がここに集まって来るということは，ここが遠くにある参照電極より負の電位にあるということであり，シナプス活動は下向きの振れとして記録される．このとき，もし電極が細胞体層に置いてあったならば，そこは電流を供給する側になるから，シナプス活動は上向きの振れとして記録される（この状態を passive-source と表現する）．しかし，シナプス電位が閾値を超えて細胞体で活動電位が発生すると，今度は細胞体層が active-sink，樹状突起層が passive-source となる．したがって活動電位は，細胞体層においた電極では下向きの振れとして，樹状突起層においた電極では上向きの振れとして記録される．結局，一連のシナプス活動は 3 相の波形を呈する．もし記録電極が細胞内に刺入されていたならば，もっと単純な局所電位が記録される（細胞の内側に示した）．なお，細胞外から内へ流れ込んだ電荷量（電流の積分値）が膜電位を築くわけであるから，大きくみて細胞外記録は細胞内電位の微分形になる．

あるし，とくに「高頻度刺激」は全身けいれんを来たすような，動物にとっていわば「悪夢のような体験」であるので，動物自身がこの体験を何回も繰り返し回想している可能性が大きい．また，薬剤を投与しても，動物自身のホメオスタシス（恒常性維持機能）がその効果を補償して，実験者の期待通りの効果がもたらされるとは限らない．第四には，インビボでは 1 頭の動物から 1 例のデータしか得られないところ，切片は 1 頭から多数作成できるので，実験がはるかに安上がりになる（実はこれが普及の最大要因だろう）．

現在では，LTP 研究の「標準条件」は以下の通りである（図 6.3）．生後 1 か月令以降の（つまり成体の）雄ラットを使い，麻酔して断頭後，5 分以内に海馬を摘出して氷冷し，海馬の中央付近（海馬は，前端＝吻側端から後端＝尾腹側端にかけて，バナナ状に細長い構造である）について，寒天製のまな板の上

で，海馬長軸に直角な方向に厚さ 0.3〜0.4 mm に薄切する．名人は安全カミソリを使って手で切るが，並の人は専用のパン切り器のような装置（スライサー）を使う．この切片を 95% O_2 : 5% CO_2 の混合ガスでバブリングした 30℃の生理的塩類溶液中に移して，1 時間以上「馴らし」，6 時間程度以内に使う．この「馴らし」をしないまますぐに使うと，おそらくニューロンの一部が切片作成時に傷を受けたためだろう，自発的にはげしく興奮を繰り返して，安定した記録ができない．

特別な目的のあるとき以外は，双極の（つまり針金 2 本からなる）金属（タングステンか白金）電極を，CA3 錐体ニューロン層か CA3 を発して CA1 に入力する軸索の束であるシャファー線維にあて，強度 0.1 mA，幅 0.1 ms の電流で，刺激頻度 0.033〜0.05 Hz（20〜30 秒に 1 回）でテスト刺激を行う．

先端口径のやや大きな（1〜数 μm）ガラス管の微小電極を作成して，これに生理的塩類溶液を詰めて記録電極とし，これを CA1 錐体ニューロン列のほぼ中央位置で，その樹状突起層に軽く挿入する．集団シナプス電位が，電位の下向きの振れとして，集団活動電位が電位の上向きの振れとして観察される．5〜10 分ほど記録を続けて，応答が毎回大きくバラつかないことを確かめる．応答が安定していたら，刺激電流の大きさを決める．0.05 mA から徐々に上げていくと，記録される集団シナプス電位は大きくなり，0.2〜0.3 mA くらいで飽和してそれ以上大きくならない．ここで刺激電流を下げて，最大反応の 50% 程度がえられる大きさの強さに決める．つまり，それより増えることも減ることもできるような条件を選ぶ．

さらに 5〜10 分間記録したあと，刺激電流の大きさはそのままで，刺激頻度だけ 100 Hz に上げて 1 秒間（つまり 100 発）刺激する．その後はふたたび低頻度のテスト刺激に戻す．この高頻度刺激を「テタヌス刺激」というが，100 Hz で 1 秒間の連続発火というような活動はあまりに人工的で不自然と考える実験者は，100 Hz で 40 ms（つまり 5 発）だけ刺激して，これを 0.1〜0.2 秒間隔で 5〜10 回繰り返す「ババババ，シーン，ババババ，シーン…」というような刺激パターンを用いることもある．これを「シータ・バースト刺激」という．

記録は，集団シナプス電位の振れ幅をそのまま使う流儀と，シナプス電位の

最大値のところに集団活動電位が重なってしまい，正確な振れ幅を測定するのが困難と考える実験者は（活動電位の直前と直後を結んで中間点をとることもできようが），振れ幅ではなく立ち上がりの初速（下向きなので「立ち下り」速度という変な日本語を使う人もいる）を採用する流儀とがある．応答がいくら安定しているとはいっても，多少のバラつきは避けられないので，たとえば20秒に1回の刺激への応答を3回分平均し，1分に1点ずつのデータとして，グラフ用紙にプロットする．テタヌス刺激にしてもシータ・バースト刺激にしても，刺激後少なくとも30分，通常60～90分記録を続けて，伝達効率が増強されるかどうかと，この増強状態が維持されるかどうかをみきわめる．

コラム　　　　　　　　　　　　　　　6.1　海馬とは何か

　脳をテーマにした書物や文章には，「海馬とはタツノオトシゴのことで，脳の中でのその形を，この風変わりな小魚に見立てた命名である」というようなエピソードがしばしば書かれている．しかし，それは少し違う．海馬（hippocampus）とは，ギリシャ神話の海神ポセイドン（ローマ神話のネプトゥルヌス）の2頭立ての馬車を引く馬のことである．海神であるから海上を行く馬車で，馬は前半身が馬，後半身が海蛇になっていて，前脚はひずめではなく水かきになっている．肩のあたりからは翼が生えているが，空を飛べるほど大きくはなく，海上を走る際の補助推力として使う．まるでみてきたようなことをいうようだが，実はみてきたのである．読者にもみたことのある方がおられるだろう．場所はローマ，観光名所トレビの泉．中央に雄々しくいきり立つ海神の左右に，御者の手を振り切らんばかりに奔騰する海馬が2頭並んでいるのがみられるだろう（図6.4）．横に回れば後半身もみえる．

　脳の海馬は，左右脳半球の内側縁で背側から腹側にかけてバナナ型に湾曲した形で位置する．この部位を，2頭立ての水上馬車の後半身，左右の海蛇に見立てて命名したのである．魚のタツノオトシゴも，この神話の海獣になぞらえて命名されたには違いないが，脳の海馬が魚のタツノオトシゴになぞらえられたわけではない．いわば兄弟関係の命名である．

　海馬は，ものの本によると，元々はエトルリア（イタリア半島中部の古代国家）の伝説動物の1つだとのことで，海羊（aegicampus），海牛（taurocampus），海獅子（leocampus）などとともに，地中海をわが池として繁栄したエトルリア民族の海洋性を示す表象らしい．

　なお，海馬の内部構造であるCA1，CA2などのCAとはアンモンの角（cornu Ammonis）の意味である．アンモンとはギリシャ神話の羊の頭をもった太陽神の名

図 6.4 トレビの泉で奔騰する海馬
中央で周囲を睥睨するのは海神ネプトゥルヌス（ポセイドン）．海神の乗駕を曳くのは，2 頭の海馬．前脚はひづめではなく水かきである．この図からはうかがえないが，横に回れば海馬の後半身が海蛇なのがわかる．泉を背にしてコイン 1 個を投げ入れると，この地の再訪が叶い，2 個投げ入れると恋が成就し，3 個投げ入れると今の恋人と別れられる，とされ，旅人はみな 3 個ずつを投げ入れるので，泉の管理者は大いに潤う．

で，この湾曲を羊の角に見立てた．アンモン神は化石巻貝アンモナイトにも名が出る．元々はエジプト神話の太陽神 Amen で，かのツタンカーメン王の名は Tut-ankh-Amen，アメン神の似姿の意味であり，羊頭は王権の象徴でもある．

6.2 LTP はプレかポストか論争

さて，LTP の解析に研究者が集中して最初にホットな議論が戦わされたのは，伝達効率の増大が，軸索末端からの伝達物質放出量の増加によるのか（前細胞説），それとも樹状突起側の感度増大によるのか，という点だった（後細胞説）．というのは，前章で説明したようにアメフラシの可塑性は伝達物質の放出量の調節による（つまりプレによる）ことが，このころすでに確定しており，海馬 LTP がアメフラシと相同な機構によるかどうかは，生物機能の進化の問題とも関連して関心の的だったからである．

6.2 LTPはプレかポストか論争

このころ，東京都臨床医学総合研究所の篠崎温彦博士ら，英ブリストル大学のグラハム・コリングリッジ（Graham A. Collingridge）博士らによって，グルタミン酸類縁物質の探索が盛んに行われ，物質による効果の差から，哺乳類脳の（イオンチャネル共役型の）グルタミン酸受容体には，薬理学的に3種類が区別できることが示されていた．NMDA型グルタミン酸受容体，キスカル酸型グルタミン酸受容体（後に，より特異的な作動薬がみつかってAMPA型と改称される），カイニン酸型グルタミン酸受容体という（コラム6.2参照）．コリングリッジは，このうちNMDA型の特異的阻害剤であるアミノホスホノ吉草酸（APV, *a*mino*p*hosphono*v*alerate）を投与するとCA3→CA1シナプスのLTPが起こらなくなることを示した[44]．当時は受容体というものはシナプス後部にのみあるものと考えられていたため，ポスト説がぜん有力になった．

神経伝達物質は，第2章で説明したように，軸索末端内でほぼ一定量ずつシナプス小胞という袋状の構造に梱包されている．それが1袋ずつプチプチとはじけ開くことによってシナプス間隙に放出される．もちろん2袋3袋が同時にはじけ開くこともあるだろう．そのときには，1袋はじけたときの2倍量3倍量の伝達物質が放出されることになる．実際，シナプス後電位の大きさを詳しく調べると，ある単位反応の整数倍になっているのがみてとれる．つまり，その単位反応が，シナプス小胞1袋が放出されたときの反応に相当するわけである．このような解析法を素量解析という．素量解析を利用して，LTPが軸索末端からの放出の増大によるのか（プレ機構），シナプス後細胞側の応答性増大によるのか（ポスト機構）という判定が可能である．もしコリングリッジのいうようにポスト機構が正しいなら，シナプス後電位の単位反応が大きくなっているはずである．また，もし軸索末端からの放出確率が増している（プレ機構）なら，単位反応があらわれる頻度が上がるか1回に複数素量放出されることが多くなるだろう（プレ機構によっても，1袋あたりの梱包量が増していた場合には，単位反応が大きくなるはずだが，短時間内にそういうことが起きる可能性はまずない）．

実際にCA3→CA1シナプスに素量解析を行ってみると，単位反応の大きさはほとんど変わらず，むしろ放出が増しているという，プレ機構有利の結果がえられた[45]（逆の結果を報告した論文もある[46]）．また，このころ神経伝達物質

受容体は必ずしもシナプス後ニューロン上にだけではなく,軸索末端側にもあるという認識が浸透しだし,受容体阻害剤が効いたとしてもポスト説の証拠にはならないという見方も広がった.さらに,前章で説明したように,軟体動物のシナプス増強の系が,プレ側の仕組みだけで説明しきれたという周辺情勢も,海馬でのプレ説を後押しした.しかし,いっぽうでポスト説に有利な他の証拠も積みあげられており(たとえばシナプス後ニューロン内のCa^{2+}濃度上昇など),状況は混沌としてきた.

この問題はかなり早く提起された問題であるにもかかわらず,だいぶ後まで解決をみなかったが,1995年カリフォルニア大学のボブ・マレンカ (Robert C. Malenka) 博士らによってついに謎が解かれた[47].【次節以降で説明する性質を先取りして利用しなくてはならないので,以下はひとまず飛ばして次節および6.4節を読んでから,戻ってきていただきたい.】

CA3 → CA1 シナプスに,NMDA 型受容体と AMPA 型受容体の両者がシナプス後膜上に備わっているシナプスと,NMDA 型受容体だけがあって AMPA 型受容体がシナプス後膜上にないシナプスとがあるとしよう.後者は,通常の伝達で軸索末端からグルタミン酸が放出されても活動できないので,サイレント(沈黙の)シナプスとよぶ.前者をアクティブ(活性のある)シナプスとよぶ.

ここで LTP 誘発刺激が加わると,NMDA 型シナプスが開く.NMDA 型シナプスはシナプス後ニューロン内に Ca^{2+} を流入させ,細胞内に控えている AMPA 型受容体をシナプス後膜上に動員する(表在化する)としよう.その結果,サイレントシナプスはアクティブシナプスに変わる.アクティブシナプスでも同様な表在化が起こり,アクティブシナプス上の AMPA 型受容体の総数が増す.今この動員によって,アクティブシナプスで AMPA 型受容体の数が LTP 誘発前の 50% 増しになったとする.アクティブシナプスだけを考えれば,シナプス後電位の単位反応が 150% に増しているのが,素量解析で検出できるはずだ.しかし,サイレントシナプスでは,LTP 誘発前 0% であった AMPA 型受容体が 50% になるわけである.元々アクティブなシナプスの数と,元々はサイレントだったが新たにアクティブになったシナプスの数とを大まかに同程度とすれば,実測される単位反応の大きさの平均値は 100% のまま不変だ.いっぽう反応の頻度は,サイレントシナプスがアクティブシナプスになって反応

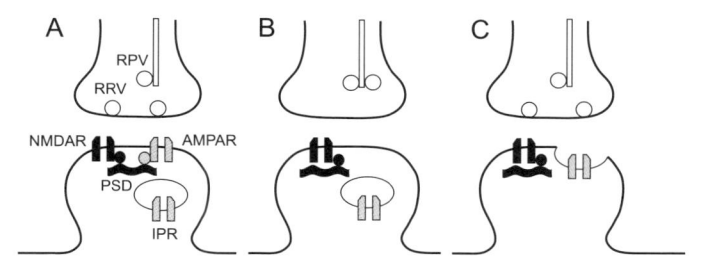

図 6.5 現時点での理解に基づく海馬 LTP の機構模式図

まずシナプス後部について説明する．
A. 通常のシナプスのデフォルト状態．樹状突起棘表面には，2 種類のグルタミン酸受容体が，連結タンパクを介してシナプス後肥厚（PSD）に係留されており，高頻度刺激によって NMDA 型受容体（NMDAR）が活動すると棘内に Ca^{2+} が流入する．AMPA 型受容体（AMPAR）は表面にある集団と細胞内に待機している集団（IPR, internally pooled receptor）とがある．
B. サイレントシナプス．もしもあらかじめ表面に AMPAR がない場合，通常のシナプス活動ではシナプス電位を発生できない．つまり，存在はするが沈黙の後シナプスということになる（deaf synapse）．
C. LTP を起こしたシナプス．NMDAR 活性化によって流入した Ca^{2+} によって IPR が表在化し，伝達物質を受けることが可能になる．元がサイレントシナプス（B）の場合は活性をもつシナプスに転換するし，元が通常の活性をもったシナプス（A）の場合は，AMPAR の数が増えて，より鋭敏なシナプスになる．この変化が，シャファー側枝-CA1 錐体細胞間シナプスおよび穿通線維-歯状回顆粒細胞間シナプスでの LTP だと考えられる．しかし，苔状線維-CA3 錐体細胞間シナプスの場合は，シナプス後部の活動が寄与しないことがわかっている．いいかえると，軸索末端だけで LTP を起こせる必要があるが，統一的な機構説明は確定していない．
以下に 1 つの仮説を挙げる（Lonart et al.: Neuron, 21 (1998), 1141-1150）．軸索末端のシナプス小胞には，常時放出・再充填を繰り返しているレギュラー組（RRV, regularly recycling vesicles）と，試合には出ない控え組（RPV, reserve pool vesicles）とがある．高頻度刺激に伴って軸索末端の高 Ca^{2+} 状態が続くと，CaM キナーゼによって（または Ca^{2+} によって活性化されたアデニル酸シクラーゼによって増大した cAMP のために活性化された A キナーゼによって）RRV が増し，伝達効率が増す（CaM キナーゼ自身が RPV を微小管に係留している証拠がある）．元々 RRV が少ない場合（B），通常のシナプス活動ではシナプス電位を発生できない．つまり沈黙の前シナプスであるということになる（dumb synapse）．RPV から RRV に小胞の動員が起これば，活性のあるシナプスとなる（Reid et al.: J. Neurosci., 24 (2004), 3618-3626）．

を示し始めた分だけ増すことになるだろう．こうして，ポスト説によっても素量解析の結果はみかけ上プレ説的になれる．このサイレントシナプス仮説は，長年の謎をみごとに解いてみせた（その後多くの支持証拠が集まり，現在ではもはや仮説の域を脱し，事実とみなされている）（図 6.5）．

現在の知見をまとめておこう．ブリスとレモが最初に発見した，穿通線維が歯状回顆粒ニューロン上につくるシナプスでの LTP は，前述した CA3 錐体ニューロンのシャファー側枝が CA1 錐体ニューロン上につくるシナプスと同一の

機構によることが想定されている．しかし，歯状回顆粒ニューロンの軸索（苔状線維）がCA3錐体ニューロン上につくるシナプスのLTPは，性質が異なる．高頻度活動後に，NMDA型受容体にもAMPA型受容体にもよらず，軸索末端内のみで閉じた機構でLTPが誘発される．高頻度発火によって軸索末端内に流入したCa^{2+}が，軸索末端内の機構を通じて，伝達物質の放出装置を調節すると考えられている[48]（だからここは「プレ説」があてはまる）．ただし，機構の解析は進んでいない．ややこしいことに，CA3錐体ニューロンがNMDA型受容体を発現できないわけではなく，同じCA3錐体ニューロン上のシナプスでも，反対側海馬からの軸索（交連線維）がつくるシナプスのLTPはシャファー側枝→CA1シナプスと同じくNMDA型受容体依存性である[49]．

6.3 グルタミン酸受容体

グルタミン酸受容体には，大きく分けてイオンチャネル共役型（活性化するとイオンの流路が開いて膜電位を変化させるタイプ）とGタンパク質共役型（活性化すると三量体Gタンパク質を介して主に酵素活性を変化させるタイプ）の2群がある．このうち前者が，さらにAMPA型，カイニン酸型，NMDA型の3種に細分類される．これらは，前節に記した通りである（タンパク質分子のレベルでは，それぞれさらに細分類される）．AMPA型，カイニン酸型，NMDA型は，進化的に祖先を同じくする姉妹分子である．

脳内の通常のシナプス伝達で活動するのは，このうちAMPA型受容体である．この受容体は，4個のサブユニットタンパク質が菜の花のように集合して，中央にイオン流路がつくられている．アミノ酸配列が決定された当初[50]，疎水性指標から細胞膜を貫通するらせん構造が4本あり（M1-M4），したがってアミノ末端とカルボキシ末端の両者が細胞外にあるとする構造モデルが立てられた．しかし，抗体の認識性などの実験事実と合わず，現在は，細胞膜を貫通するらせんはM1，M3，M4の3本だけで，M2は膜中で折れ曲がって引き返し，貫通していない，というモデルが受け入れられている[51]（図6.6）．

AMPA型とよばれてはいても，AMPA (*a*minohydroxy-*m*ethyl-isoxazole *p*ropionic *a*cid)は人工アミノ酸の名で，実際に脳の中で働く伝達物質はグルタ

6.2 伝達物質としてのグルタミン酸

キスカル酸とは，コアラの餌ユーカリや果物のグァバ，香辛料のクローブなどを含むフトモモ目の熱帯・亜熱帯産のつる植物，シクンシ（使君子，*Quisqualis indica*）の果実に含まれる成分で，漢方ではカイチュウなどの腸内寄生虫を駆除する駆虫剤として用いる．

カイニン酸とは日本語の海人草からの命名である．海人草は標準和名をマクリ（*Digenea simplex*）とよぶ海藻（紅藻植物）で，やはり駆虫薬となる．

なぜこれらのグルタミン酸類縁物質が駆虫薬になるかといえば，節足動物や軟体動物を含む無脊椎動物では，運動ニューロンが筋収縮を指令する伝達物質（脊椎動物でのアセチルコリンに相当する物質）がグルタミン酸だからである．グルタミン酸やその類縁物質が脊椎動物の腸管に寄生するカイチュウなどに届けば，カイチュウの体壁筋は収縮し，全身けいれん状態に陥って腸管壁から離れる．したがって虫下しになるわけである．脊椎動物の腸管平滑筋の収縮・弛緩にグルタミン酸は無関係だから，駆虫薬として利用する程度の量では，ヒトに対して毒性はない．

ここで，駆虫薬として利用する量では，と書いた．しかし大量に摂取すると，脳内に入る量も無視できなくなる．やはり紅藻の一種ハナヤナギ（*Chondria armata*，徳之島方言で「どうもい」）の駆虫薬成分ドウモイ酸は，1987年冬にカナダ，プリンス・エドワード島（「赤毛のアン」の島）で死者4名を出したムール貝の中毒の原因物質だった．こうしたグルタミン酸類縁物質が海藻に多いのは，グルタミン酸自体がコンブのうま味成分として抽出された歴史と考え合わせて，どのような生態学的意義があるのか，興味深い．

面白いことに，無脊椎動物の中枢神経系では，アセチルコリンが主たる興奮性伝達物質（脊椎動物のグルタミン酸に相当する）になっている．つまり，脊椎動物と無脊椎動物では，グルタミン酸とアセチルコリンの役割がちょうど正反対になっているのである．世の中が逆転して，地球に無脊椎動物，たとえばゴキブリの世がやってきて，ヒトがゴキブリの腸内に寄生するようになったなら，ゴキブリが「どうも最近腹の具合がよくない」といって飲む駆虫（人？）薬は，アセチルコリン類縁物質（たとえばタバコのニコチン）ということになるだろう．

ミン酸（とアスパラギン酸，両者を合わせて興奮性アミノ酸とよぶ）である．グルタミン酸が結合するのは，細胞外に出ているアミノ末端鎖とM3-M4間ループとが両者で形成する領域である．上記のように受容体は四量体なので，グルタミン酸結合領域は1受容体分子あたり4か所あるわけだが，このうち2か所にグルタミン酸が結合すると，1価陽イオン（Na^+とK^+）が通過できるゲートが開き，イオンが流れて（膜内でターンしたM2が流路の壁をつくってい

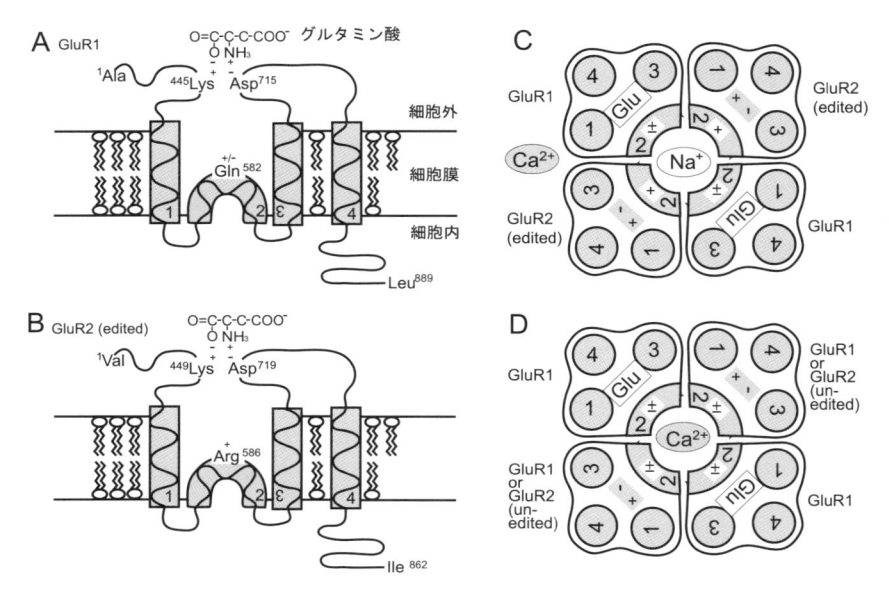

図 6.6　AMPA 型グルタミン酸受容体（AMPAR）の模式図
AMPAR のサブユニットには GluR1 から GluR6 までが知られており，さらにそれぞれにスプライシングが異なるフリップ型とフロップ型が知られているが，ここではそのうち GluR1（flip）を A に，GluR2（flip）を B に示す．細胞膜をヘリックス M1 と M3 と M4 で 3 回横切り，N 端は細胞外に，C 端は細胞内にある．サブユニットは二量体となった上で，さらに集合して四量体となる（C）．ヘリックス M2 はイオン流路の壁となる．GluR2（と GluR5）の M2 には Q/R サイトとよばれる部位があり，DNA 指定は GluR1（や GluR3，GluR4，GluR6）と同じく Q（グルタミン）だが，編集によって mRNA 上で R（アルギニン）指定に変化する．その結果 GluR2（edited）を含む AMPAR 四量体は，Ca^{2+} 透過性を失い透過イオン種は Na^+/K^+ に限定される．もし GluR2 が編集を受けなかったり，GluR2 を含まなかったりすると，Ca^{2+} 透過性をもつ（D）．AMPAR は 4 つのリガンド結合部位のうち 2 つにリガンドが結合すると開く．

る），膜電位は脱分極する．つまり興奮性シナプス後電位を発生し，この電位は（距離による一定の物理的減衰はあるものの）細胞体に伝播する．樹状突起の各所で発生して細胞体に伝播したシナプス後電位の和が閾値を超えれば，シナプス後ニューロンは活動電位を発生する（コラム 6.3 参照）．

　ごく最近 AMPA 型受容体の X 線結晶解析の報告が発表された[52]．それによると，4 個のサブユニットは四放射対称形に並んでいるのではなく，サブユニット 2 個ずつが 1 組になって，それが 2 組，上からみて平行四辺形に配置しているらしい（2×二量体）．そして，グルタミン酸の結合によって互いにずれ合い，細胞膜の直上の高さ付近でより正方形に近い配置になって，中央にイオン

が通る隙間が生じるという．これがゲートの実体らしい．流路そのものが開閉運動するわけではないようだ．

　カイニン酸型受容体はその発現部位では通常のシナプス伝達の一部を担っているが発現レベルは低く，寄与は限定的と考えられている．性質は AMPA 型とほぼ同じである．ただ脱感作（伝達物質が存在し続けると活性が下がっていく現象で，典型的な伝達物質受容体では短時間のうちに起こる．脱感作のゲートはグルタミン酸結合による活性化のゲートとは別にある）が AMPA 型に比べて遅いことから，長時間持続するシナプス後電位を発生させるため，細胞体でのシナプス後電位の加算には，一瞬で終わる AMPA 型受容体由来の電位より，相対的に寄与が大きくなる．シナプス後ニューロン上だけでなく，グルタミン酸を放出する側の軸索末端上にも備わっているため，グルタミン酸放出量の調節が本来の役割だとする見解も行われている．脱感作の遅いことが「あだ」となって，てんかん発作などの強い興奮があったとき，活性化状態が持続してニューロンに過興奮→細胞死をもたらすことにもつながる．

　NMDA（*N-methyl-D-a*spartic acid）も人工アミノ酸の名で，実際に結合するのはグルタミン酸またはアスパラギン酸である．NMDA 型受容体[53] も 4 個のサブユニットタンパク質の集合体（四量体）で，中央にイオン流路が形成される点は，AMPA 型受容体やカイニン酸型受容体と同じである（NR1 サブユニット 2 個と NR2 サブユニット 2 個の組み合わせで，グルタミン酸はこのうち NR2 の方に結合し，NR1 にはグリシンが結合するらしい[54]）．NMDA 型受容体はとくに興味深い「Ca^{2+} を通す」という重要な性質をもっているので，次節でさらに説明を加える．

6.3 AMPA 型受容体も Ca^{2+} を通すことがある

本文中には，NMDA 型受容体は Ca^{2+} を透過させるが，AMPA 型受容体は Ca^{2+} を透過させない，と書いた．大きな文脈でいえばそれで正しいのだが，より詳細にみていくと，完全に正確とはいえない．

AMPA 型受容体は 4 つのサブユニットからなる四量体分子で（図 6.6 参照），その構成サブユニットには GluR1 から GluR4 までの 4 種類があり，それらが組み合わさってできている．たとえば GluR1 だけが 4 個集まったもの（仮に 1-1-1-1 と書こう）や GluR1 が 2 個と GluR2 が 2 個集まってできたもの（1-1-2-2）などという具合である（すべての組み合わせが実在するわけではなく，たとえば 1-2-3-4 というような形は存在しない）．そのうち，ふつうみられる AMPA 型受容体には，必ず GluR2 が入っており（つまり 1-1-2-2, 2-2-2-2, 2-2-3-3, 2-2-4-4），これらの四量体は Ca^{2+} 不透過性である．ところが，GluR2 を含まない四量体，たとえば 1-1-1-1 や 1-1-4-4 などをつくってやると，Ca^{2+} を通すようになる．これを Ca 透過性 AMPA 型受容体（CP-AMPAR, *calcium-permeable AMPA receptor*）とよぶ．

これが人工産物なら気にしなくてもいいのだけれど，実は神経発生の初期には CP-AMPAR がまずあらわれて，その後 Ca^{2+} を通さないものに置き換わるという事実がわかった．その意味で CP-AMPAR は幼若型受容体といえる．ちなみに，CP-AMPAR の発見者は筆者である[91]（当時は分子構成までは不明だったが，CP-AMPAR という存在を学会で初めて発表したとき，グルタミン酸受容体の権威である群馬大学の小澤瀞司博士が疑義を投げかけ，先生の前で御前実験をしてやっとご納得いただいたのを思い出す）．なぜ GluR2 が入ると Ca^{2+} 不透過性になるのか．それは，チャネル壁をつくる M2 ループの中ほど（NMDA 型受容体分子の M2 中のアスパラギン残基に当たる部位）が，正電荷をもつアルギニンになっているため，この正電荷が Ca^{2+} と静電的に反発するからだと考えられる．

さらに話を複雑にして恐縮ながら，遺伝子の上のこの部分の塩基配列は G-T-C で，転写された mRNA 上では C-A-G になる．したがって，本来ここには中性アミノ酸のグルタミン残基が入るはずである．実際 GluR1，GluR3，GluR4 ではその通りになる．ここがグルタミンなら，NMDA 型受容体でのアスパラギンと等価で，Ca^{2+} 透過性をもつことになる．そして，それが 1-1-1-1 や 1-1-3-3 で実現しているのである．ところが，GluR2 に限ってそうはならない．なぜか？　mRNA になってから，アデニンデアミナーゼという酵素が働いて，このコドン 2 文字目の A を G に変えてしまうからである[92]（正確にいうと，イノシンに変え，運搬 RNA がこれを G と等価に読みとる．C-A-G はグルタミンのコードだが，C-G-G はアルギニンのコードである）．なんという強引さよ！　なんという離れ業よ！

遺伝学では，すべてのタンパク質のアミノ酸配列は遺伝子 DNA に書かれている，と教わる．しかし，ここに限ってはそうではないのである．遺伝子の指定した命令書（mRNA）を，酵素が勝手に書き換えてしまう．しかも，その「ニセ命令」のた

```
· · · · · AGGAAATACGTCGTTCCTACG· · · · ·
      ■■■■■■■■■■■■■■■■■■■■                    DNA
· · · · · GCCTTTATGCAGCAAGGATGC· · · · ·
```

転写と
スプライシング

· · · · · GCCUUUAUGCAGCAAGGAUGC· · · · ·　　未編集 mRNA

mRNA 編集　　　DRADA

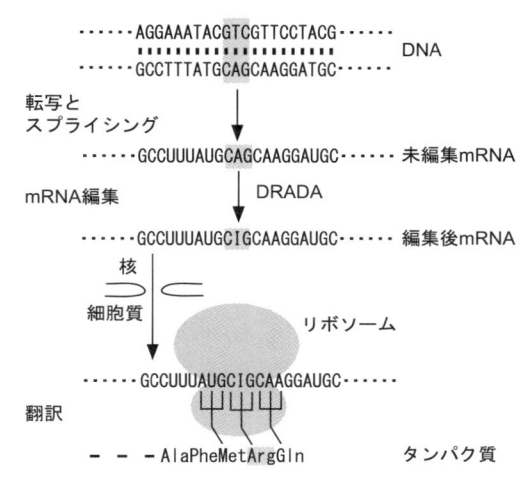

· · · · · GCCUUUAUGCIGCAAGGAUGC· · · · ·　　編集後 mRNA

核
細胞質

リボソーム

· · · · · GCCUUUAUGCIGCAAGGAUGC· · · · ·

翻訳

− − − AlaPheMetArgGln　　タンパク質

図 6.7　GluR2 の mRNA 編集現象のあらまし
未成熟の 1 本鎖 mRNA は，その塩基配列に依存して特徴的な局所的 2 本鎖ループをつくるが，編集酵素 DRADA（*d*ouble-strand *R*NA-dependent *a*denine *dea*minase）はこのループに依存してアデニンをイノシンに脱アミノ化する．運搬 RNA は C-I-G コドンを C-G-G コドンと等価に読んで，ここにアルギニンを配する．

めに AMPA 型受容体は Ca^{2+} を透過させなくなり，そのせいで（そのおかげで）私たちの脳で記憶が成立する！　この mRNA 編集現象（mRNA editing）は，遺伝学の大原理を突き崩す大問題なので，神経科学者だけでなく，遺伝学者，生化学者の大論争トピックとなっている（図 6.7）．

　なお，この事実から，CP-AMPAR が Ca^{2+} を通すのは，GluR2 を含まないからだとは限らず，GluR2 を含んでいてもそれが未編集だから，という可能性もあることがわかる．そして，アデニンデアミナーゼの活性が何らかの理由で下がることがあれば，GluR2 の編集作業はストップし，ふたたび幼若型の CP-AMPAR があらわれることになる．もしかすると，それがアルツハイマー病や脳血管性痴呆（第 8 章）におけるニューロン死と関係しているかもしれない[93]．

6.4　NMDA 型受容体分子のヘッブ性

　図 6.8 に NMDA 型受容体の模式図を示す．四量体の中央にあるイオン流路の壁をなすのは AMPA 型受容体と同じく M2 だが，この M2 の中ほどに，中

性アミノ酸のアスパラギンがある（ラットの場合でいうと，アミノ末端から数えて598番目）点が，AMPA型受容体と違うところである．通常時にはここにMg^{2+}が結合しており，そのため伝達物質結合領域にグルタミン酸が結合して活性化ゲートが開いたとしても，イオン流路は塞がっている．いいかえると，通常時にはNMDA型受容体は機能できない．しかし，細胞膜が脱分極状態にあると，Mg^{2+}が離れる．この現象を発見した仏エコール・ノルマルのリンダ・ノヴァク（Linda Nowak）博士は，これを蹴り出し（kickout）と表現した[55]．この状態で，伝達物質結合領域にグルタミン酸が結合してゲートが開くと，今や蹴り出されてMg^{2+}はおらず，イオン流路はあいている．そしてこのイオン流

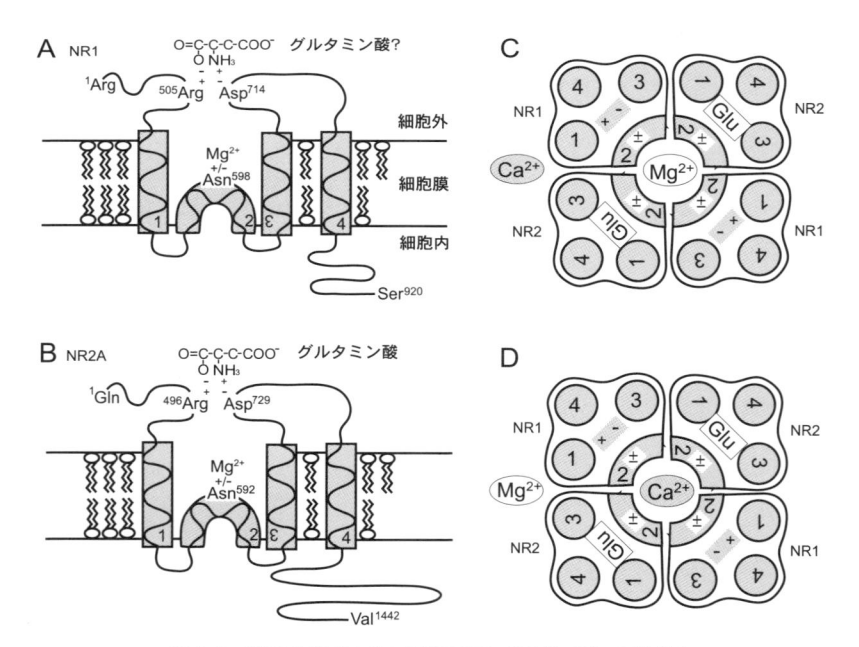

図6.8　NMDA型グルタミン酸受容体（NMDAR）の模式図
NMDARのサブユニットにはNR1とNR2が知られており，NR2にはA～Dまでが知られているが，ここではそのうちNR1をAに，NR2AをBに示す．NR1の二量体とNR2の二量体が会合して四量体となる（C）．AMPARのQ/Rサイトに当たる部位はN（アスパラギン）で，mRNA編集は起こらない．その結果NMDARはCa^{2+}透過性を保つが，通常はMg^{2+}によって閉鎖されている．しかし，膜電位が脱分極するとMg^{2+}閉塞は解除される（D）．NMDARはNR2上の2つのリガンド結合部位にリガンドが結合すると開く．NR1上のリガンド結合部位は実際には機能しないとされる．

路を Ca^{2+} が通るのである[56]．

なお，AMPA 型受容体では，NMDA 型受容体 M2 にあるアスパラギンに相当する位置は，塩基性アミノ酸（＋電荷をもったアミノ酸）であるアルギニンが占めている．活性化した AMPA 型受容体が Na^+ は通すが Ca^{2+} を通さないのは，アルギニンの＋電荷が Ca^{2+} と静電的な反発を生じるためだと考えられる（この背後には，さらに複雑な事情が潜んでいる．コラム 6.3 参照）．

Mg^{2+} の蹴り出しを起こす脱分極は，成因を問わない．LTP の発見当初のテタヌス刺激は成因の 1 つである．つまり，高頻度の入力があれば，AMPA 型受容体による興奮性シナプス後電位が次々に重畳して，持続的な脱分極が生まれる．この脱分極で，Mg^{2+} の蹴り出しが起こる．また，このニューロンに対して同時に別の入力が入って閾値を超え，シナプス後ニューロンに活動電位が生じていたとすれば，この脱分極でも Mg^{2+} の蹴り出しが起こる．実験者が人工的に電流を流して脱分極を起こしたのでもよい．

さて，賢明な読者はここで気づいたと思う．同時に別の入力によって脱分極が起きている間だけ NMDA 型受容体は活動可能，だって？　これはまさに第 4 章で説明したヘッブの原理 "cells fire together wire together" の状況ではないか．パブロフの犬では，唾液分泌ニューロンに餌刺激が入り，この細胞が活動している最中に入ったベル入力は，強化される．なるほど，ベル入力を受けるシナプスでは，その NMDA 型受容体で Mg^{2+} の蹴り出しが起きていて，ここでベルが鳴れば Ca^{2+} の流入が起こる，と考えればいい．もし電灯が点けば電灯シナプスの NMDA 型受容体が Ca^{2+} 流入を誘発するだろう．いいかえると，ヘッブの原理は，NMDA 型受容体というタンパク質分子の上で実現されているのである（図 4.1 参照）．

6.5　Ca^{2+} 流入以後の反応カスケード

NMDA 型受容体を通して Ca^{2+} が入る．そのことが次に何を引き起こすのだろう．LTP の成立とはとくに関係のない何か別の現象，たとえば Ca^{2+} のもつ「副作用」である細胞毒性を防ぐための，何らかの機能を起動する信号になっている可能性だってある．大量放出されたグルタミン酸を回収する再とり込み機

能を活性化する信号になっているのかもしれない.

　三菱化成生命科学研究所の工藤佳久博士(現・東京薬科大学名誉教授)と筆者は,このころ世界初の Ca^{2+} 蛍光定量装置の開発に取り組んでいた.少し自慢げにいえば,まだ NMDA 型受容体経由の Ca^{2+} 流入が提唱されるより前,シナプス伝達効率調節(可塑性)には Ca^{2+} がカギを握るものと予想を立てて,1983年頃から Ca^{2+} 定量装置の開発を志した(コラム 6.4 参照)のである.1985年にその装置はついに完成し,さまざま刺激条件でシナプス後ニューロン内の Ca^{2+} 上昇と LTP の成立との関係を調べた結果, Ca^{2+} 上昇こそ LTP の誘発因であることを実証することができた[57](口絵 5 参照).

　細胞内で Ca^{2+} 上昇が起こると,さまざまな生化学反応が起こりうる.ほとんどあらゆる細胞に存在する Ca^{2+} 結合タンパク質であるカルモジュリンを活性化して,カルモジュリン依存性の酵素を動かす可能性があるし,カルモジュリンを介さずに Ca^{2+} 自体が直接活性化する酵素もある.酵素ばかりとはかぎらない. Ca^{2+} には細胞骨格の重合・脱重合を直接調節する場合があるので,これが LTP の成立に関与しているかもしれない.世界中でこれらの可能性が薬理学的に(酵素阻害剤の投与や信号連鎖反応の遮断など)調べられた.

　研究史的には, Ca^{2+} 濃度上昇の実証前から Ca^{2+} が関与するとする説は提唱されていた.米カリフォルニア大学のミシェル・ボードリー(Michel Baudry)博士とゲリー・リンチ(Gary Lynch)博士が提唱したカルパイン説である[58]. Ca^{2+} のシナプス後部への流入によってタンパク質分解酵素カルパインが活性化し,シナプス後ニューロンの細胞骨格タンパク質フォドリンが切断されて,グルタミン酸受容体が機能化するとする説である.しかし,直後から「リンチらが測ったグルタミン酸結合活性はただの吸着であって,受容体ではない」という論文が,それこそリンチのように次々に出されて否定されてしまった(しかし,いま振り返って見直すと,彼らの主張はカルパインの活性化は別として大筋において正しく,たとえば受容体の機能化など,彼らの主張が再確認される形で話は進んでいる.要するに彼らは早すぎたのである).

　カルパイン説に代わって唱えられた Ca^{2+} 以降の信号経路は,米スタンフォード大学のロバート・マリノウ(Roberto Malinow)博士とディック・チェン(Richard W. Tsien,銭永佑.2008年度ノーベル化学賞受賞者のロジャー・チ

6.5 Ca^{2+}流入以後の反応カスケード

ェン博士の実兄）博士によって提唱されたタンパク質リン酸化酵素，とくにカルモジュリン依存性タンパク質リン酸化酵素（CaMK）の活性化[59]と，環状 AMP の生成酵素＝アデニル酸シクラーゼ（AC, *a*denylate *c*yclase）の活性化，およびその結果である環状 AMP 依存性タンパク質リン酸化酵素（PKA）の活性化[60]である．CaMK の活性化は秒単位で素早く起こり，AC-PKA の活性化は 30 分ほど遅れて起こる．この 2 つの細胞内信号系の仮説は，その後多くの検討に耐え，これを前提にした実験が数多く成功裏に進んでいることから，まず間違いのない事実といえる．

　カルパイン，CaMK と AC-PKA 以外の信号系の関与についても，「これこそ重要」と主張する報告論文は数多く出ている．PKC（*p*rotein *k*inase *C*, Ca^{2+}／ジアシルグリセロール依存性タンパク質リン酸化酵素）しかり，NOS（*n*itric *o*xide *s*ynthase, 一酸化窒素合成酵素）しかり，PLA（*p*hospho*l*ipase *A*, リン脂質分解酵素＝アラキドン酸合成酵素）しかり．しかし，いずれも確実とはいい切れないのが実情である．この分野の研究で難しい点の 1 つがここにある．他の生物学分野で新たな信号系が提唱されると，すぐさま LTP に適用され，しかもそのほとんどすべてに，いったんは肯定論文が，それも有名誌に出るのである．しかし，その後続報が出ない．学会の懇親会で「あれはどうなったのか」と事情通に聞くと，「その後誰も追試できないので立ち消えになった」という話が小声で伝えられる．結果を故意に捏造したわけではなかろうが，たまたま肯定的な結果が出て勇み足で報告してしまったのだろう．真正面から否定する論文はなかなか書けないから，アングラ情報が重要になる（「あの有名誌」に出た論文だから間違いなかろうと盲信し，自分で追試せずに発展実験を進めると，いくらやっても再現できず，足元をすくわれることが少なくない．ベテランはそう簡単に他人の話に乗らないが，純真無垢な院生やポスドクはすぐに信じてしまうので，忠告が必要である）．

　CaMK 信号の話に戻ろう．海馬ではこのうち αCaMKⅡ（カムケーツー）とよばれる分子種が主役となる．CaMKⅡのリン酸化標的の 1 つは AMPA 型受容体である[61]．もともとすべての膜タンパク質は，現在細胞表面にあらわれているものと，細胞内にストックとして待機しているものとが，入れ替わりながら維持されているものである（膜タンパク質に限らず，ほとんどすべての生体分子は代謝回転して

いる）．AMPA 型受容体分子も同様で，表面にあって受容体として現に機能しているもの以外に，細胞内（や樹状突起内）に待機している「在庫」プールがある．現役組か待機組かを分けるのは，分子のリン酸化状態で，リン酸化を受けると表面に出る（または表面にとどまる時間が長くなる）と考えられる．さて，CaMKⅡによって待機組 AMPA 型受容体分子がリン酸化されると，表面に出て現役組に加わる（または，現役組 AMPA 型受容体がリン酸化されて表面滞在時間が長くなる）．

その結果，表面で機能する AMPA 型受容体の総数が増えることになるから，軸索末端から放出されるグルタミン酸の量が変わらなくても，シナプス後電位は大きくなる．また，もともと AMPA 型受容体を表面に出していなかったか，出していてもごく少数だったかで実質的に機能していなかったシナプス（沈黙シナプス）は，待機組 AMPA 型受容体が表面に出ることで，機能できるシナプス（活性シナプス）に変身する（6.2 節参照）．これが，海馬 CA1 錐体ニューロンシナプスの LTP で，まず真っ先に起こる感度増大のしくみである．

最近，CaMKⅡの重要なリン酸化標的は，AMPA 型受容体ではなく（受容体がリン酸化されるのは事実にしても，それが表在受容体総数の増加の直接原因ではなくて），AMPA 型受容体を細胞の内側で下から支えている細胞骨格性の足場タンパク質（scaffold protein）であり，これのリン酸化高進が AMPA 型受容体の表面滞在時間を延ばして，結果として受容体総数の増加をもたらす，という説明も有力視されている[62]．

CaMKⅡのリン酸化標的のもう1つは CaMKⅡ自身である．CaMKⅡの働きによって CaMKⅡがリン酸化されると，Ca^{2+} とカルモジュリンによる制御から離れて，高い活性を保つようになる．筆者は名古屋市立大学の鈴木達雄博士（現・信州大学）と協力して，グルタミン酸刺激による CaMKⅡの自己リン酸化を可視化したことがある[63]．CaMKⅡがリン酸化されると，これを脱リン酸化する別の酵素，タンパク質脱リン酸化酵素1（PP1，*protein phosphatase 1*）が働いてリン酸化を解かないかぎり，Ca^{2+} 濃度が下がっても CaMKⅡの活性は高いまま維持されることになる．LTP 誘発時に実測される Ca^{2+} 濃度上昇（前記）は数分程度しか続かないのに，CaMKⅡの活性化状態がそれよりはるかに長く続く理由の1つは，これだとされる（図 6.9）．

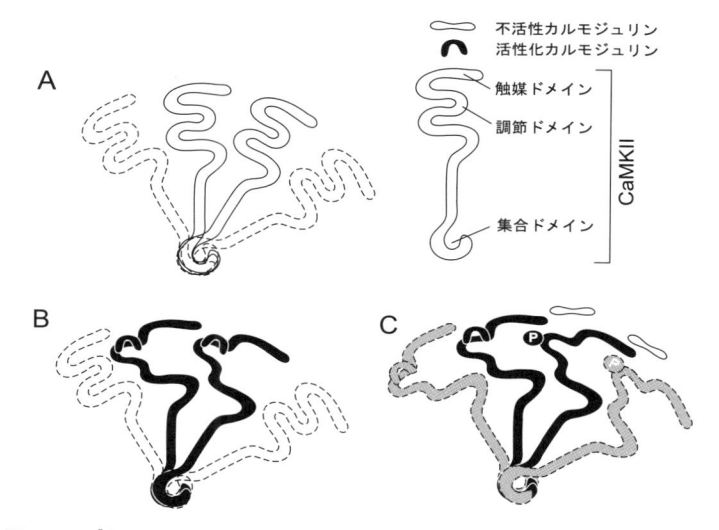

図 6.9 Ca^{2+}/カルモジュリン依存性キナーゼ II（CaMKII）の持続的活性化の模式図．CaMKII は十二量体（A では 4 分子のみ示す）で，Ca^{2+} を結合して活性化したカルモジュリンが調節ドメインに結合することで，触媒ドメインが露出し，酵素活性をあらわす（B）．活性化した CaMKII は十二量体の他の調節ドメインをリン酸化（自己リン酸化）するため，その後は活性化カルモジュリンの有無にかかわらず活性化状態が続く（C）．

CaMKII は酵素であるいっぽう，細胞骨格の一成分としての側面ももつ．たとえば軸索末端では，シナプス小胞タンパクのシナプシンを介して細胞骨格のアクチン線維に物理的につなぎとめておく「在庫管理人」として機能しているとされる．シナプス後細胞においても同様に，シナプス後肥厚中で受容体アダプタータンパクとアクチン結合タンパクの間を仲立ちして，受容体数を調節する機能を担っている可能性も指摘されている[64]．

次に PKA の話に移ろう．PKA のリン酸化標的の 1 つは，阻害タンパク質 1（I-1, *inhibitor-1*）とよばれるタンパク質らしい[65]．これがリン酸化によって活性化されると，前述のタンパク質脱リン酸化酵素 1（PP1）に結合してこれを阻害する．その結果 CaMKII のリン酸化状態はさらに長く続くことになる．逆にいうなら，もし PKA の活性化がないと，CaMKII のリン酸化-活性化時間は短くなり，LTP の持続時間も短くなると予想される．実際 PKA の阻害剤を投与するとその通りになる[66]．

PKA の標的タンパク質のもう 1 つは，環状 AMP 反応性要素結合タンパク質

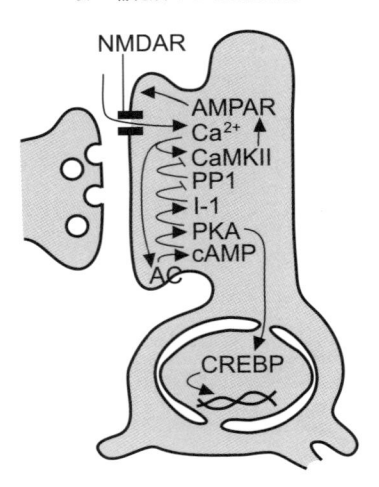

図 6.10 海馬 CA1 錐体細胞シナプスでの LTP の機構概念図. NMDAR を介して流入した Ca^{2+} によって CaMKII が活性化し, AMPAR の表在化が起こる (初期相＝成立相). Ca^{2+} はアデニル酸シクラーゼを活性化して PKA の活性化を導く. PKA は I-1 のリン酸化を介して CaMKII の活性を維持する (後期相＝維持相) とともに, CREBP のリン酸化を介してタンパク質の新合成をトリガーする.

(CREBP, *cyclic AMP-responsive element binding protein*) である[67]. ここで「要素」というのは DNA 上の核酸塩基配列のことを指しており, リン酸化されて活性をもった CREBP がこの配列に結合すると, その下流にある DNA から mRNA への転写が始まる. つまり特定の一群のタンパク質の合成が一斉に始まる. プロのいい方をすれば, CREBP は転写調節因子で, PKA はその活性化制御因子ということである. この「特定のタンパク質群」には, シナプス伝達効率を変化させうるような「思わせぶり」な分子が多種類含まれていて, その中でどれが主要でどれが補助的かは, 研究者ごとに主張が違う (前述の「報告一番乗り」競争が繰り広げられている). もう少し時間がたって事態が落ち着かないと, どれがメインでどれがサブか (そしてどれが単なる間違いか), なんとも判断しかねるのが 2010 年現在の状況である (図 6.10).

6.4 Ca^{2+}イメージング装置の開発

　Caイオンは，ニューロンに限らず，さまざまな細胞のさまざまな活動を制御する．たとえば，筋細胞は筋細胞内のCa^{2+}濃度が高まることで収縮する．分泌腺細胞は，腺細胞内のCa^{2+}濃度が高まることでホルモンを分泌する．卵は精子を受精すると卵細胞内Ca^{2+}濃度が高まり，途中で停止していた減数分裂を再開したり，その他胚をつくり出すためのさまざまな活動を開始する．

　したがって生物学者の間では，このCa^{2+}濃度変化を顕微鏡下で観察できたらいいのに，という宿願があった．それを最初に実現したのは，2008年度のノーベル化学賞を受賞したウッズホール海洋研究所の下村 脩博士である．下村博士は，オワンクラゲ（*Aequorea victoria*）の傘の縁にある発光器官から，発光タンパク質エクオリンを抽出するのに成功した[94]．エクオリンは発光細胞の中で，Ca^{2+}と反応して青い光を放つ（より正確にいうとエクオリンと結合しているシレンテラジンという物質を酸化して発光する）．下村博士の受賞理由は，その青い光を吸収して緑色の光に変換する緑色蛍光タンパク質（GFP，*green fluorescent protein*）を発見したことによるが[95]，1970～80年代，下村博士といえばエクオリン，だった．

　エクオリンを測定対象の細胞に入れれば濃度変化を眼下に観察できる．しかし，当時エクオリンを細胞内に入れるには，微小注射をしなくてはならず（筆者も下村博士にエクオリンの微小注射法について教えを乞うたことがある），名人芸的熟練が必要だ．エクオリンは遺伝子で入れられたとしても，シレンテラジンは使い捨てなので，1回きりしか実験できない（シレンテラジン合成酵素も遺伝子導入すればよいが，それは今でも困難）．さらに，Ca^{2+}濃度が上がったことまではわかっても，その絶対値はわからない．なんとかもっと使い勝手のいい指示薬はないものか．

　1983年，Ca^{2+}のキレート剤として使われるEGTAに蛍光を持たせ，Ca^{2+}が結合すると蛍光を発する（正確にいえば蛍光特性が変わる）指示薬quin2が発表された．この分子は，分子内に4つのカルボキシル基（-COOH）をもち，それでCa^{2+}を包接するのだが，この基をすべてエステル化して分子の電荷をマスクしておくと脂溶性となり，外から与えるだけで細胞内に入って，細胞内でエステラーゼによる分解を受け，カルボキシル基が再生する，という工夫がしてあった．論文はこうしてquin2をとり込ませた白血球細胞の懸濁液を分光光度計のキュベットに入れて，集団としての反応を観測したものだったが[96]，工藤博士と筆者は，これを単一細胞に適用できないか（ニューロンは足場に接着していないと働けないから）と考えた．それが実現すれば，上の宿願がかなう．

　実現はそう簡単ではなかった．何より蛍光が弱い．数万個の細胞集団でなら測れても細胞1個の微弱な光をとらえるカメラがない．弱くても，エクオリンは真っ暗なところから光り出すのでカメラの感度さえ上げればなんとか測れるが，蛍光は特性が変わる（色が変わるといってもいい）だけなので，微妙な差を検出できる分解能がなくてはならない．浜松ホトニクス社に相談して，スパイ衛星に積むクラスの

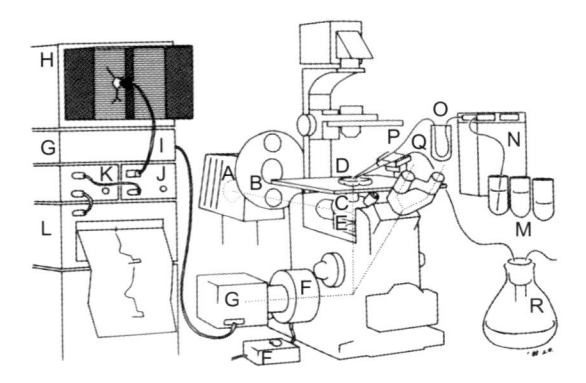

図 6.11　1985 年に完成した Ca^{2+} イメージング装置の初号機
A はキセノン光源，B は励起光切り替え用回転フィルター盤，C は蛍光用対物レンズ，D は観察対象の神経細胞や脳切片，E は二色鏡，F はイメージインテンシファイア（光電子増倍装置），G は高感度カメラ．光は A から G の順に流れる．H はカメラのモニタ，I は画面の輝度を伝える光ファイバ，J は光電素子，K はレコーダ用前置増幅器兼ローパス・フィルター，L はペン・レコーダ．M は還流用溶液，N は蠕動ポンプ，O は保温槽，P は液導入管，Q は液吸引管，R は廃液溜．液は M から R の順に流れる．刺激は溶液の切り替えで行う．ハイテクとローテクのハイブリッド装置である．翌年の 2 号機では H 以降がコンピュータに置き換えられた．

カメラを導入し，光源には 1 時間も点灯していると実験室がオゾンで高原の空気になるという高圧キセノンランプを使い，なんとかみえるようになったところで資金が尽きた．カメラの輝度信号をデジタル変換し，コンピュータで処理すればよいのはわかっていたが，その資金がなかった．結局，いったんモニタに映して，その画面の輝度をホトダイオードでアナログ測定する，という笑い話のようなローテク手段をとらざるをえなかった．研究所内では「そんなものをつくっても無意味」「Ca^{2+} 濃度は電極で電流を測れば済む」と酷評されながら，初号機が完成した[97]（図 6.11）．

ほとんど虫の息状態での完成だったが，むしろ所外から高評価を受けて資金もつくようになった．同じころ，より高効率の色素 fura-2 も開発され，顕微鏡光学系も近紫外線照射用のものに置き換えられた．記録系もデジタル化できた．そのうち顕微鏡会社がレディメードのセットアップを売るようになって，Ca^{2+} イメージング装置（Ca^{2+} 顕微鏡）は，今や細胞生物学の研究室なら「一家に一台」の標準装備機器の 1 つになった（なぜ特許をとっておかなかったか，とっておけば今ごろ毎年資金難に苦しむこともなかったろうにと，返す返すも悔やまれるが，あのときは特許など考える余裕はなかったし，もし特許取得のために発表を 1 年遅らせていたら，認可前に勤務先から業績ゼロ査定が下されてクビになっていただろう）．

いま学会で筆者が可塑性と Ca^{2+} についての発表をすると，若い研究者から「小倉

先生もCaを始めたんですか」ときかれることがある．一瞬鼻白むが，それだけ普及した証だと思い直し「ええ，はやりですから」と微笑して答えることにしている．

6.6　ドゥーギーマウスの誕生

　ここまでで，海馬CA1錐体ニューロンシナプスでのLTPは，NMDA型グルタミン酸受容体やCaMKⅡが，成立のカギを握っていることをご理解いただけたと思う．このLTPが行動としての記憶に重要であるならば，NMDA型受容体分子やCaMKⅡ分子を遺伝子組み換えで操作してやれば，記憶力のよいマウスも悪いマウスもつくり出せるだろう．

　最初にこれにチャレンジしたのは，新潟大学の崎村健司博士たちである．NMDA型受容体の遺伝子を欠損したマウスをつくり出した．NMDA型受容体は，ふだんは働かない分子なので，これを欠損してもマウスはちゃんと生きて生まれる．ラット・マウスの記憶力を調べる試験法にはいろいろあるが，もっともよく用いられる試験法の1つに，英エジンバラ大学のリチャード・モリス（Richard Morris）博士が考案した水迷路（water maze）という方法がある．マウスは泳げるけれど，泳ぎが好きではない．直径1mほどの水槽に水を入れてマウスを放り込むと，必死に泳いでどこかに浅瀬がないかないかと探す．そこで水槽の1か所に茶筒のような踏み台を置いてやると，それにたどりついて休む．ここでさらにもう1つ意地悪をする．水にコンデンスミルクのようなものを混ぜて白濁させ，台をみえなくしてしまう．そのかわり，水槽の縁や実験室にいろいろなものを置いておく（あえて置かなくても，実験室にはふつういろんな物品が放置されているものだが）．するとマウスはそれを目印にして，たとえば「あの旗の近くに踏み台がある」ということを憶える．これを1日に何回か行い，放り込んでから何秒で台に着くかを測ると，所要時間はどんどん短くなる．これを記銘力（記憶形成能）の試験とする．次に，記憶が成立したあとに，さらに意地悪をして，踏み台をなくしてしまう．するとマウスは，「あれぇ，おっかしいなぁ，ここに台があるはずなんだけどなぁ」と，もと台があったあたりを集中的に探す．この「こだわり時間」を測れば（たとえば，水槽を

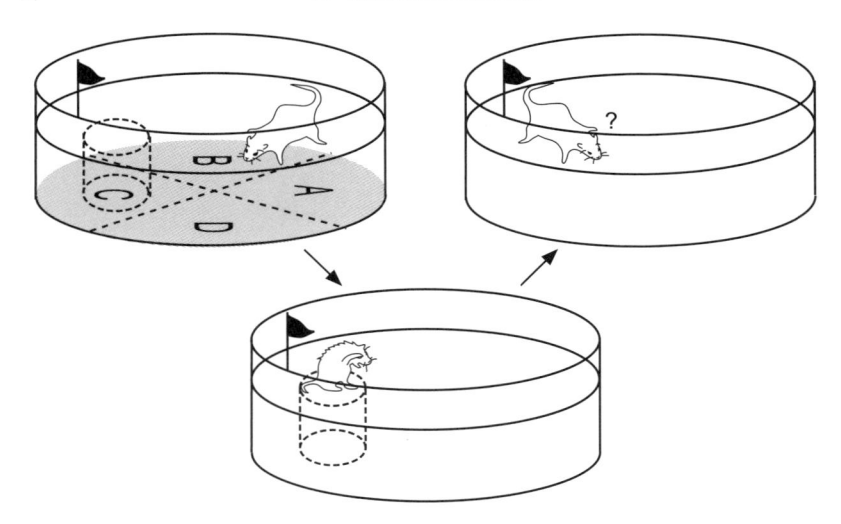

図 6.12　記憶力試験の 1 つとしてのモリスの水迷路
直径 1 m 程度の水槽に,白濁した水を満たし,被験動物を放つ(左図).水槽内に台を置いておき,被験動物はそこにたどり着くと泳がなくて済む(中図).台の場所は,水槽壁や周囲に手掛かりを与えて指示してやる.訓練後,台を除くと,台の位置を憶えていた被験動物ほど,かつて台のあった場所付近に執着して探し回る(右図).

四分割し,台のあった四半円に何％の時間いたかを測れば),記憶保持能の試験になる[68](図 6.12).

その結果,NMDA 型受容体欠損マウスは,記憶形成能も記憶保持能も,ともに野生マウス(ワイルドタイプ)(野生というのは「野良ネズミを捕まえてきた」という意味ではなく,同系統だが遺伝子操作を加えていないマウス,という意味である)より劣っていた[69](図 6.13).

崎村博士と逆の実験を行ったのは米プリンストン大学のジョー・チェン(Joe Tsien)博士で,NMDA 型受容体を野生マウスより多量にもつよう遺伝子を操作した.すると,期待通りこの過剰発現マウスは,記憶形成能も記憶保持能も野生マウスより優れていた[70].チェン博士はこのマウスをドゥーギー(Doogie)と名づけた.ドゥーギーとは,当時米国で流行していたテレビドラマの主人公,天才少年医師ダグラス・ハウザーの愛称である(口絵イラスト参照).

CaMKⅡを遺伝子操作したのは,米マサチューセッツ工科大学の利根川 進博士で,やはり同様の結果がえられた[71].こうして LTP の成立機構と LTP の個

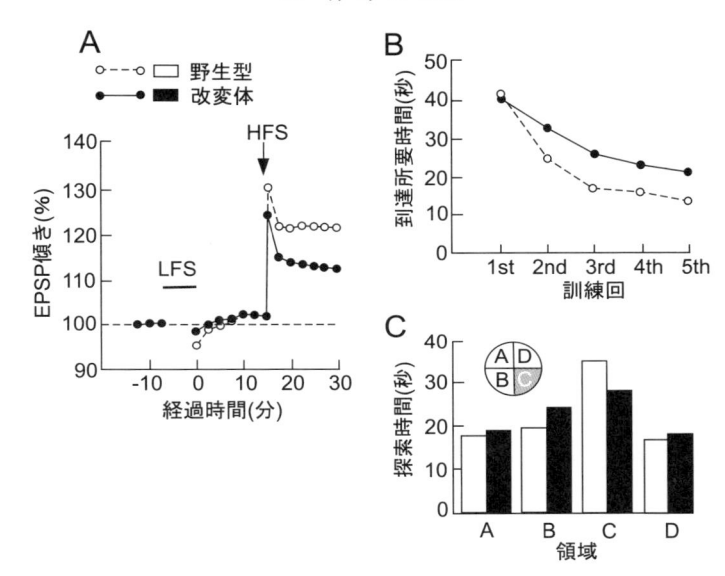

図 6.13 崎村健司博士らによる NR1 ノックアウトマウスの記憶力試験（小倉改変）
予想通り LTP の規模は小さく（A），水迷路での台到達時間の短縮率は低く（B），
台除去後の執着率度も低い（C）．

体行動としての記憶への関与とが確かめられた．そう，遺伝子治療によれば，映画「レインマン」でダスティン・ホフマンが好演した主人公レイモンドのような記憶力抜群の人も，生み出す気になれば生み出せるのである（ただし，倫理の問題を別にしても，そういうことはしない方がいい．第 8 章に説明するように，記憶とニューロン死は紙一重で，記憶力はいいがボケるのも早いという結果になりかねない）．

6.7 海馬の LTD

1992 年，米マサチューセッツ工科大学のマーク・ベア（Mark F. Bear）博士らによって，シャファー線維に LTP を誘発する刺激より弱い刺激（たとえば 1 Hz の低頻度で 10 分というような刺激）を加えると，LTP とは反対に伝達効率が下がって，その状態が数時間以上持続する，という現象が発見された[72]．「シナプスを使わないでいるとだんだんと効率が下がる」という消極的（パッシブ）な現象では

ない.ある特定のパターンの入力のあとに,ニューロンが積極的に伝達効率を下げるのである.これを長期抑圧現象(LTD)とよぶ.第5章に説明したアメフラシの慣れとみかけ上似ているので,初期には habituation というよび方もされたが,その後の研究で機構も異なることと,何よりも LTP と対になるような現象という意識が働いて,名称も対になるように直された(図6.14).

奇妙なことに,LTP の成立を阻害する NMDA 型グルタミン酸受容体の阻害剤(APV や MK-801)を投与すると,LTD も阻害されてしまう.LTP 成立時と同じようにシナプス後細胞内の Ca^{2+} 濃度上昇も起こる.なのに,効果は逆に出る.違いは程度の差だということになった.強い刺激(高頻度入力)だと大規模な Ca^{2+} 濃度上昇が起きて LTP が起き,中程度の刺激だと中規模な Ca^{2+} 濃度上昇が起きて LTD が起き,弱い刺激(テスト刺激のような 0.1 Hz 以下の低頻度刺激)では Ca^{2+} 濃度上昇は起こらず,何も起きない,という図式になるわけである[73].

読者は「そんなご都合のよい機構があるものか」といわれるかもしれないが,ごめんなさい,あるのである.タンパク質脱リン酸化酵素の一部のものは,Ca^{2+} とカルモジュリンによって活性化する.しかもタンパク質リン酸化酵素である CaMKⅡ よりカルモジュリンに対して高い親和性をもつ.すると,大規模な濃度上昇では大規模量のカルモジュリンが活性化してリン酸化酵素(CaMKⅡ)が働き出すが,中規模な濃度上昇では中規模量のカルモジュリンが活性化して,脱リン酸化酵素が優先的に働き出す,ということが起きてもおかしくな

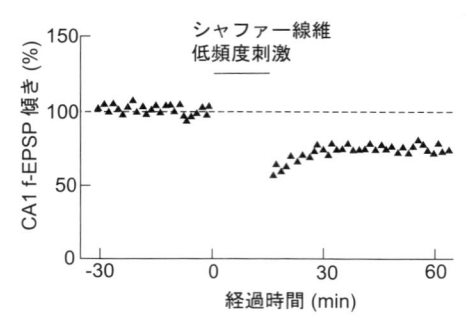

図6.14 海馬 CA3-CA1 間シナプスでの LTD 誘発
横線の期間(15分間),1 Hz の低頻度入力刺激を加える.

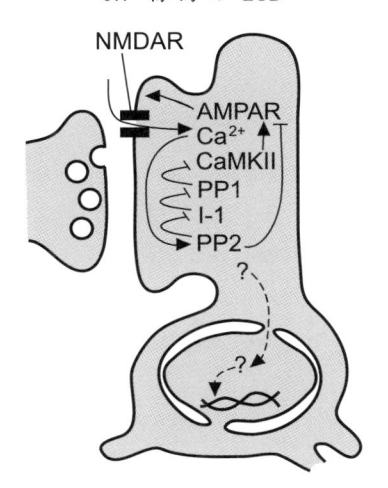

図 6.15 海馬 CA1 錐体細胞シナプスでの LTD の機構概念図
NMDAR を介して流入した中程度の Ca^{2+} によって PP1 が活性化し，AMPAR のリン酸化が低下し内在化が起こる（初期相＝成立相）．Ca^{2+} は PP2 を活性化して AMPAR を脱リン酸化するとともに，I-1 の抑制を介して PP1 の活性を持続させる（後期相＝維持相）．LTD 維持のためにタンパク質の新規合成が必須か，必須だとしたらそれが何によってトリガーされるかは，未解明．

い．では，それらの酵素の下流にあって，リン酸化されると LTP 側にスイッチが入り，脱リン酸化されると LTD 側にスイッチが倒れるようなタンパク質が実在するのか，という問題になる．

探索の結果，6.5 節で登場した I-1 がまさにそれだということになった．I-1 は PKA によってリン酸化されると活性型になるが，Ca^{2+} によって活性化されたカルモジュリンによって活性化されるタンパク質脱リン酸化酵素 2（PP2, *p*rotein *p*hosphatase 2. calcineurin とよばれることもある）によって脱リン酸化される．リン酸化（活性化型）I-1 は何をしていたかというと，別のタンパク質脱リン酸化酵素 PP1 を抑制するのだった．したがって，PP2 が I-1 を脱リン酸化型（不活性型）にすると，PP1 は I-1 による抑制を解かれて CaMKⅡ を脱リン酸化（不活性化）することになる．活性化 CaMKⅡ は AMPA 型グルタミン酸受容体を表在化させてシナプスの感度を上げるように働いていたのだから，CaMKⅡ が不活性化すれば，AMPA 型受容体は内在化してシナプス後膜表面で働く受容体の数が減り，シナプスの感度は下がる[74]（図 6.15）．

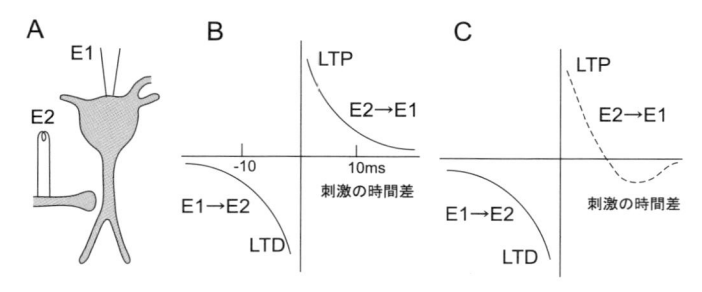

図 6.16 発火タイミング依存的可塑性（STDP）
海馬 CA1 錐体細胞（＝シナプス後細胞）に電極 E1 をあて，入力線維に電極 E2 をあてる（A）．E1 → E2 の順に刺激すると（ポスト-プレ），LTD が誘発され，E2 → E1 の順に刺激すると（プレ-ポスト），LTP が誘発される（B）．その時間差が小さくなるほどそれぞれの規模は大きくなり，時間差ゼロで劇的に交替する．NMDAR の二重制御と Ca^{2+} 濃度上昇規模の論理にあくまで立脚するなら，プレ-ポスト順で時間差が一定の範囲では LTD が誘発されることが期待される（破線）が（C），実際には B のようになり，期待されるような時間差帯は実在しない．

玉突きパズルのような説明で何となく嘘くさい（と当初は筆者も思った）が，実際に AMPA 型受容体を蛍光標識して，LTP で表在化し LTD で内在化する様子をみせられてしまうと，信じないわけにはいかない．少なくとも海馬 CA1 錐体ニューロンの高/中頻度刺激による LTP/LTD は，NMDA 型受容体依存性かつ Ca^{2+}/カルモジュリン依存性の AMPA 型受容体数増加/減少によるシナプス伝達効率の上昇/低下，として確立している[75]．

6.8 発火タイミング依存的可塑性の謎

しかし，現時点では十分に説明のできない現象も知られている．たとえば，発火タイミング依存性の LTP/LTD (st-LTP/LTD, *spike-timing-dependent LTP/LTD*) はその 1 つである．1998 年，カリフォルニア大学のムーミン・プー (Mu-Ming Poo, 彭木明) 博士らは，海馬 CA1 錐体ニューロンにパッチピペット（コラム 2.5 参照）を当てて CA1 錐体ニューロン（シナプス後細胞）の膜電位をコントロールしながら，入力のシャファー線維（シナプス前細胞）を繰り返し刺激したところ，前細胞と後細胞の活動のタイミングしだいで，LTP と LTD が交代することをみつけた[76]．前細胞の発火が後細胞の発火よりごくわ

ずかでも先ならLTPが成立し，後細胞(ポスト)の発火が前細胞の発火よりごくわずかでも先ならLTDになる（図6.16）．結果が正反対なだけに，両者の境界付近では劇的な差が生じる．

現在st-LTPとst-LTDの交代の機構はまだ解明されておらず，将来どのような結論に落ち着くのか予想できないが，これを前記のNMDA型受容体の活性化の程度差（つまり細胞内Ca^{2+}濃度上昇の規模差）で説明するのは困難なように思われる．Ca^{2+}説による一応の説明は，次のようにされてはいるのだが．

話をいったんずらすが，ここまで，樹状突起棘に発生したシナプス後電位が細胞体に伝播して活動電位を発火させる，と説明してきた．しかし，この順序は概念上のことで，実際に時間差はない．電位の伝播は物質が流れていくようなものではなく，純粋に物理学的な電位の広がりであって，どちらからどちらへという方向性は原則としてない（樹状突起の枝分かれや，活動電位発生直後に開くKチャネルなどを厳密に検討すると，方向性が生じることも絶対ありえないわけではないが，ここでその議論はしない）．細胞体で発生した活動電位は，全く同様にして樹状突起へも広がっていく．このような活動電位の樹状突起への伝播を，逆伝播（back-propagation）とよぶ（これは何ら特殊な現象ではなく，物理的必然である）．

さて，話をst-LTDに戻す．前細胞(プレ)が先に活動してグルタミン酸がシナプス間隙に豊富に漂っている状態で，後細胞(ポスト)に活動電位を発生させると，その活動電位は樹状突起へ逆伝播してNMDA型受容体のMg^{2+}の蹴り出しを起こす．その結果，Ca^{2+}は待ってましたとばかりに樹状突起棘に流入する．その結果LTPが起こる．しかし，後細胞(ポスト)の活動電位が先に起きた場合は，その脱分極が樹状突起に逆伝播している間はNMDA型受容体のMg^{2+}蹴り出しが起きているだろうが，脱分極は物質ではないから，グルタミン酸のようにしばらく残るようなことはない．後細胞(ポスト)の細胞体の脱分極が終われば，逆伝播もたちまち終わり樹状突起も静止電位に戻る．Mg^{2+}はすぐに戻ってくる．つまり，Mg^{2+}閉塞が復活しつつある最中に前細胞(プレ)からグルタミン酸が放出されることになるから，Ca^{2+}流入は小規模にとどまり，LTDになる．もし間隔がさらに開けばMg^{2+}閉塞が完全復活してからのグルタミン酸放出になるから，何も起きない[77]．

しかし，この説明に研究者が皆納得しているわけではない．もしこの説明が

正しければ，次のような現象が期待される．前細胞を活動させてから後(ポスト)細胞を活動させるまでの間隔を伸ばしていく．すると，シナプス間隙のグルタミン酸の濃度が下がりつつある最中に Mg^{2+} 蹴り出しが起こるという時間帯があるはずで，そこでは LTD が起きなくてはならない．しかし，実際にそのような時間帯はみつからないのである（図 6.16C）．脱分極の方にだけ復帰のすそ野を仮定して，グルタミン酸の方には復帰のすそ野を認めないのでは，論理不整合だろう．あるいは，st-LTP/st-LTD には NMDA 型受容体の Mg^{2+} 蹴り出しとは別の機構が隠されていること，いいかえると，LTP は，結果こそみかけ上同じでも，実は 1 つの現象ではなく，LTD も 1 つの現象ではないことを示しているのかもしれない．

6.9　シナプスタグの謎

6.5 節の末に PKA が新規タンパク質の合成を導くという説明をした．しかし，LTP の長期化に新たなタンパク質の合成が必要だとなると，新たな謎が生まれる．というのは，LTP は高頻度入力があった，その当該シナプスにだけ起こる現象であって，細胞全体に起こる現象ではない（入力特異性という．実際の実験では，ただ 1 個のシナプスにだけ LTP を引き起こすというのは手技上難しく，入力路を 2 つないし 3 つに分けて，うち 1 つに LTP を起こしたとき他には起きていない，というのを示すまでが限界ではある．しかし，LTP が記憶現象の細胞基盤であるなら，特定の神経回路にだけ強化が起きるのでないと記憶の資格を満たせないので，LTP には入力特異性があるもの，と信じられている）．

しかし，タンパク質の合成が，核で mRNA が転写され，細胞体細胞質(ペリプラスム)のリボソーム上で翻訳されて行われるのであれば，どうしてそのタンパク質が特定のシナプスにだけ配達されるのだろう．そのニューロンの全シナプスで LTP が生じてもよいはずではないか，との疑問が生じる．その説明として，高頻度入力のあったシナプスにだけ，標識（タグ，tag）がつけられ，新規合成タンパク質は樹状突起内を運ばれる際，タグをもつ樹状突起棘だけがそれを引きとる，という考えが出された[78]（図 6.17）．回転ずし屋で今回っていないネタをマイク

6.9 シナプスタグの謎

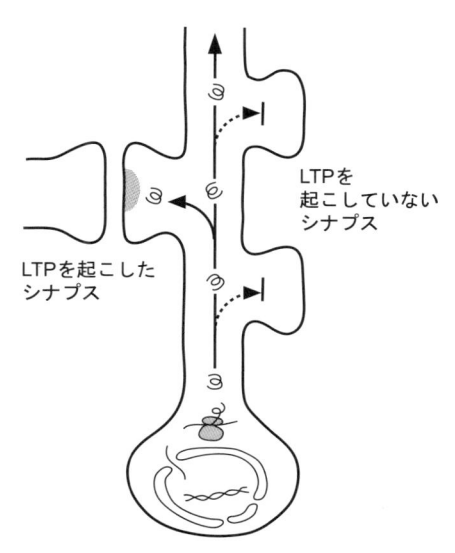

図 6.17 シナプス・タグ仮説
細胞体で合成されたタンパク質は樹状突起に送り出されるが，LTP を起こしていたシナプスにのみ配達される．しかし，タグの本体はわかっていない．

で注文すると，厨房から「青い皿に載せて送りますのでおとり下さい」と返事が来て，それを注文者が引き揚げるというお約束そっくりである．だからタグ説を思いついたのは日本人に違いないと思ったのだが，実際はドイツ人ウーヴェ・フライ（Uwe Frey）博士である．

タグの本体は何だろうか．homer とよばれる特定のタンパク質だろうとか，活性化された CaMKⅡ とアクチンとの複合体だろうとか，複数の説があるが，確定していない．

しかし，タンパク質合成は必ずしも細胞体で行われるとは限らない[79]．LTP の維持にかかわりのありそうな複数のタンパク質については，あらかじめ DNA から転写されて，mRNA と封印タンパク質とリボソームとの複合体というパッケージ状態で，各樹状突起棘の基部に配送してある可能性がある．その状態で，ある1つのシナプスが高頻度入力を受けると，現地配達済みの mRNA が開封されてその場でタンパク質に翻訳される．だからタグなんかいらない，という考え方もできる（筆者の自宅は兵庫県の山の中にあるが，真冬になると各坂道

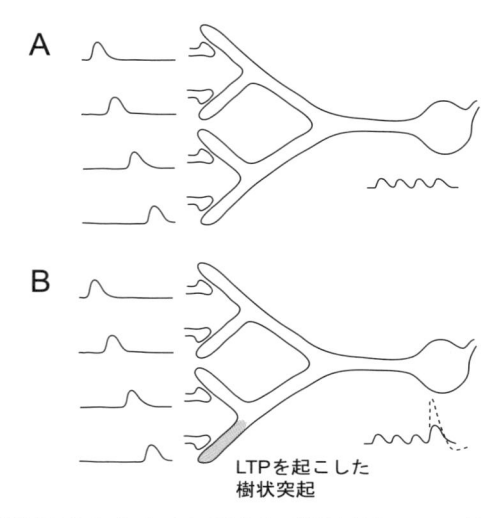

図 6.18 伝達強化はシナプスレベルではなく，樹状突起枝レベルで起こるとする仮説
EPSP そのものは刺激の前 (A) 後 (B) で不変でも，洩れ電流が減るなり，EPSP を増幅する樹状突起分枝のブースト機能（減衰分を補う増幅機能，説明は省くが樹状突起の分岐部にはそうした機能がある）が働くなりすると，細胞体からみた EPSP は大きくなりシナプス強化と同じ効果を生む．

には塩化カルシウムの袋が配達されて置かれてあり，路面が凍結した朝は，町役場に電話して場所の目印(タグ)を知らせて届けてもらうのではなく，ドライバーがその場で開封して解凍する）．これは LTP の入力特異性をうまく説明できるし，実際に樹状突起で待機している mRNA もみつかっており，さらに mRNA が樹状突起に配送されるためのシグナル配列（3′-非翻訳領域中にある）も同定されている[80]ので，これはこれで間違いはない．いっぽうでシナプスタグの実在を示す証拠も積み上がっている[81]．今後どのように折り合いがつけられるのか，現時点では予想できない．

最近，シナプス後部の受容体の調節ではなく，樹状突起上の電位依存性 K チャネルの制御で起こる LTP が見出された[82]．K チャネルは細胞の膜抵抗（いいかえると電流の漏れ出し率）を決めているから，もし K チャネルの発現が減って膜抵抗が増せば，樹状突起の 1 か所で起きた電位変化は，より減衰なく遠方まで届く．細胞体からみれば，それまで小さく減衰して届いていた遠くの EPSP が大きく届くということになるから，これは伝達効率の増大である（図 6.18）．

しかもシナプスでの可塑的変化ではない．あえていうなら，3.3節で述べた「記憶の細胞仮説」に近い．分子数の制御が受容体にかかるかチャネルにかかるか，小さな違いのようだが，コンセプトにはかなり大きな差がある．この仮説では，細胞体で合成されたKチャネル分子を，どのような機構で「その樹状突起」だけ配分を受けなくできるのか，棘の「お招きタグ」とは逆の樹状突起の「お断りタグ」の実体については，まだ検討されていないようである（分子数の制御でなく，Kチャネルの不活性化によるのかもしれない）．

6.10 LTP/LTDとシナプス形態の変化

さて，ここまでの説明からおわかりのように，LTPやLTDは，すでに存在しているシナプスにおいて，瞬時に成立する調節現象である．これがCa^{2+}濃度の高く維持される数分間，あるいはCaMKⅡが自己リン酸化によって高活性を維持できる数十分を超えて，さらに長期に維持されるには，タンパク質の新規合成を経て，シナプスそのものがつくられる（または廃止される）過程が必要だと想定される．これを捉えようという試みは，LTPの成立機構がNMDA型受容体の性質で説明できそうなことがわかってくると，次の中心課題として多くのLTP研究者の標的となった．

2001年，ジュネーブ大学のドミニク・ミュラー（Dominique Muller）博士らは，LTP成立後の切片を電子顕微鏡で観察して，シナプスの微細形態が変化していることを報告した[83]．シナプス後構造である樹状突起棘が電子顕微鏡写真の上で2つに分かれてみえる．伝達物質受容体を配置している膜領域を細胞の内側から裏打ちする骨格構造は電子顕微鏡では黒く（電子密度が高く）みえ，シナプス後肥厚（PSD, *p*ostsynaptic *d*ensity）とよぶが，連続した切片を観察してPSDを立体再構成すると，ドーナツ状や馬蹄形，あるいは亜鈴形に変形している．これを有孔シナプス（perforated synapse）という．ミュラーらはこれをシナプスが分裂・増加しつつある途中の姿だと考えた．電子顕微鏡は，細胞を生かしたまま観察できるわけではないので，写真の並べ方は研究者の自由で，通常の円板型PSDのシナプス（斑状シナプス，macular synapse）からドーナツ型へ，続いて亜鈴形にと変形が進むという確たる証拠があるわけではな

6. 哺乳類での可塑性研究

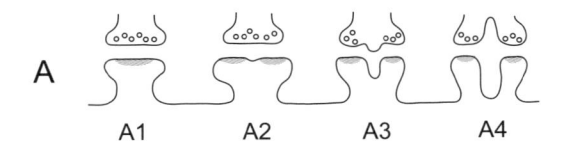

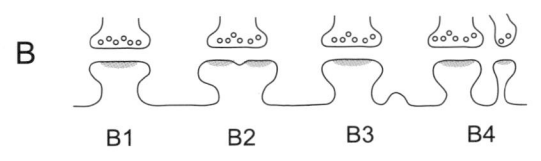

```
    A
         A1      A2      A3      A4

    B
         B1      B2      B3      B4
```

図6.19　シナプス新生の経過に関する仮説
A. 通説的理解．デフォルトの斑状シナプス（macular synapse, A1）は刺激によって有孔化し（perforated synapse, A2），複棘化（multiple spine synapse, A3）を経て増数する（A4）．
B. 筆者らの観察から考えられる経過．有孔化は起こるが（B2）可逆的で，新たなシナプスが発芽して（B3）成長する（B4）．いずれの場合も，シナプス前細胞側は恒常的に伸長・短縮を行っており，シナプス新生の律速段階はシナプス後細胞側にあると考えている．

かったが，LTP が長期のシナプス可塑性に移行するならば当然期待される現象であったので，いかにも妥当なように受け入れられて定説化した．これをシナプス分裂仮説（synapse splitting）という[84]（図6.19）．

　生きた標本についてのライブ観察は，1990年代の顕微鏡技術の発展（コラム6.5参照）なくしてはかなわず，実現したのはかなり後になってからである．その中でもっともみごとな例は，国立生理学研究所の河西春郎博士（現・東京大学）らの観察例[85]で，樹状突起棘1個だけを局所的に刺激して棘の形態変化をとらえた．しかし，その観察では棘が大きくなる様子は確かにとらえられたが，その後分裂して2つになることはなかった．また，棘面積の拡大は LTP の進行とほぼ並行して，つまり早い段階で起こるもので，LTP の長期化と相関する現象ではなかった．もちろん，有孔化までは素早く進んでも分裂には時間がかかるのかもしれないから，シナプス分裂仮説が否定されたわけではないが，その後現在までシナプスが実際に分裂する姿はとらえられていない．むしろ有孔シナプスは，6.5節で説明した AMPA 型受容体の表在化に伴う膜の面積増加の随伴的結果であって（控え組受容体は，樹状突起棘内部の小胞に待機していて，

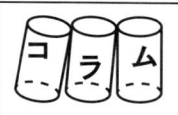

6.5 1990年代の顕微鏡技術の飛躍的進歩

〖コラム〗

　光学顕微鏡技術は歴史的にはロバート・フック（Robert Hooke）に遡り，古典的な技術のように思われる読者もあろうが，実は1980〜90年代に爆発的な進化を遂げた．電子顕微鏡よりも技術革新が盛んな「最先端技術」といえる．進化の発端は共焦点顕微鏡の実用化である．

　共焦点顕微鏡とは，次のような技術である．ごく細く絞ったレーザー光を，対物レンズを通して標本に当てると，その焦点の高さにもっとも光が集まる．したがって集光点にある分子がもっともよく励起されて蛍光を発する．しかし，焦点面より高い位置/低い位置にあった分子も，光路中にある以上励起される．それがボケになる．だがその蛍光は，対物レンズを通してわずかに高い位置/低い位置に実像を結ぶ．そこで実像面にピンホールを置いて，励起光焦点面から発した蛍光だけを効果的に拾う（これが「共焦点」の名の由来）．これだけでは標本中の1点だけからしか光情報が得られないが，ミラーを高速で振って標本のx軸y軸に沿ってレーザー光を走査し，各点からの光情報を集めて対応させて並べれば，2次元画像がえられることになる．これによってえられる像は，従来の蛍光顕微鏡像に比べてxyz軸上の光のにじみが格段に少なくなり，標本中の励起光焦点面からの蛍光についてだけが選抜された鮮明な像となる．この原理は大昔から知られていたが，実現はアクチュエータによるミラーの正確な制御，ピンホールとの連動，光情報のとり込み・書き出しなど，コンピュータの力なくしてはかなわず，1980年代になってそれがやっと可能になったのである．

　しかし，励起光は標本内を通過して焦点面に到達するので，通過光路中の分子が励起を受けて退色することまでは防ぎようがない．それを防いだのが二光子照射法である．光束を絞ったレーザー光線2本を1点に照射すると（実際には2本のレーザーを使うわけではなく，1本の入射光が対物レンズの異なる点を通って焦点面に再び集まるということであるが），2個の光子を同時に受けた蛍光分子は2倍のエネルギーで励起される．光子のエネルギーとは光の振動数にほかならない．すなわち，従来の一光子励起法の半分の振動数（2倍の波長）の光で励起することができる．たとえば，一光子励起系で450 nmの青色光を吸収して励起されていた蛍光分子は，二光子励起系では900 nmの赤外光で励起できることになる．この利点は絶大である．2本の光束の合一点以外にある分子は，光路中であっても受けるのは倍波長光で，励起されないから退色はなく，標本の退色は格段に減らせる．また，長波長光は標本のより深部まで散乱少なく照射できる（海が青い原理である）．共焦点顕微鏡は，一光子でもすでに感動的だったが，二光子系ではさらに鮮明な像がえられ，退色が少ないため動画も可能になる．ただし欠点もある．それは，非常に高価なことである（共焦点顕微鏡を含む，最近の顕微鏡技術は表6.1参照）．

　もう1つ重要な進歩は，蛍光標識法の革新である．2008年のノーベル化学賞は緑色蛍光タンパク質（GFP）を発見した下村脩博士に与えられたが，GFPが授賞対

表6.1 新しい顕微鏡技術の例

名　　称	原　　理	特　　徴
赤外線微分干渉顕微鏡　(IR-DIC M.)	屈折率の差を位相の差に変換して干渉させ，対象の輪郭を可視化する微分干渉光学系．その光源を赤外線にすることで，照射深度を高めた．	無染色で対象の疑似立体像がえられる．
レーザー走査共焦点顕微鏡　(LSCF M.)	蛍光顕微鏡の1種．レーザー光で対象の1点を照射し，発光をピンホールを通すことで，焦点面以外からの発光を除く．レーザー光を2次元的に走査して，コンピュータ上で2次元像を再構築する．	高コントラストの蛍光像がえられる．焦点面の高さを走査すれば，立体像を再構築できる．
多光子共焦点顕微鏡　(MP-LSCF M.)	LCSFの光源ビームを複数にし，合一点に光子を集中させることで，単一ビームの光路中にある分子からの発光を最小化する．本来の励起光より長波長（二光子系なら倍波長）の光源を用い，照射深度を高めた．	LSCFよりさらに高コントラストの蛍光像がえられる．対象の光ダメージを減らせる．
全反射蛍光顕微鏡　(TIRF M.)（近接場顕微鏡ともよぶ）	蛍光顕微鏡の1種．対象を直接照射せず載物ガラスを浅い角度から照射する．照射光はガラス内で全反射して外に出ないが，ガラス表面のごく近くに限って外に出て（近接場光），対象を照射する．	載物ガラスのごく近傍（数百nm以内）のみの蛍光像が高コントラストでえられる．一分子画像化などに用いられる．
ラマン分光顕微鏡　(RSM)	無染色標本をレーザー光で照射し，散乱光の波長を分光する．分子種によって特異的な散乱スペクトルを示すので，分子を同定できる．	関心物質の細胞内分布を像としてえられる．
ホログラフィ顕微鏡	波長と位相の揃った光を対象に照射すると，反射光は光路長差を位相差として反映するので，適当な復元装置を用いれば，3次元像がえられる．	厚さ方向に焦点面を走査する必要がなく，1回の撮影で3次元像がえられる．
走査プローブ顕微鏡　(SPM)	光を使わず，対象表面を鋭い探針で物理的に走査する．針にかかる原子間引力を針の反射光で，あるいは針先端と対象間の距離をトンネル電流でモニターし，対象表面の凹凸（立体像）をえる．	光学顕微鏡の解像度に縛られず，原理的には原子直径レベルの解像度がえられる．
電子顕微鏡トモグラフィ	透過型電子顕微鏡技術の発展技術．透過力の高い高圧電子線を厚い標本にさまざまな角度から照射し，コンピュータ上で3次元再構築を行う．	多数の連続切片画像を1枚1枚積み上げるため，3次元再構築する必要がない．
量子ドット標識法	顕微鏡技術そのものではなく，周辺技術の1つ．蛍光標識を有機化合物ではなく，波長特性を任意に設定できる半導体粒子で行う．	退色がない．多重染色が容易．同一標本を光学顕微鏡と電子顕微鏡の両者で観察できる．

象になったのは，これが顕微鏡観察用の蛍光標識物質として広く用いられるようになったからである．それに大きく貢献したのが，下村博士と同時受賞したカリフォルニア大学のロジャー・チェン（Roger Y. Tsien，銭永健）博士である．博士は，この蛍光物質がタンパク質であるところに注目した．GFPの遺伝子を遺伝子組み換え法で導入すれば，細胞自身が標識をつくってくれる．また，何か別のタンパク質の合成や分布や移動を知りたいときには，そのタンパク質の遺伝子にGFPの遺伝子をつないだ人工遺伝子をつくって，それを導入すれば，目的のタンパク質をGFPの蛍光を利用して追跡することができる．さらにチェン博士の研究室では，宮脇敦史博士（現・理化学研究所）らによって，さまざまなバージョンの標識用蛍光タンパク質が開発され，使い勝手が格段に向上した（GFPを含む，細胞機能観察技術は表6.2参照）．

表6.2 顕微鏡/光技術で利用される指示物質の例

観測対象	タイプ分類			特　徴
細胞内Ca^{2+}濃度（コラム6.4参照）	低分子性	定量用	Fura-2, Indo-1, BTC ほか	複数の励起光波長または発光波長で比をとり，濃度の絶対値を求めうる（比定量）．波長，測定濃度域ごとに多種ある．
		定性用	Fluo-3, Rhod-2, Ca-green, Oregon-green BAPTA ほか	濃度の上昇または低下を敏感にとらえる．他の指示物質と併用可能．多糖結合体で細胞内集積・排出を抑えることも可能．
	タンパク質性		Cameleon, Pericam, Kaede ほか	カルモジュリンの分子構造変化とFRET（蛍光共鳴エネルギー移動）*を利用．Kaedeはサンゴ由来タンパク質で比定量可能．
細胞内pH	BCECF, SNARF, pHluorin ほか			比定量可能なもの，タンパク質性で持続観察可能なものもある．
他のイオン	Mg, Zn, Fe など		Mag-fura-2, FluoZin-3, PhenGreen など	イオン種ごとに多種ある．ただし他のイオン種との結合干渉に留意が必要．
膜電位（コラム7.3参照）	高速用		RH414, Di-4-ANEPPS ほか	応答が速いので，活動電位を追跡可能．
	低速用		$DiOC_6(3)$, JC-1, Oxonol VI ほか	応答は遅いが変化率が大きい．JC-1は比定量が可能．
細胞形態	膜染色		DiI, DiO ほか	細胞膜を染色し細胞の輪郭をえる．退色回復法で流動性を定量．
	核染色		Hoechst 33342, POPO-1 ほか	分裂を阻害せず，細胞系譜を追跡可能．
	細胞質染色		Lucifer yellow, Free GFP ほか	水溶性で細胞質を染色する．注射または遺伝子導入・発現．

表6.2 （続き）

観測対象	タイプ分類	特徴
タンパク質動態	GFP(CFP, YFP, DsRed)-tag, BCCP-tag ほか	関心タンパク質の遺伝子にGFPなどの荷札タンパク遺伝子をつないで発現．BCCPは細胞内でbiotin化されるのでavidinで可視化．
細胞骨格	Phalloidin, Jasplakinolide, Paclitaxel ほか	アクチンまたはチュブリンへの結合物質を蛍光標識して可視化．
酵素活性	蛍光性基質（タンパク質，脂質，ヌクレオチド）	切断または結合による蛍光増減やFRET*変化を利用して可視化．
細胞死	CMFDA, SYTOX, Ethidium Br, Tetrazolium ほか	膜透過性，DNA構造，細胞内pH，レドックスレベルなどを指標として細胞の活性をみる．
エンド・エキソサイトーシス	FM1-43, Fluorescent dextran, Microbeads ほか	膜を染色し，細胞内小胞の低pHで発光．水溶性高分子をとり込ませ，小胞内低pHで発光．蛍光性樹脂の小ビーズも有効．

*たとえば，タンパク質分子の一部にCFP（青紫励起-青緑発光）を，一部にYFP（青緑励起-黄発光）を組み込んだ人工遺伝子を発現させ，青紫で励起する．両部分が離れていれば，CFPの青緑発光のみが生じるが，両者が十分近くに来ればYFPの黄発光成分が生じる．

さらに，観察とは別の技術ながら，ケージド化合物（cagedとは，ケージつまり籠に入れた，という意味．初期こそ「籠入り」とか「箱入り」の訳が使われたが，今はもう訳さない）の開発もこのころ相次ぎ，顕微鏡レベルの細胞生物学に強力な武器を提供した．ケージド化合物技術とは，次のような技術である．いま実験者が調べたい目的の分子の1か所か数か所に，強い光を受けると分解するような修飾基

表6.3 顕微鏡/光技術で細胞の活動を制御する手法

制御対象	名称	特徴
細胞内Ca濃度	ケージドCa^{2+}，ケージドEGTAほか	ケージド化合物（不活性）を細胞内に注射またはとり込ませておき，光照射で離出（活性化）する．
細胞外リガンド	ケージド神経伝達物質ほか	ケージド化合物（不活性）を細胞外に置き，光照射で離出（活性化）．
膜電位	チャネルロドプシン	光駆動性の陽イオンチャネルであるバクテリオロドプシンを発現させ，光照射で脱分極．
	ハロロドプシン	光駆動性の塩化物イオンポンプであるハロロドプシンを発現させ，光照射で過分極．
細胞形態	光ピンセット	レーザー光を強く収束すると局所的に大きな電場が生じるので，誘電体粒子は捕捉される．これを利用して，分子や細胞小器官を固定したり移動させることができる．

> をつけておく.これによってその分子は覆われてしまって機能できないが,レーザー光を当てて修飾基を切り離すと,目的分子は解放されて活性を示すようになる.たとえば,細胞内 Ca^{2+} 濃度を突然人為的に上げると細胞がどう反応するか調べるために,Ca^{2+} を包接するキレータ物質である EGTA をもとにして,その構造の一部に光を受けると開裂するような分子団を導入したケージド Ca (nitr-5) がつくられた.これを細胞内に入れ(導入には微小注射や,その分子を封入した人工膜小胞を細胞に融合させるなどの方法がある),340 nm の紫外光を当てると nitr-5 は分解され,抱えていた Ca^{2+} が放出される.この光照射をアンケージング(籠抜け)という.1990 年代には,多種多様なケージド化合物が開発されて売られ始め,これを用いて細胞内外の状態を実験者が制御したり,ごく局所的に物質を投与したり(1 個のシナプスにだけグルタミン酸を投与する,とか)することが可能になった(ケージド化合物を含む,最近の光利用細胞機能制御技術は表 6.3 参照).

その小胞が開口分泌と同じように細胞膜に融合することで表面に出ると考えられるから,受容体数の増加は当然膜の付加を伴い,膜の付加が PSD の中央や周辺で起これば,PSD はドーナツ形にも馬蹄形にもなる),やがて膜の再回収とともに斑状シナプスに戻るのではないか,とする見方も強くなっている.その場合は,シナプスの増加にはまた別の機構を考えなくてはならない.

なお,LTP 研究の初期には「LTP は,樹状突起棘の柄の部分が縮んで棘が太短くなり,その結果シナプス電位が細胞体に伝播する際のロスが減る(空間的減衰が少なくなる)ために起こる」という物理的な機構仮説が唱えられたことがあり,実際そうした形態変化が起きているとした論文も複数報告されたが[86],AMPA 型受容体数増加説の確立後はあまり話題に上らない.

6.11 小脳の LTP と LTD

シナプス伝達効率の負方向への制御は,海馬のそれの 10 年前,1982 年桜井正樹博士ら東京大学の伊藤正男博士のグループによって小脳で発見された.小脳の回路の概略を図 6.20 に示す.小脳の出力ニューロンであるプルキンエ細胞には,2 種類の興奮性(グルタミン酸性)入力があり,1 つは小脳顆粒ニューロン(CGN, *c*erebellar *g*ranule *n*euron)の軸索である平行線維(parallel fiber)からの入力,もう 1 つは延髄の下オリーブ核ニューロンの軸索である登上線維(climbing fiber)からの入力である.

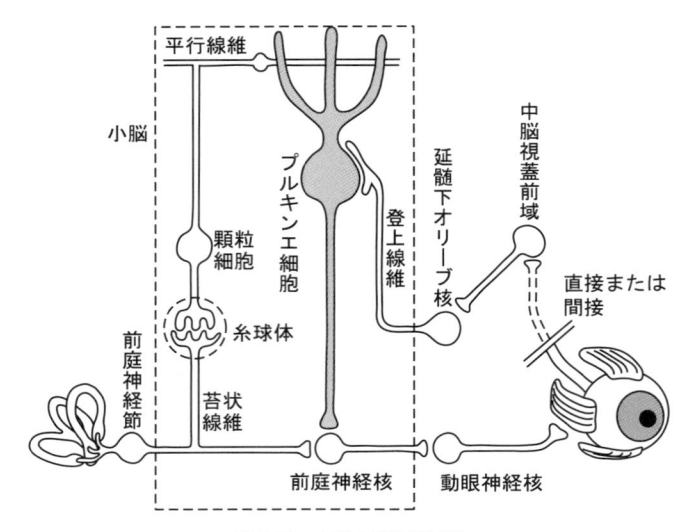

図 6.20　小脳の機能的回路
前庭動眼反射の回路を例として説明する．小脳皮質のプルキンエ細胞には，顆粒細胞からの感覚情報の入力（平行線維）と，下オリーブ核からの誤差情報の入力（登上線維）が入る．プルキンエ細胞は前庭神経核などの小脳核細胞に出力線維を送り，運動出力のゲインを調節する．

　平行線維を低頻度（3〜5秒に1回程度）刺激して，プルキンエ細胞からシナプス電位を記録する．これをテスト刺激とする．ここで平行線維を高頻度（1 Hz 以上）刺激すると，その後テスト刺激の応答が大きくなる．海馬 LTP と相似な現象なので（誘発刺激頻度の閾値は低いが），小脳 LTP とよぶ．ところが，この平行線維刺激のとき登上線維を同時に組み合わせて刺激すると結果は正反対になる．テスト刺激への応答が小さくなって，その状態が長時間持続するのである[87]（図 6.21）．

　この現象を小脳の LTD とよぶが，海馬の LTD とは同名ながら内容は異なるので，注意が必要である．6.7 節で説明した海馬の LTD は，刺激の加わった当該のシナプスで伝達効率が低下した（この性質を同シナプス性 LTD (homosynaptic LTD) という）．しかし，小脳では登上線維の刺激で当該の登上線維シナプスに，ではなく，平行線維シナプスに伝達効率低下が起きたのである（この性質を，異シナプス性 LTD (heterosynaptic LTD) という）．もし海馬 CA1 錐体ニューロンの2つの入力路（たとえば，CA3 錐体ニューロンの

6.11 小脳のLTPとLTD

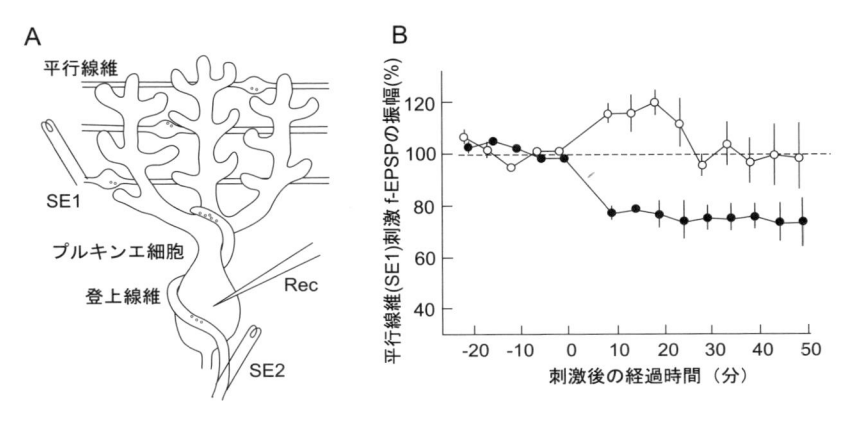

図 6.21 プルキンエ細胞のLTD
A. 実験概念図. 小脳切片を作成し, 刺激電極1 (SE1) は平行線維に, 刺激電極2 (SE2) は登上線維におく. SE1に0.2〜0.33 Hzのテスト刺激を適用し, プルキンエ細胞層から集合EPSPを記録する.
B. 時間経過. 時刻0から25秒間, 平行線維と登上線維を4 Hzで同時刺激した. 白丸は登上線維刺激が発火閾値未満のとき (つまり平行線維のみ発火), 黒丸は閾値以上のとき (つまり同時入力).

軸索であるシャファー線維入力と, 反対側のCA3錐体ニューロンの軸索である交連線維入力とか) に同時刺激を行うとどうなるかというと, 小脳のようにLTDが起こるのではなく, 双方ともに強めあうLTP (上の表現をあてはめれば, 異シナプス性LTP) が起こる.

小脳LTDの魅力の1つは, 小脳の機能との関連においてこの現象の生体での意義がはっきりしていることである[88] (コラム6.6参照). 海馬LTPの生体での意義については, いまだに議論が確定していない (筆者は, 海馬LTPはシナプス可塑性のモデル現象であり,「シナプスにはこういう変化を起こせる能力がある」ということだけで, すでに解析する価値が十分あると考えるが, 海馬LTPそのものが記憶だと考える論者には, その決定的証拠があるとはいいがたいのが現況で,「LTPと行動記憶の相関」などと題した論文がいまだに出る. たとえば文献[89]など).

小脳LTDについて, 多くの研究者が機構解析に取り組んだ結果, 以下のような機構仮説が定着している[90]. プルキンエ細胞には, NMDA型グルタミン酸受容体は実質的に発現していない. 登上線維の入力によってプルキンエ細胞に

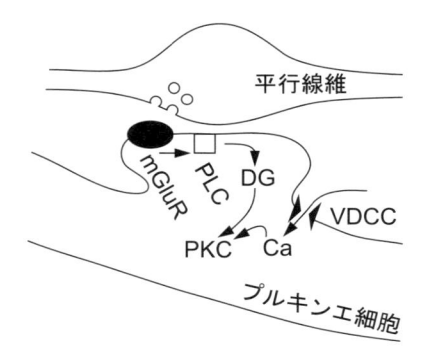

図 6.22 小脳 LTD の成立機構概念図
平行線維の高頻度発火は，プルキンエ細胞樹状突起棘のホスホリパーゼ C を活性化してジアシルグリセロール（DG）産生を促す．登上線維入力でプルキンエ細胞に活動電位が発生すると，電位依存性 Ca チャネル（VDCC）経由で樹状突起に Ca^{2+} 濃度上昇が起こる．両者が同期すると，DG と Ca^{2+} によって C キナーゼ（PKC）が起動する．

脱分極が起こると，電位感受性 Ca チャネルが活性化して，プルキンエ細胞の樹状突起全体に細胞内 Ca^{2+} 濃度上昇が起こる（登上線維は，プルキンエ細胞の細胞体から樹状突起にかけて，これらを包みこむように広く強いシナプスをつくっている）．ここに平行線維入力が重畳すると，これによる電位感受性 Ca チャネルの活性化と合わせて，より大規模な細胞内 Ca^{2+} 濃度上昇が生じる．その結果，PKC（Ca^{2+}/ジアシルグリセロール依存性タンパク質リン酸化酵素）が活性化し，受容体の内在化が起こって伝達が抑圧される．平行線維シナプスには代謝共役型グルタミン酸受容体（mGluR, *metabotropic glu*tamate *r*eceptor），とくに mGluR1 タイプが分布しており，この受容体の活性化によって生産されたジアシルグリセロールが，LTD の成立を援護する（図 6.22）．

海馬 LTP では，NMDA 型受容体の脱分極（Mg^{2+} 蹴り出し）とグルタミン酸による二重制御がヘブ性（cells fire together wire together）を保証したが，小脳 LTD では，PKC の Ca^{2+} とジアシルグリセロールによる二重制御がヘブ性（cells fire together *un*wire the other）を保証している，とみることができる．これを拡大して考えるなら，制御要因を複数もつ分子は他にも知られているから，それをスイッチ分子としたヘブ型シナプス可塑性発現機構が今後発見される可能性は十分にある．

小脳 LTD の説明は LTP の成立機構には触れていないが，この説明を延長するならば，平行線維入力のみの場合，平行線維シナプスでの Ca^{2+} 濃度上昇は小規模にとどまり，LTP が成立する，ということになろう．しかし，こうなると海馬において「小規模 Ca^{2+} 濃度上昇で LTD，大規模 Ca^{2+} 濃度上昇で LTP」というのと図式が正反対になる．細胞ごとに全く異なる説明がなされる点には，まだ違和感を感じないでもない．

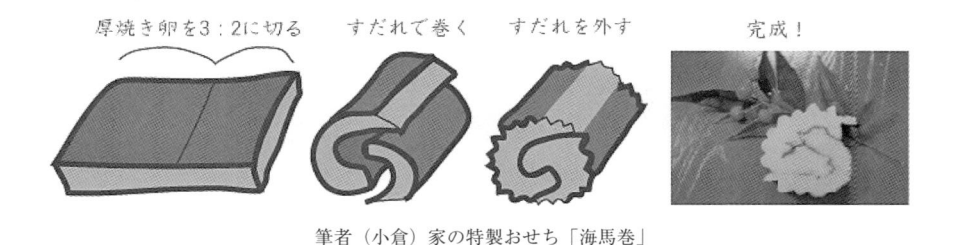

筆者（小倉）家の特製おせち「海馬巻」

6.6 小脳 LTD の生理的意義

小脳は運動の制御をつかさどる脳部位である．壊れると運動ができない，という意味ではなく（運動指令そのものは大脳の運動野から発せられている），過去の経験によってつくられたいわば「運動のレシピ」，つまり，この料理には砂糖を何グラム加え，塩を何グラム加えるというように，どの運動には筋 A をどのくらい縮め，筋 B をどのくらい縮めればよいといったパターンが小脳には多数保存されている．

たとえば，何かの対象に視線を注いでいるときに姿勢が変わっても，眼球はちょうどそれを補正するように動いて同じ対象を注目し続けることができる．もしこれがないと，ネコはネズミを追いかけてとらえることはできない．このとき，通常は首の動いた角度と同じ角度だけ眼球を動かす．しかし，たとえばネコにプリズムメガネをかけさせて，マウスが実際に動いた角度の倍の角度動いたようにみせる．ネコは，最初こそ狙いを外すけれど，しばらくするとこの状態に適応し，みえた角度の半分に狙いを定めてネズミをとらえることができるようになる．こうした「ゲインの調節」が小脳の仕事である（図 6.20 参照）．

この行動を前庭動眼反射という．なんでそんな特殊な行動を研究するのか，と問われるかもしれないが，これは小脳の機能を解析するための 1 つのモデルだと考えていただきたい．この行動の分析には小脳と動眼筋の活動だけとればよく，首から上だけで実験ができて好都合なのである．

さて，このゲイン調節の機構は，伊藤正男博士らによって詳しく解析されている．首が何度動いたという情報は，内耳の前庭器官が検出して，これを動眼筋の運動ニューロンに送って眼球を動かす．デフォルトはゲイン＝−1 で，つまり首の回転と同じ角度だけ眼球を逆に動かす．前庭器官の情報のコピーは CGN にも届けられ，平行線維を介してプルキンエ細胞に達している．いっぽう，眼球のとらえた視覚情報は下オリーブ核に届けられ，登上線維を介してプルキンエ細胞に達している．プルキンエ細胞は，このずれ，つまり誤差情報を，動眼筋運動ニューロンに送っているのである．

誤差がなければ，プルキンエ細胞は出力をデフォルト状態のまま変えない．しかし，もし誤差があると，プルキンエ細胞は出力を変化させ，前庭器官感覚ニューロン→動眼筋運動ニューロン間シナプスへの抑制を，強めたり弱めたりする（プルキンエ細胞は GABA を放出する抑制性ニューロン）．この調整は，誤差がなくなるまで続けられ，誤差がなくなったところで固定される．この調整こそ，小脳プルキンエ細胞における LTP や LTD の生体での意義，とみなすことができる．

小脳が行う運動調節は，もちろん動眼反射に限らない．打者がボールをバットに当てるには，ボールがホームベース上に来てからバットを振り出したのでは間に合わない．投手の手を離れた直後の球筋だけをみて，バットをどこにもっていけばよいかの反射調節を行わなくてはならない．だから，どれだけ多くのパターンを小脳に納めているかが，打率の高低を分け，年俸の高低を決める．バットの素振りもシャドウ・テニスも，小脳シナプスに可塑性をひき起こすための反復作業である．

7

長期可塑性研究のパラダイム転換をめざして

　前章で紹介した海馬でのLTP・LTD, 小脳でのLTDの解析が, 現在の「記憶の生物学」研究の主流的な流れである. 海馬LTPを,「記憶機構の解析のためのモデル現象」ではなく, 記憶そのものとみなしている研究者も多い. しかし, それで大丈夫なのだろうか. 1990年ころ, 筆者自身LTPの研究に携わりながら, 漠然とした違和感を感じないではいられなかった.

　1993年暮れ, 大阪大学に研究室をもつことになり（実質的な研究室発足は1994年度から）, 独自のテーマを追求することが可能になった機会を活かして, この疑問に取り組むことを決意した. 疑問のかなめは, タンパク質のリン酸化状態の変化が, 数時間〜数日まではよいとして, それを超える期間, 極端には一生の間, 本当に維持されるのだろうか, という点である.

　カルモジュリン依存性タンパク質リン酸化酵素CaMKⅡには, 自分自身をリン酸化する機能があり, リン酸化されるともはやCa^{2+}やカルモジュリンへの依存性がなくなるため, 長時間活性を持続できる, と説明された（図6.9参照）. そういう性質も確かにあろう. 環状AMP依存性タンパク質リン酸化酵素（PKA）にも, 同様な, 調節サブユニットが分解されて環状AMPに依存しなくなる長期的活性化の機構が知られていた[98]. そういう性質も確かにあろう. しかし, それにしてもこれで一生持続するか, というのが正直な疑問である.

　シナプス説では, LTPの発見以前には, 短期記憶にはタンパク質の新合成を必要としない既存シナプスの伝達効率調節が相当し（瞬時に成立する以上, 時間を要するタンパク質合成では間に合わないから, 当然の推論ではある）, 長期記憶にはタンパク質の新合成を伴うシナプスの構造的変化, たとえばシナプス

の拡大・縮小や新生・廃止が相当するという見解が行われていた．LTP は，既存シナプスの伝達効率調節の典型的な例である．だから，LTP が発見され，解析のヤマがみえてきたころ，「近い将来 LTP の機構が解明されて，短期記憶の謎は解かれるだろう．さあ，次は長期記憶だ」という気運が上がった．

しかし，その後 LTP にはタンパク質の新規合成を伴う後期相（L-LTP, late-phase LTP）のあることが報告された[99]．LTP 誘発後にシナプス形態の変化が起こることも発見された（6.10 節参照）．この形態変化は回路強化の固定を説明できる．そうなると「LTP は短期記憶だけではなく，長期記憶をも説明できる」という「安心感」というか，「記憶研究は LTP 研究で必要十分」という雰囲気が再び醸成されていった．そしてその雰囲気は 2010 年の現在も支配的である．

7.1 LTP は本当に「長期」増強か

ブリスとレモが LTP を長期とよんだのは，それ以前に知られていた伝達効率変化，たとえば，軸索末端内で伝達物質を放出させる Ca^{2+} が，まだすっかり排出される前に次の活動電位が下りてくれば，Ca^{2+} のピーク値はまだ居残っていた Ca^{2+} と合わせて 1 回目より大きくなるために，伝達物質放出量が増す現象（対パルス促通（PPF, paired-pulse facilitation））とか，連続発火後促通（PTF, post-tetanic facilitation）とか，脱感作（同じシナプスが持続的に活動すると伝達物質受容体が不活性化するなどして伝達効率が低下する現象，より広い意味で順応（adaptation））とか，軸索末端内の伝達物質の在庫が払底して伝達が途絶える現象（疲労，fatigue）とか，そうした数秒～数分間持続する伝達効率変化と比較してみたとき，持続時間が比較的長期にわたるという意味であって，長期記憶に対応するような一生持続する変化だ，という含意は元々なかった．

生きた動物の脳に電極を植え込み，これに高頻度刺激を与えて誘発した LTP が，数日以上持続することは確かである[100]．しかし，動物にてんかん様けいれんを引き起こす強い刺激を加えたあと，動物がこの「悪夢の体験」を長期間記憶していたとしても，それは数日前に実験者が誘発した LTP が，そのまま維持

されているとみなしてよいだろうか．動物自身がこの「悪夢の体験」を繰り返し想起して，強化を行っていないといえるだろうか．動物の自発的活動まで実験者は制御できない以上，疑問の余地が残る（と筆者は考えた）．

また，動物にLTPを飽和するまで強く引き起こすと，その後新しい記憶をとり込めない排除（occlusion）とよばれる現象が起こるのも確かである[101]．排除は，「原因が共通な現象は，1つの方法で飽和するまで誘発すると，他の方法ではもはや誘発できない」という原理に基づくもので，生物現象の機構が共通か独立かを判定するのに，しばしば用いられる研究手段である．しかし，たとえば，てんかんを引き起こしたあとに，直前の記憶が吹っ飛んだり，直後の記憶が獲得できなくなることは事実であるが，だから記憶とてんかんは機構が共通だといえるだろうか．てんかん発作時には，記憶に限らず，脳のさまざまな活動がストップするのである．

7.2 モデル実験系の探索

筆者は自分の議論が単なる違和感の表明に過ぎないことを自覚はしていた．が，少なくとも新たな実験を始める動機にはなる（研究者に「なぜその研究を始めたのか」と動機を問えば，それはいたって単純なことがほとんどである）．動物個体を用いた実験では，実験者が制御できない条件が多すぎると考えた筆者は，インビトロ系，とくに培養系を用いることを考えた．

ニューロンの培養には，胚や新生仔から脳を摘出して，酵素で細胞をほぐし出し，それをシャーレにまく分散培養（dissociated cell culture）という方法が一般的だが，これはニューロン1個の性質を詳細に調べる目的には好適でも，回路としての機能を調べるのには向かない．脳内にあった回路と同じ回路がインビトロ（原意はラテン語で「ガラス器内」．実際にはプラスチック器内であるが *in plastico* とはいわない）で再現されるとは保証できないからである．

筆者が採った方法は，脳を0.3〜0.4mm程度の薄切りにして，元々の神経回路を保存したまま培養する「切片培養」の方法である[102]（図7.1）．培養では，脳の摘出元になれる動物（ラット・マウス）は，生後1週間程度までが限度で，それ以上成長が進むと培養できなくなってしまうから，未熟脳の性質しか調べ

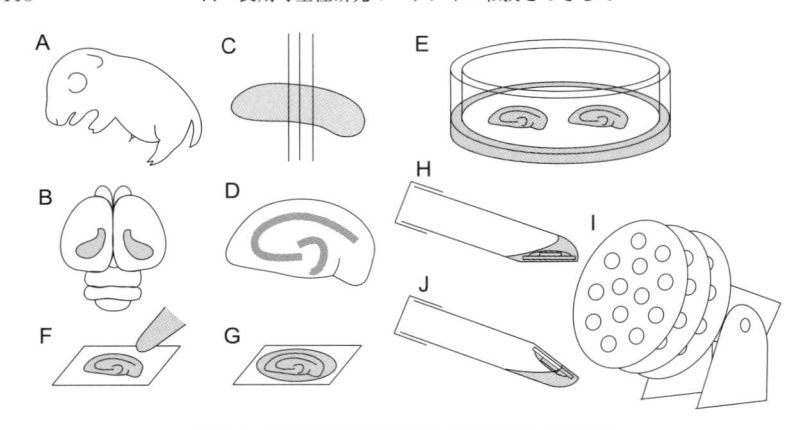

図7.1 海馬切片培養の方法（海馬以外でも同様）
A. ラットまたはマウスの新生仔（生後1週間程度以内）.
B. 摘出脳. 内部構造である海馬の位置をあわせて示す.
C. 摘出した海馬を厚さ0.3〜0.4 mmに薄切りする. 中央付近を使う.
D. 海馬切片. 氷冷リンガー液中に30分程度静置.
E. PTFE膜フィルター上に移し，液面がフィルター面を下から濡らす高さまで外槽に培地を注ぐ. このまま湿度100%の密閉容器に入れ，35度に保つ.
F. 回転培養の場合には，切片を12×24 mmの短冊状カバーガラス上に移し，滅菌濾紙でリンガー液を吸い取る.
G. トリ血漿液1滴, トロンビン液1滴を切片上に滴下し，切片をつつき回さないよう注意しながら混和する.
H. 専用試験管（ヌンク）に格納し培地を0.6 mL入れる.
I. 回転装置にセットし，5〜10回転/時程度で回転する. このとき試験管が転がらないよう固定することが重要.
J. 回転装置が回転すると，切片は培地から繰り返し出入りする（H状態とJ状態を往復する）.

られないではないかという批判はありうる. が，こうしてつくった培養を2週間以上維持すると，成熟ラット・マウスから摘出した切片（急性切片（acute slice）あるいは新鮮切片（fresh slice）という）と同じ性質を示すようになり，安定してそれ以降変化しないので[103]，これをもって成熟脳切片のインビトロ再現とみなすことは許されるだろう（コラム7.1参照）. そこで当時すでに脳切片培養法の第一人者であった[104]本書の共著者冨永（当時東海大学医学部）を招聘して海馬切片の長期安定培養系の確立を始めた.

なお，もう1つの実験系候補として，筆者は小脳顆粒ニューロン（CGN）の分散培養系を考えた. このニューロンは，通常の培養条件では長期間維持できず，1週間程度で全滅してしまう（コラム7.2参照）. しかし，たとえば培養培

7.2 モデル実験系の探索

地にKClを加えて細胞膜を脱分極させるとか，グルタミン酸を培地に加えてシナプス活動を模擬するとかすると，長期間の維持が可能になる．この系は，通常はニューロンの細胞死（第8章で再述）の制御機構を解析するために利用される系だが，筆者には，このCGNの細胞レベルの活動依存的生存・細胞死と，シナプスレベルでの新生・廃止との間に共通点があるのではないか，という見通し（というより直感）があって，この活動依存的細胞維持の機構を調べる中でえられるだろう知見は，いずれシナプス可塑性の文脈の中でも適用できるのではないか，と予想していた．この実験系については，本書の他章で説明する機会がないので，ここで簡単に触れておきたい．

当時，この活動依存的生存には定説が築かれつつあった．それはCa^{2+}窓仮説（calcium window hypothesis）とよばれる．ニューロンは細胞内Ca^{2+}濃度が高くなりすぎると死んでしまう（興奮毒性，第8章参照）が，低くなりすぎても死んでしまう，つまり生存に適したCa^{2+}濃度の範囲（窓）があるとする仮説である[105]．しかし，当研究室第1期生の小原圭吾君（現・理化学研究所）が，非脱分極条件下で死んでゆくはずのCGNの細胞内Ca^{2+}濃度と，脱分極条件下で生き続けるはずのニューロンの細胞内Ca^{2+}濃度とを実際に測定して比較してみると，差がみられなかったのである[106]（図7.2）．

えっ，脱分極させているのだからCa^{2+}は絶えず流入し，Ca^{2+}濃度は高いのが当然じゃないか，と読者はいぶかるかもしれない．生存条件下で，確かにCa^{2+}流入は続いている．しかし，同時にCa^{2+}排出も上がっていることがわかったのである．ちょっと真剣に考えてみるとわかるだろうが，流入量と排出量は，ある時間幅をとって平均すれば等しくなくてはならない．なぜなら，もし流入が排出を上回る状態が続いていたら，細胞内濃度はどんどん高まって行き，外界濃度と同じになるまで止まれないはずである．逆にいえば，もしもどこかの濃度に安定しているのなら，そのレベルが高かろうと低かろうと，そこでは流入量と排出量は等しくなくてはならない．だから，もし細胞内Ca^{2+}濃度の安定維持レベルが変わっていたとしたら，それは流入が増えたり排出が増えたりしたためではなく，細胞が自ら設定した細胞内Ca^{2+}濃度の設定水準を再設定したからにほかならない．さらにいえば，生存条件＝脱分極条件で細胞内Ca^{2+}濃度がもし上がっていたとしたら，それはニューロンが設定水準を自ら高く再設定し

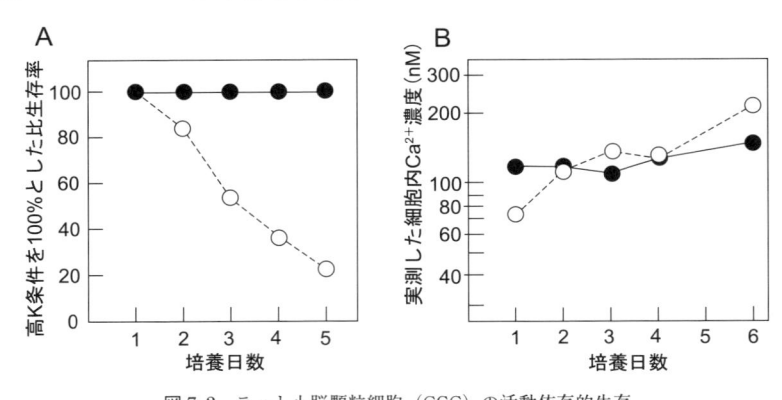

図 7.2 ラット小脳顆粒細胞（CGC）の活動依存的生存
A. 生後約 5 日のラット小脳から単離した CGC は通常の培地中では徐々に死滅する（白丸）が，25 mM KCl を追加した脱分極培地中では長期に培養できる（かりに高 K 培養とよぶ）．この図では多数回の実験結果を合一するため，高 K 培養との比で示しており，高 K 培養の生存率の絶対値は読み取れないが，実際は播種した細胞の約 80% が 5 日時点で生残している．
B. CGC の細胞内 Ca^{2+} 濃度実測値．当時の「Ca^{2+} 窓仮説」に反して「高 K 培養では細胞内 Ca^{2+} 濃度が高い」ということはなかった．6 日ではむしろ低 K 培養の方が高 Ca^{2+} にみえるが，これは低 K 培養での生残 CGC がすでに「瀕死」なため．

たからにほかならず，逆に低く再設定することだってありうるのである．少なくとも「流入が増えたら Ca^{2+} 濃度が上がる」という議論は自明ではない．

その議論の上で，CGN の Ca^{2+} 濃度を実測してみたところ，筆者の予測通りに（つまり定説を裏切って）Ca^{2+} 濃度は変わっていなかったのである（すでに死につつある細胞では Ca^{2+} 濃度が高いが，それは死んだ結果であって死ぬ原因ではないから，ここでは問題にならない）．高い流入と高い排出が意味するところは何か．それは局所的な Ca^{2+} 代謝の高回転であり，その結果として考えられるのは，何らかの生存維持因子の高分泌ではなかろうか（図 7.3）．当研究室の山岸 覚 君（現・独マックスプランク研究所）は水溶性蛍光色素 FM 1-43 を用いて，外界からの物質とり込みと外界への物質放出がともに高まっていることを示した[107]．

筆者らはこの仮説を Ca^{2+} 回転仮説（calcium turnover hypothesis）とよんだ．なお，その生存維持因子の第一候補は，筆者の旧職場での同僚であり，筆者の 5 年前に大阪大学蛋白質研究所に移り，2001 年 5 月に惜しくも急逝された故畠中 寛 博士が，脳由来神経栄養因子（BDNF，*brain-derived neurotrophic*

7.2 モデル実験系の探索

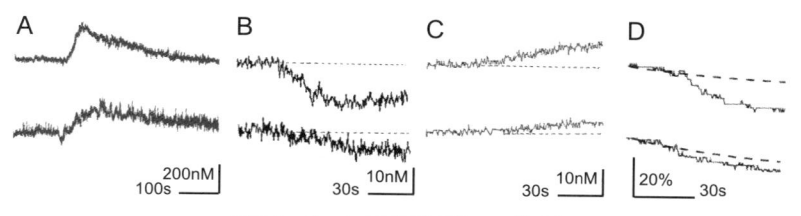

図7.3 ラット小脳顆粒細胞の Ca^{2+} 動態

上段は高 K 培地での培養，下段は通常培地での培養（低 K 培養）の例．
A. 細胞外液の K^+ を 5 mM → 50 mM に上昇した時の細胞内 Ca^{2+} 変化．変化幅はほぼ同じ．
B. 細胞外液の Ca^{2+} を除去した際の Ca^{2+} 濃度下降．定常的 Ca^{2+} 排出速度を反映する．高 K 培養の方が高い．
C. 細胞外液の Na^+ を除去した際の Ca^{2+} 濃度上昇．CGC の Ca^{2+} 排出は Na^+/Ca^{2+} 交換によっているため，これが停止し，定常的 Ca^{2+} 流入を反映する．高 K 培養の方が高い．つまり，高 K 培養では高流入高排出で低 Ca^{2+} 濃度を維持していることになる．
D. 細胞外液の K^+ を 5 mM → 50 mM に上昇した時の FM1-43 蛍光の変化，すなわちエキソサイトーシス能力．高 K 培養で高い．

*f*actor）であろう，と提唱している[108]．第二候補は，東京都臨床医学総合研究所の小野富男博士が提唱する副甲状腺ホルモン関連ペプチド（PTHrP, *p*ara*t*hyroid *h*ormone *r*elated *p*eptide）であろう[109]．

実は，グルタミン酸投与または脱分極によって局所的な Ca^{2+} 代謝回転が上がり，調節因子が放出されるという図式は，本章で述べるシナプス新生・廃止の機構仮説とよく似ている．その調節因子そのものもおそらく同一の実体であろうことが，十分な根拠をもって推測される．筆者の直感は見当違いではないかもしれない．

CGN の活動依存的生存機構の解析は，その後ユニークな発展をみせている．生存促進因子の探求の一環として，年綱志保君（現・タカラバイオ）がエストロゲンを投与したところ，雄由来の CGN と雌由来の CGN の間で応答性に差があることがわかった．話題が離れるのでここで詳細には触れないが，性差があるとは通常思われていない小脳で，機能的な性差がみつかったことは（脳部位によっては雌雄で大きさに明らかな差があるところがあり，性的二型核とよばれるが，小脳の大きさには明瞭な雌雄差はない），他の脳部位でもあらためて機能的解析を行えば，性差がみつかる可能性があることを示唆している．また，前村真澄君（現・マルホ）は，この生存に，イオンチャネル共役型グルタミン酸受容体ばかりでなく，代謝共役型（G タンパク質共役型）グルタミン酸受容

体が修飾効果をもつことを見出している．

7.1 ニューロンの培養

　ニューロンの培養は意外に簡単である．歴史的にみても，ガン細胞の次か，次の次くらいに培養に成功した細胞種である．それは，先駆者米カリフォルニア大学のゴードン・サトウ博士（Gordon Hisashi Sato．博士は細胞生物学者として米科学アカデミーの正会員であるが，近年はアフリカでのマングローブ植林を指導しており，2005年には環境保護活動のブルー・プラネット賞を受賞している．博士はこの転身を，「農業(アグリカルチャー)も細胞培養(セル・カルチャー)も，文化(カルチャー)として同じ」と笑っている）の努力による[126]が，実は特別な工夫はいらない．増殖性がないから，しばらく放っておいてもちゃんと生きている．年末の大掃除で，培養器の奥の方から半年前の培養容器（いわゆるシャーレだが，現在はドイツ語を使うことはほとんどなく，英語でディッシュという）がみつかって，驚いて顕微鏡をのぞくと，常にも増して立派なニューロンがネットワークを張り巡らしていたりする．他の細胞ではこうはいかず，栄養を補給しないとすぐに全滅する．ニューロンの培養に重要なのは容器の底面への接着で，購入した容器そのままではなく，ポリ陽イオン（ポリリジン，ポリオルニチン，ポリエチレンイミンなど）の「糊」を塗布しておく必要がある．

　培養には血清を用いることが多い．生体内で細胞が過ごしている環境に近づけるという意味では全くなく（その証拠に，昆虫の細胞や植物細胞を培養するときにも牛胎児血清を用いる），いろんな成分が適当に混じった便利な薬品という扱いで，5〜25％加える．したがって，必要成分を吟味して加えることで，血清を使わない培養も可能で，これについてもニューロンはもっとも早く成功した細胞種の1つである[127]．

　ニューロンの単離には，胚（胎仔）または新生仔を用いる．成熟動物脳からの培養が難しいのは，ニューロンが長い突起（樹状突起と軸索）を伸ばしており，単離の際にこれらを切断してしまうことになり，成熟動物ですでに回路を張り巡らしたあとのニューロンは，その損傷に耐えられないため，と考えられる．したがって，突起伸展前のニューロンなら傷が少なく，培養に移してから突起を伸ばして結合を構築できる．実際，たとえば小脳ニューロンの培養で，各ニューロン種の培養可能な期限は，プルキンエ細胞なら胎仔期，CGNなら生後7日まで，ゴルジ細胞なら14日までと，それぞれが突起伸展を始める時期とほぼ一致している．

　脳切片の培養でも，薄い切片（厚さ0.3〜0.4mm）の平面内に無傷で細胞を保存するためには，幼若動物を使わざるをえない．突起伸展前のニューロンを体外にとり出して，その細胞は本来の結合を再構築できるのかと心配になるが，本来の結合相手（標的細胞）がそこにある限り，相手はちゃんとみつけられるようである（標的がないときは，行き先を見失った細胞が，脳内に本来ない結合＝異所性結合

(ectopic connection) をつくることはある）．これは，ニューロンという細胞は，まずとりあえず標的と結合するまでは，遺伝プログラムにしたがって行動するため，と考えられる．

脳切片の培養も，いったん成立すると，カビを生やしたり無菌状態を崩したりしないかぎり，長期に維持可能で，やる気になれば数か月間の維持はさほど難しくない．無菌維持でもっとも注意すべきなのは，ラット・マウスの餌に用いているビール粕(かす)が毛について培養に混入してしまう酵母の汚染で，培地がビールになる．次に気をつけるべきはカビの胞子の混入で，空中に浮遊している胞子の多い梅雨どきはとくに注意が必要だ．もっとも微小なバクテリアの混入は，もっともありそうでいて案外に少ない（血清中に抗菌成分が含まれているためだろう）．

コラム 7.2 小脳顆粒ニューロンの活動依存的生存

CGN が通常の条件で培養できないのは，グルタミン酸を放出するニューロンで，かつグルタミン酸受容体を備えている細胞でありながら，培養下で相互にシナプス結合をつくって活動することができないため，と解釈されている．したがって，培地にグルタミン酸を添加してシナプス活動を模擬してやったり，KCl を添加してシナプス活動を飛び越してニューロン興奮を促してやったりすれば生存する．同じようにグルタミン酸作動性かつ受容性である海馬錐体ニューロンは，培養下で自発的に相互にシナプスをつくるので，そのような「余計なお世話」はいらない．逆にフグ毒を与えて活動を抑えてしまえば，海馬ニューロンも死滅することは当研究室の渡辺智子(わたなべともこ)君（現・協和発酵キリン）が示した．

それならば，CGN の培養に，本来脳の中でシナプス結合をつくっている細胞を並置してやればグルタミン酸や KCl を加えなくても生存するはずである，という見通しが立つ．それを実証したのが，森田大樹(もりただいじゅ)君（現・ロレアル化粧品）である[128]（図 7.4）．培地に橋核(きょうかく)（小脳の腹側にあって，CGN に苔状線維を送る源の一つ）の小片を共存させると，橋核から伸び出した軸索と触れている CGN だけが KCl なしで生存する．CGN のシナプス後細胞であるプルキンエ細胞との共存によって生存が図れるかどうかは，わからない．

ところが不思議なことに，これまでの話はラット由来の CGN の話で，実験系をマウス由来の CGN に変えると，とくにグルタミン酸の添加をせずとも，長期間に生存する．これを見つけたのは藤川直人(ふじかわなおと)君（現・武田薬品）である[129]．しかも，マウスでは系統ごとに差がある．では生きるマウスの CGN は，海馬錐体ニューロンと同様に互いにシナプス結合をつくっているのかと思って下永友和(しもながともかず)君（現・サントリー）が調べてみると，少なくとも海馬のような高頻度の自発的シナプス活動は観測できなかった．今のところ，この謎は解けていない．非常に間遠(まどお)な活動があって

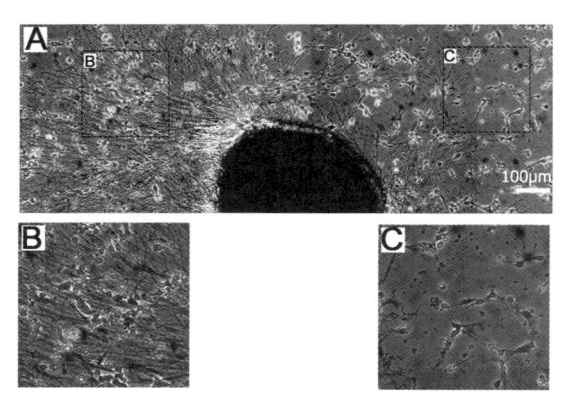

図7.4 小脳 CGN とその本来の入力元である橋核との共存培養 A の下中央にある組織が橋核切片．この橋核はたまたま画面左方に突起を伸ばしており，CGN は左方でよく生存する（B）．右方にある CGN の生残率は低い（C）．

それでもう十分なのか，それとも全く別の細胞生存制御機構があるのかもしれない．

そもそも CGN がシナプス活動依存的な生存をすることの意義は何か．それは，脳の発達に際して正しい神経回路がつくられるのに，遺伝的に互いに結合相手を厳密に決めるような仕組みはなく，まず大量に CGN をつくり出し，その中で偶然正しく結合をつくったものだけを残し，間違ったり失敗したものは捨てるという「数撃ちゃ当たる」式戦略をとっているためだ，とされる（生物の進化も同じ戦略をとっている．現在生き残っている生物種の何十倍何百倍もの生物種が過去地球上に生み出され，そして絶滅してきた）．そうだとすると，マウスの CGN がとくにシナプス活動をせずとも生き残るというのは，理解できないことになる．マウスの小脳が大きいということはないのだから．

またいっぽう，この謎の結果は，実験系の動物種や系統を切り替えるときは，慎重にしなくてはならないという教訓を与えてくれる．遺伝子改変動物をつくるときには，系統をよく考慮しないと無意味な実験をしかねないし，マウスでの実験結果を即ヒトにあてはめることにも慎重でなくてはならない（さいわい齧歯目と霊長目は，ともに哺乳類としては原始的（プロトティピック）で，かなり近縁なのではあるが）．

7.3 培養海馬切片の LTP

海馬の切片培養の例を図 7.5 に示す．図 6.1 に示した急性切片と相同な形態をとっていることがわかるだろう．ただ，CA1 領域の拡幅が目立つかもしれな

7.3 培養海馬切片のLTP

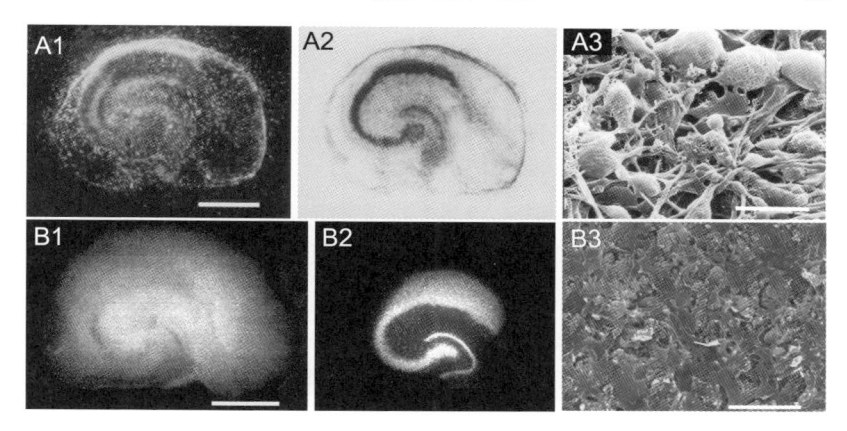

図 7.5 2週間培養した海馬切片の状態
A はカバーグラス上の回転培養．B はフィルター上の静置培養．
A1. 生きた状態での暗視野顕微鏡像．暗い帯が細胞体層．白線は 1 mm．A2. A1 と同じ標本のニッスル染色像．黒い部分が細胞体層．A3. 培養表面の走査電顕像．ニューロンが表面に露出している．白線は 20 μm．
B1. 生きた状態での位相差顕微鏡像．暗い帯が細胞体層．白線は 1 mm．B2. B1 と同じ標本のNeuN（ニューロンの核タンパク質）抗体染色像．光っている部分が細胞体層．B3. 培養表面の走査電顕像．表面を覆っているのはグリア細胞．この下にニューロンがいる．白線は 50 μm．

い．これは，培養の時間経過とともに CA1 錐体ニューロンが図の上下方向に相互に位置をずらし，断面でいうと斜めに倒れて並ぶためである．CA1 ニューロンが成熟にしたがって体積を増し，細胞どうしが位置を調整して最密充填を図るので，このようにならざるをえないが，それに格別の不都合はない．

刺激電極で CA3 錐体ニューロンの軸索側枝であるシャファー線維（CA3 錐体ニューロンの軸索主枝は反対側の海馬に向けてこの切片を出ていく枝（前交連線維, anterior commissural fiber）であるが，この培養には反対側の海馬が並べられていないので，その主枝は消失し，残ったシャファー線維が実質主枝になっている）を電気刺激して，興奮の広がる様子を膜電位感受性色素で可視化すると，図 7.6（および口絵 6）のように CA1 領域に伝播する様子がみてとれる．またシャファー側枝から CA3 ニューロンの細胞体の方へ遡行（逆行性伝導）していく活動電位もみてとれる（コラム 7.3 参照）．

刺激電極を歯状回に当てて歯状回顆粒ニューロンを刺激すれば，まず顆粒ニューロンの興奮，ついで顆粒ニューロンから出て CA3 錐体ニューロンへ向けて

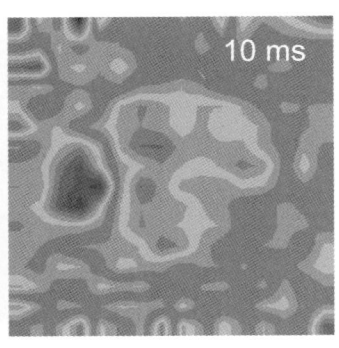

図 7.6 培養海馬切片の神経回路保存
刺激によって興奮が伝導する様子がわかる．口絵 6 参照．

走る苔状線維（mossy fiber）の発火，次に CA3 錐体ニューロンの興奮，CA3 を出発して CA1 錐体ニューロンに向かうシャファー線維の発火，CA1 錐体ニューロンの興奮，と期待される通りの伝播が，期待される通りの順序で観察される．つまり，生体内の投射–被投射関係はそっくり保存されているのがわかる．急性切片と若干異なるのは，活動電位の軸索伝導速度が遅いことと，急性切片ならば同じ位置に並ぶ細胞にはほぼ同時に入力が入る束一性（coherence）が弱くなっていることで，これらは軸索の髄鞘化（myelination）が遅れているか不完全（脱髄傾向）かを示すものだろう．

この培養切片で，入力線維，たとえばシャファー線維に高頻度刺激を加えれば，CA1 錐体ニューロンに LTP が誘発される．また，中頻度刺激を加えれば，LTD が誘発される．電気刺激ではなく薬理学的刺激（たとえばグルタミン酸を投与することなどによって）によっても LTP は誘発可能である．これも急性切片と同等である．

さて，こうして起こした LTP は長期持続するだろうか？ 「急性切片で LTP が数時間しか持続しないのは，いくら酸素とグルコースの供給を行っても，切片自体が徐々に劣化していくからで，そうした技術的な制約さえ克服されれば，LTP は本質的に長時間持続するはずであり，現に動物脳で誘発した LTP は何日も持続する」という主流的見解に従うなら，今や培養によって切片自体の劣化は回避できたのだから，LTP は何日でも持続するはずと期待される．そして

7.3 培養海馬切片のLTP

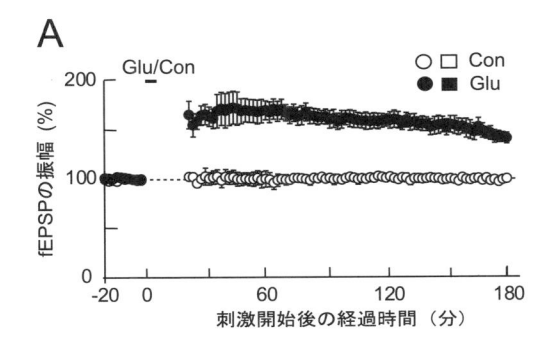

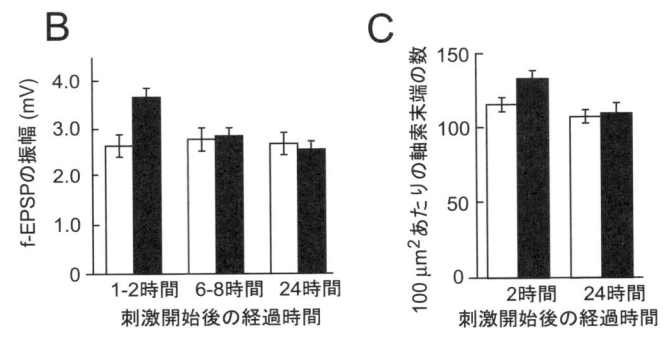

図7.7 培養海馬切片でのLTP誘発
新鮮切片と同様に高頻度電気刺激でLTPを誘発することも可能だが，ここでは無菌状態を保つため50 μMグルタミン酸3分暴露という薬理的方法で誘発した（A）．しかし，LTPは数時間以内に消失する（B）．グルタミン酸濃度をさらに上げても，高頻度電気刺激によるLTP誘発の場合も，PKA刺激によるL-LTP直接誘発の場合も，同様に24時間以内に消失する．LTPに伴う構造可塑性も，新鮮切片と同様に起こるが，これも24時間以内に消失する（C）．

実際に持続するのが確かめられれば，本章の冒頭に書いた筆者らの心配は杞憂だったことになり，晴れて胸を張って「記憶研究はLTP研究で必要十分」とLTP研究を続開すればよいことになる．

ところが，筆者（冨永）の実際の結果では，LTPは1日と持続しなかった[110]（図7.7）．急性切片に後期LTP（L-LTP）を誘発する環状AMP生産刺激を加える（フォルスコリン投与）と，培養切片にも同様なL-LTPが誘発される．しかし，こうして起こしたL-LTPも1日と持続しなかった[111]．

急性切片ではLTP成立に伴って軸索末端の分枝，樹状突起棘の有孔化，棘

密度増加などの形態変化が起こると報告されている（6.10節参照）．これらの形態変化は，LTPが短期可塑性から長期可塑性への移行を実現していることの証拠，とみなされている現象である．培養切片では何らかの理由でそれが起きないのではないか．だから培養切片のLTPが持続しないのではないかといわれるかもしれない．しかし，そうではない．これらの形態変化も培養切片でちゃんと再現する．だが，この形態変化も，1日たつと元に戻ってしまうのである．

もちろん，培養切片などという「怪しげ」な標本を使ったから，何か重要な成分が欠落してしまい，本来起きるはずのことが起きなかったのかもしれない．あるいは，2週間以上あらかじめ培養して成熟させた標本を使ったといっても，まだまだ未熟で不完全な海馬だから，成体海馬でなら本来起きるはずのことが，起こせなかった可能性がある．あるいは，切片全体にグルタミン酸を浴びせかけるなどという乱暴なLTP誘発法を用いたために（刺激後さらに長期間培養を継続するには，無菌状態を崩してはならないので，無菌の空気を還流する生理学実験室が完備しているようなリッチな研究室ならいざ知らず，筆者らのそれのような普通の研究室では，濾過滅菌をした溶液を還流することによる誘発法しかとりえない），何らかの代償機構が働いてLTPが解除されたのではないか．これらは，筆者らの報告に浴びせられた批判である（今でも浴びせられる．もちろん耳を傾けなくてはいけない真っ当な批判でもある）．しかし，「記憶研究はLTPで必要十分」とする考えが盤石でなくなってきたことだけは確かだ．

7.4 RISEの発見

LTPは1日以内しか持続しない．ところが，筆者らが懲りずに翌日2度目のLTP，翌々日3度目のLTPを誘発すると，事態が変わった．3回目のLTPも持続せず，やはり消失しかけるのだが，別の何かが動き出し，新たな伝達の増強過程が始まったのである．最初のLTP誘発の日を第0日と起算して（つまり満の齢で数えて）4日後には部分的に，7日後にはLTP誘発直後のピーク近くまで伝達効率が再上昇し，その後14～21日で測定しても強化状態が維持されていた．つまり，ついに「長期の」可塑性が実現したのである．筆者らはこれをLTPとは別の可塑性現象だということを強調するため，たとえば「超長期増強

7.3 電位感受性色素

ニューロンの活動を記録するには，それが電気的活動である以上，電極を用いて電圧または電流の記録を行うのが通常であり，それがもっとも時間分解能が高く，かつ定量的な方法である．しかし，一どきに扱える電極の数は数本が限度で，空間的な広がりをみることは難しい．そこで利用される方法が，電位感受性色素を利用した光学的な方法である．これは1970年代，米ペンシルバニア大学のブライアン・サルツバーグ（Brian M. Salzberg）博士やイェール大学のラリー・コーエン（Lawrence B. Cohen）博士らが開発した方法である[130]．いまだに正確な原理がわからず，系統的な色素設計ができないため，膨大な数の合成サンプルからスクリーニングされて選ばれた色素が使われる．大きく分けてスチリル系とシアニン系，オキソノール系とがある．なお，電位感受性色素を含む生物学実験のための色素の性質については，Molecular Probes 社のカタログが非常に充実している（ウェブでも検索可能）．

スチリル系は，Di-4-ANEPPS（ダイフォーアネップス）と RH 414 とが現在もっとも利用されているグループで，速い色素（fast dye）という別名がある．あらかじめ膜に溶け込んでおり，膜電位の変化，つまり膜を横切る電位勾配に応じて配向が変わることで，吸光効率が変わると説明されている（図7.8A, B）．したがって蛍光でなく吸光度の変化で測定することもできる．この群の色素は応答は速いが信号は大きくない．膜電位が100

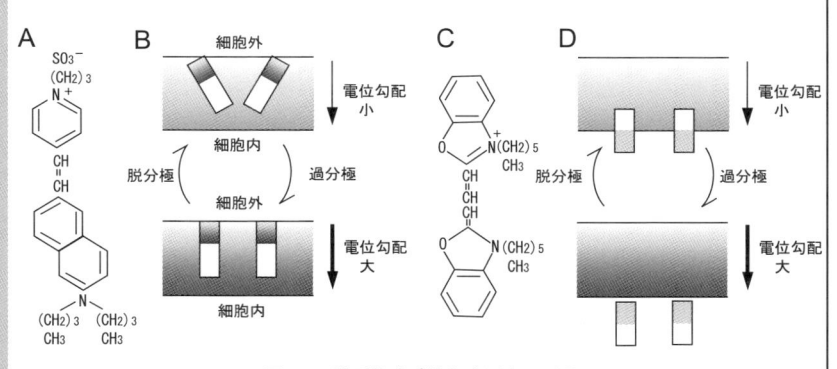

図 7.8　膜電位感受性色素測定の原理
A. 速い色素の代表格である Di-4-ANEPPS．脂質膜に溶ける部分と，電気双極子部分をもち，膜内の電位勾配の大小によって配向が変化する．配向が揃うほど分子吸光効率が増し，蛍光または吸光度が高まる（B）．
C. 遅い色素の代表格である $DiOC_6(3)$．脂質近傍に係留された状態にあり，表面電荷の強弱にしたがって溶解度が変化する（D）．溶解にともなって π 電子共役度が変化し，蛍光特性が変化する．ただし，この機構は単なる解釈で，正しい保証はなく，これに基づいて分子設計しても予測通りにならないことが多い．

mV変化すると蛍光が1〜数％変化する（それでも初期に比べれば格段に大きくなった）．

シアニン系は，DiOC$_6$(3)（ダイオーシー）やDiIC$_1$(5)（ダイアイシー）が現在もっとも利用されるグループで，遅い色素（slow dye）ともよばれる．膜の表面に係留された形で待機しており，膜電位が変化すると膜への溶解度が上がって，分子が束縛されるため吸光効率が変わると考えられている（図7.8C, D）．要するに分布の変化なので応答は遅いが，変化率は大きい．100 mVの変化で2〜数倍変化する．活動電位を追うことはできないが，もっと遅い変化（たとえば細胞死に伴う脱分極とか）なら，明瞭に捉えられる．この系列の色素は，電位感受性色素としてではなく膜染色色素としてニューロン形態（細胞の輪郭）のイメージングに利用されることも多い．

オキソノール系は，オキソノールV（ファイブ）やDiBAC$_4$(3)（ダイバック）が代表で，これも溶解度変化による遅い色素だが，膜への溶解に伴う吸光・発光波長のシフトが大きい点を利用し，特定の波長に光学フィルターを固定しておくと，電位変化に応じてあたかもゼロから発光を始めるようにふるまうため，信号・雑音比が高い．

これらの色素を，測定開始の10〜30分前に標本に与え，とり込まれなかった色素を洗い流しておく．これを低倍の蛍光顕微鏡か明視野顕微鏡（吸光度測定の場合）の下においてデジタルビデオカメラかフォトダイオードアレイで撮像する．シアニン系色素で活動電位を観測するのが目的なら，撮像装置も高速でないと意味がない．普通のビデオカメラ（1秒に30コマ）では，1コマの中に信号が呑み込まれてしまって何もわからない．最近の撮像系の技術革新で高速のカメラが市販されるようになった．

この方法の弱点は，静止電位や電位変化の絶対値がわからないことで，伝導・伝達の定性的な解析しかできない．しかし，空間網羅的に検索できるメリットは大きいから，この方法で反応のありかを特定した上で電極による定量的な解析を組み合わせればよい．光学変化は膜電位，つまり細胞内記録と等価な信号になるから，細胞外記録（細胞外に生じる電場の記録）と時間経過は一致しない．細胞外電位の積分がほぼ平行することになる．

（ultralong-term potentiation）」などではなく，別の名をつけることにして，RISE（ライズ）（*r*epetitive-LTP-*i*nduced *s*ynaptic *e*nhancement，繰り返しLTP誘発後のシナプス強化）とよぶことにした（図7.9）．

RISEには以下のような性質がある[110]．

1) RISE成立に必要なLTP誘発回数は3回である．2回では何も起きず，4回以上やっても効果は3回と同じである．

2) RISE成立を導くLTP繰り返し誘発には適切な間隔がある．3時間より短い間隔，たとえば1時間では無効で，24時間より長い間隔，たとえば36時間あけると，また無効になる．

7.4 RISE の発見

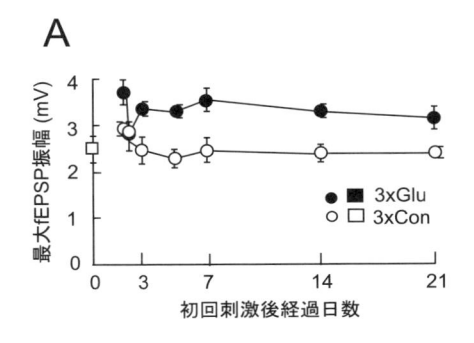

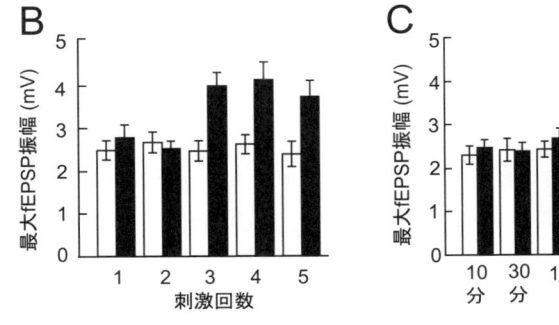

図7.9 繰り返しLTP誘発後の長期可塑性(RISE)
薬理的LTP誘発を3回繰り返すと,3回目のLTPもやはり消失するが,その後ふたたび伝達増強が起こり,その増強状態は3週間以上持続する(A).刺激の回数は3回が必要十分条件で(B),刺激は3時間以上24時間以内の間隔で繰り返す必要がある(C).ここでは示さないが,構造可塑性(シナプス数の増加,図7.10参照)にも全く同じ性質がある.

3) RISEを起こせるLTPはL-LTPである.30分以内で低下が始まる初期相だけのS-LTPでは不足である.

筆者らは,このRISEこそ長期記憶の細胞基盤となる長期シナプス可塑性のインビトロ再現系,求めていたモデル現象だと考え,解析を深めることにした.なお,RISEは切片全体にLTPを引き起こしているので,記憶関連現象なら当然備えるべき性質の1つ,入力特異性(特定の回路を活性化すれば,その回路だけが強化される性質.さもないと特定の情報を保存することが期待できない)は確認できていない.しかし最近,当研究室の大江祐樹君は,切片培養にナイフカットを入れて入力路を2つに分け,一方だけをテタヌス刺激したところ,3回LTP誘発を起こした入力路だけにRISEが起こるのを確認することができ

た．したがって，RISE は記憶の解析モデル系としての「資格」をこの点に関しても備えている，といえる．

7.5 RISE にはシナプス新生が伴う

さらに重要なことは，RISE にはシナプスの密度の増加が伴っていたことである．RISE 誘発後の切片（たとえば LTP を3回誘発して数日〜数週後の標本）について，シナプス前構造を免疫組織化学的な方法で調べると（シナプトフィジン（synaptophysin）などのシナプス小胞膜に局在するタンパク質を蛍光抗体で検出し，免疫陽性スポット数を数えるのが通常の方法），その密度が増していた．また，シナプス後構造を調べると（ドレブリン（drebrin）などの樹状突起棘に局在するタンパク質を蛍光抗体で検出するのが通常だが，タンパク質によっては十分成熟した棘でないと陽性度が低いこともあり，シナプス後細胞を直接染色して棘の数を数えるほうが確実），これも増していた．

すると，前構造・後構造がともに増えていても，それぞれバラバラに増えているだけかもしれず，シナプスが増えたとはいえない，との批判が来た．シナプスを確認するには，電子顕微鏡観察が必要だが，電子顕微鏡はシナプスの微細構造を観察するには適しているものの，倍率が高いだけに1枚の写真に数個しかとらえられず，密度を測るような目的には適さない．しかし，浦久保知佳君（現・当研究科ポストドクトラルフェロー）が膨大な数の電子顕微鏡写真を撮って根気強く計数した結果，前構造と後構造がペアをなす，ちゃんとしたシナプスが増えていることが確かめられた[112]（図 7.10）．

なお，何らかの理由でニューロンの数自体が増えていて（あるいは培養の経過とともに徐々に起こるニューロンの脱落が防がれて），その結果一定体積中のシナプス数がみかけ上増えていた可能性もなくはない．それでは全然面白くないので，実測したところ，ニューロン数は変わっていなかった．つまり，シナプスの新生が促されたとみることができる．

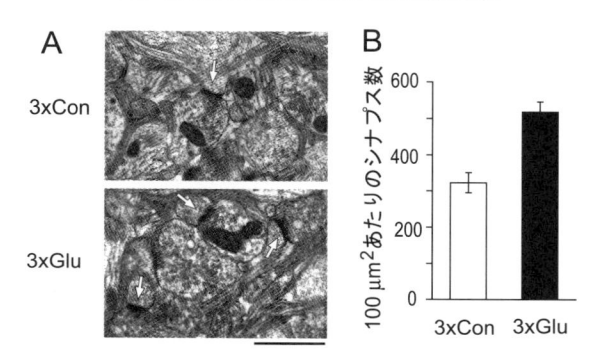

図 7.10 RISE は構造可塑性現象である
A. 電子顕微鏡像. 黒線は 1 μm. 白矢印はプレ・ポストとも揃ったシナプス. 3×Glu は RISE 誘発群. 3×Con は対照群. B. その統計的比較.

7.6 繰り返しの意味と RISE 成立機構の仮説

　RISE 成立の細胞内機構を考えるとき，3〜24 時間の間隔をあけて 3 回繰り返さなくてはならない，という点は示唆的である．3〜24 時間という時間範囲は，標準的なタンパク質で合成が始まって有効濃度に達してから，やがて分解されて有効濃度を下回るまでの時間帯と一致する．実際，タンパク質合成阻害剤を投与すると RISE は起きない（RISE 成立の前提となる L-LTP の誘発にもタンパク質合成は必要なので，この点だけから RISE にタンパク質合成が必要だ，と断定はできないけれど）．

　3 回というのは，上のタンパク質が 3 回分蓄積しないと RISE 成立を導く過程が始まらないということだろうか．もしそうなら，強い刺激ですごく大きな LTP を引き起こせば 1 回でもよくなると期待されるが，実際そうはならなかった[110]．刺激を強くして誘発 LTP の規模を大きくしても，やはり 3 回必要なのである．では，LTP 誘発の回数をカウントしている数とり機構が何かあるのだろうか．それも考えられなくはないが，むしろ RISE 成立を導く過程が 3 ステップの反応だと考える方が自然だろう．つまり，1 回目の LTP 誘発によってタンパク質 X が合成され（図 7.11A），X が有効濃度にある 3〜24 時間の枠内に 2 回目の LTP 誘発があると，その X を使ってタンパク質 Y が合成され（図

7.11B),そのYが有効濃度にある時間枠内に3回目のLTP誘発があると,Yを利用してタンパク質Zがつくられる(図7.11C).そして,ZこそがRISE成立過程を始動させる(図7.11D),と考えるわけである.

現時点でXYZのそれぞれが実際に何であるか特定されていないので,上はあくまで推測にすぎないが,もっとも自然な考え方ではないか.また,少なくとも1回目と3回目で細胞内信号系が違うという実験事実も,この考えを支持する.奥原啓輔君(現・広島大学)は,細胞分裂促進因子関連タンパク質キナーゼ(MAPK, *m*itogen-*a*ssociated *p*rotein *k*inase)の活性化酵素(MAPKK, *MAPK-k*inase)の阻害剤 U-0126 を投与するとRISEの成立が阻害されることを示して,この信号系の関与を示唆したが,詳しく調べると,それは3回目のLTP誘発後に限ってのことで,1回目のLTP誘発時に投与した場合には阻害効果はないことがわかった.つまり,MAPKは,3回目のLTPのあとに働くが1回目のLTP時には起動していないということになる.だから,その下流で起こる細胞反応も1回目と3回目では異なるだろうと推測される.

さて,現代の分子生物学技術の進展はめざましく,mRNA が 1 分子あれば増幅・検出できる時代だから,RISE 生起時にどんなタンパク質が合成されているかなどという問題は,すぐに解決するだろう,と助言してくれる同僚も多かった.筆者らもそう思って,青山学院大学の田代朋子博士,川合克宏君(現・理化学研究所)の協力をえて,網羅的遺伝子解析に乗り出した.LTP誘発が3回必要な点に着目して,2回誘発後と3回誘発後で差をとれば,LTPで発現するタンパク質(DNAチップではcDNA)は除かれ,RISEで発現するタンパク質を選別できるだろう.やってみた.

期待通りそういう mRNA(cDNA)はとれた[113].とれたはいいが,ものすご

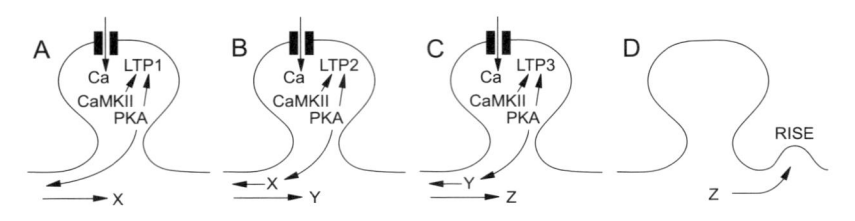

図7.11 RISEに3回の繰り返しLTP誘発が必要な理由についての仮説

7.6 繰り返しの意味と RISE 成立機構の仮説

い数がとれた．3回目に特異的に発現が増すタンパク質が700種類以上，特異的に発現が下がる（生物現象を起こすのに，発現が下がることが契機になることだってありうる）タンパク質が550種類以上も出てきてしまった．あらためて考えてみると当然である．なにしろ，シナプス前細胞も後細胞も形態を変化させてシナプスを新生し，それが機能し始めるのだから，細胞膜も細胞骨格も大再編しなくてはならないだろう．シナプスを機能させるための装置も新たに1セット準備しなくてはならないだろう．だから，膨大な種類の遺伝子が動員されていて，全く当然なのである．これらの中で，どのタンパク質がRISEを引き起こす原因側で，どのタンパク質が結果側なのか，区別するのは容易でない．1つ1つ遺伝子をつぶす？　原因分子が1つだという確証があるなら，1250種類しらみつぶしにやるのもあながち不可能ではないだろうが，もし複数の組み合わせだったらどういうことになるか，想像するだけで気が遠くなる．このアプローチはお預けとせざるをえない．

　ただ，この1250種の中には，これはくさいぞと思われる分子も含まれている．だから今後は網羅的というより標的を決めうちして，候補をしぼっていく作業の方が実際的だろう．そのうちの1つに，BDNF（7.2節参照）がある．当研究室の山本 恵君（現・杏林製薬）は，RISEと等価なシナプス新生が，分散培養の海馬ニューロンを繰り返し刺激することで再現できることを示していた[114]が，この系にBDNFを投与すると，同様のシナプス新生が起きること，またBDNFを特異的結合物質によって中和してしまうと繰り返し刺激の効果が消失してしまうことを，谷口（石垣）直子君（現・米マサチューセッツ大学）が確認した[115]．つまり，少なくとも分散培養ニューロンでのRISE様現象には，BDNFが関与しているようである（図7.12，口絵7も参照）．

　また，1250種の中には，細胞骨格アクチンの動態にかかわる遺伝子が含まれていたので，これらをとくにとり上げて定量的に確認したところ，2回目の刺激後と3回目の刺激後との間で，対照的なふるまいをしていた．これらは，RISEを引き起こす原因というより，RISEを実行に移す実働部隊なのだろう[113]．

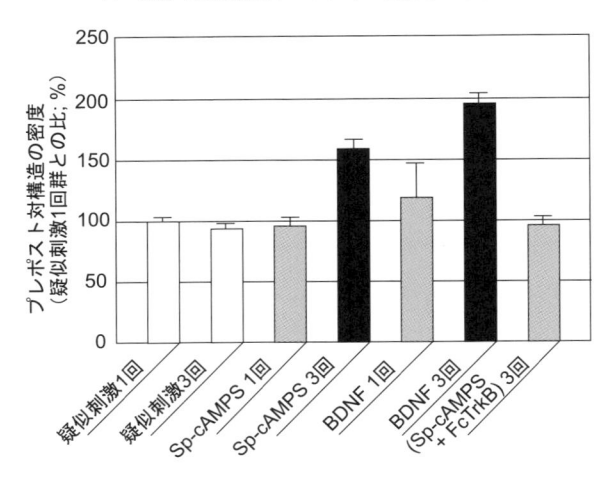

図7.12 海馬分散培養系での RISE 様現象
RISE「様」とよぶのは，分散培養では回路が失われてしまうため，切片で行ったような電気生理学的な解析ができず，形態面しか確認できないため．個々の形態は口絵7を参照．疑似刺激とは，Sp-cAMPS 投与と同じ方法で培地交換だけ行うこと．BDNF は 10 ng/mL で 30 分間，パルス的に投与．Fc-TrkB とは，BDNF の高親和性受容体である TrkB 分子を IgG（抗体）の Fc 部分とハイブリッド化した人工分子で，抗 BDNF 抗体と同様に BDNF と結合して無効化する．

7.7 グルタミン酸受容体の動態

第6章でふれたように（コラム6.3参照），AMPA 型グルタミン酸受容体の1サブタイプ GluR1 のホモオリゴマーは，Ca^{2+} を透過させる幼若型グルタミン酸受容体である．幼若型とは，脳が発達していく際，つまりシナプスが形成されていく際に使われる受容体ということである．筆者は，脳発達時のシナプス新生と成熟脳の長期記憶形成に伴う（と想定される）シナプス新生とが，（概念上は別物にしても）機構上別のものだとは考えない．生物が，相同な結果を実現するのに，あの場合はあの機構，この場合はこの機構と何通りもの機構を使い分けるような不経済な設計をするだろうか，という疑問があるからである．

そこで，シナプス反応の中に，Ca^{2+} 透過性 AMPA 型受容体（CP-AMPAR）成分がどのくらいあるか調べてみた．これには，ジョロウグモ毒素（JSTX, *joro-spider toxin*）という便利な薬剤があって（コラム7.4参照），JSTX 投与

前と投与後のシナプス電位（またはシナプス電流）を比較してみればいい．すると，CP-AMPAR成分がRISEの成立しつつある3回目のLTP誘発の数日後に一過的にあらわれることが確認された．RISEが成立したあとでは，CP-AMPARはもう姿を消している．同じ内容を，上野由希子君（現・協和発酵キリン）が免疫組織化学染色とイムノブロット法とで示してみせた．そして，前節の網羅的発現遺伝子解析の発現遺伝子リストの中にGluR1は確かに入っている．

　さらに重要なことは，このCP-AMPAR発現時期にJSTXを投与してCP-AMPARを阻害してやると，RISEが起きなくなってしまうことである．つまりCP-AMPARの発現は，RISEの原因側の現象なのだ（同時に結果側でもある，つまりポジティブ・フィードバックが回っている）．脳発達期のCP-AMPARはCa^{2+}の流入を促して，そこに新たな樹状突起棘を発出させることに意義があるとされる．RISEにおいても同様に，繰り返しLTP誘発後にCP-AMPARを発現させ，そこにCa^{2+}の流入を促してシナプス新生を導いているのではないだろうか．だとすると，このCP-AMPARが既存の樹状突起棘の上に出ているのか，それとも樹状突起幹（dendritic shaft）や棘の芽ともいうべき小型の杭状棘（stubby spine）や，指状突起（filopodium）の上にあるのか，ということが問題になる．なぜなら，既存の棘上にあるなら，既存の棘から新たな棘がつくられるシナプス分裂仮説に与することになるし，樹状突起幹上にあるなら，そこから新たな棘が作られるシナプス発芽仮説に与することになるからである（6.10節参照）．記憶形成は脳発達時の機構を再利用しているのだろうと考える筆者は，後者を期待するが，それはまだ結果がでていない（コラム7.5参照）．

7.8　シナプス新生の途中経過

　前節末でふれた，シナプス新生が分裂によるか発芽によるかは，もう1つ重要な論点を含んでいる．6.10節で論じたように，LTP（単発のLTP）に伴って起こるシナプス形態の変化の1つに，棘の有孔化（perforation）がある．分裂仮説によれば，有孔化は棘の分裂に向かう初期過程であって，これが次に1個

コラム 7.4　ジョロウグモ毒素

　ジョロウグモ (*Nephila clavata*) は，日本の都会にもたくさんいるごく普通の中型のクモである．おなかに黒地に黄色の虎縞があり，尾端は紅色．身近な動物ながらなかなか派手で美しく，その名にふさわしい．これが毒グモだとは思われていないし，事実ヒトにとっては全く毒はないが，彼女の餌である昆虫にとっては毒グモである（雄はずっと貧弱で居候のようにみえる）．それは，コラム 6.2 に記したように，昆虫の骨格筋を支配している運動ニューロンがグルタミン酸作動性で，神経筋シナプスにはグルタミン酸受容体があり，毒はこの受容体に効くからである．

　この毒素には苦い思い出がある．この毒素の作用点がまだ不明だった 1986 年ころ，ジョロウグモ毒素の抽出は東京大学薬学部の中島暉躬博士が行っていた．Ca^{2+} イメージング装置を完成し，「獲物」をクモのように探していた筆者は，中島先生に志願してこの毒素の有効画分の決定を試みた．昆虫が麻酔されるという事実から，おそらく神経毒で，おそらくシナプス伝達を抑えるのだろうと予想したのだが，試験系に用いた培養海馬ニューロンにはほとんど効果がなくて試験は進まず，結局残念ながら先生にお返しせざるをえなかった．しかし，その後東京都神経科学総合研究所の川合述史博士らが，この毒素が CP-AMPAR に特異的に利く毒素だと見抜いた[131]．筆者の作用点予想は正しかったのに，しかも CP-AMPAR はまさに筆者の十八番だったのに，見逃がしてしまったのである．室長に叱責されたことはいうまでもない．失敗の原因は，培養後充分に時間を経過して成熟したニューロンを使ったところにある．CP-AMPAR は幼若型だから培養を始めて数日内は発現が高いが，1 週間以上培養すると発現は終わってしまうのである[132]．

　今筆者らがこの毒素を使って実験をしていると，何かあのときのリベンジをしているような気分になる．女郎の毒は執念深い．

のシナプス前構造に 2 個以上のシナプス後構造が対面した形の複棘終末 (MSB, *multiple spine bouton*) に進み，さらにシナプス前構造が分断して複数の独立シナプスが完成する，とする[84]．

　筆者らは LTP と RISE は別個の現象だと考えるが，LTP でのシナプス新生がどのような経過をたどって実現するのかは，大いに関心のあるところである．分裂仮説の途中経過が正しければ，RISE に伴うシナプス増加の際，図 7.14 に示すように，有孔棘はシナプス新生の増加期に一過的にあらわれ，シナプス新生が飽和したあとには消えると予想される．また，複棘終末の出現も，時期をずらして同様の一過性を示すと予想される．浦久保博士と浅井慶太君（現・ア

コラム   7.5　シナプス発芽説の先駆者

　成熟脳でシナプスが発芽することは，1970年代から研究されている．その先駆者の1人に，大阪大学基礎工学部の塚原仲 晃 博士がある．
　中脳脳幹部の赤核（nucleus ruber）は，大脳運動野からの運動指令と小脳核からの運動矯正信号とを統合する部位で，両者から興奮性入力を受けているが，前者は赤核ニューロンの樹状突起に，後者は細胞体にシナプス結合している．塚原らは，ネコの小脳核を破壊して2週間以上経過すると，細胞体に新たなシナプスが形成されていることを見出し，これが大脳からの入力軸索の発芽によることを示した[133]．この発見は，中枢ニューロンが発芽を起こすことの実験的証明の，もっとも早い例の1つである（図7.13）．
　しかし，この結果は小脳の損傷によって赤核ニューロン上に空席ができた結果の特殊例だ，という批判もあった．そこで塚原らは，ネコの運動ニューロンの軸索を，末端の筋レベルでつなぎかえ，大脳が肢の伸筋に指令を出すと実際は肢が曲がり，大脳が肢の屈筋に指令を出すと実際は肢が伸びるようにした．ネコは最初のうちは混乱したが，数か月後には正常に動作できるようになった．このとき大脳ニューロンは，中継点の赤核のレベルで軸索発芽を起こし，運動の修正を行っていた[134]．手術を行ったのは末梢で，脳には損傷を加えていないから，この発芽は損傷で生じた空席を埋めたわけではない．
　塚原博士は，シナプス可塑性研究にブレイクスルーをもたらす気鋭の研究者として期待されたが，1985年8月12日，羽田発伊丹行の日航123便に乗り合わせ，御巣鷹山にて急逝した．

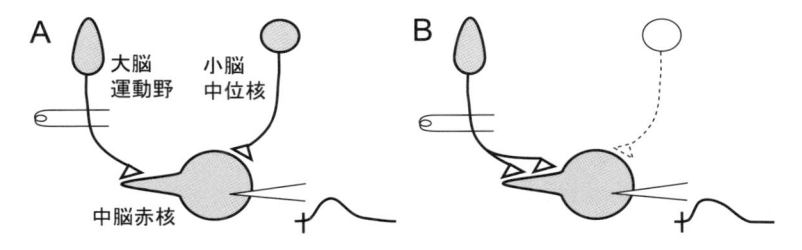

図7.13　塚原仲晃博士が報告したシナプス発芽
中脳赤核ニューロンは大脳皮質運動野からと小脳中位核からの投射を受けている（A）が，一方の入力を遮断すると，他方の軸索が発芽し，EPSPの立ち上がりが変化する（B）．

ルビオン）は，膨大な数の電顕写真からこうした構造を抜き出して計数し，各形態の出現の時間経過を調べた．その結果，分裂説が予言する通りにはならず，有孔棘はRISEのシナプス新生が完成したあとにもずっと高率にみられる，複

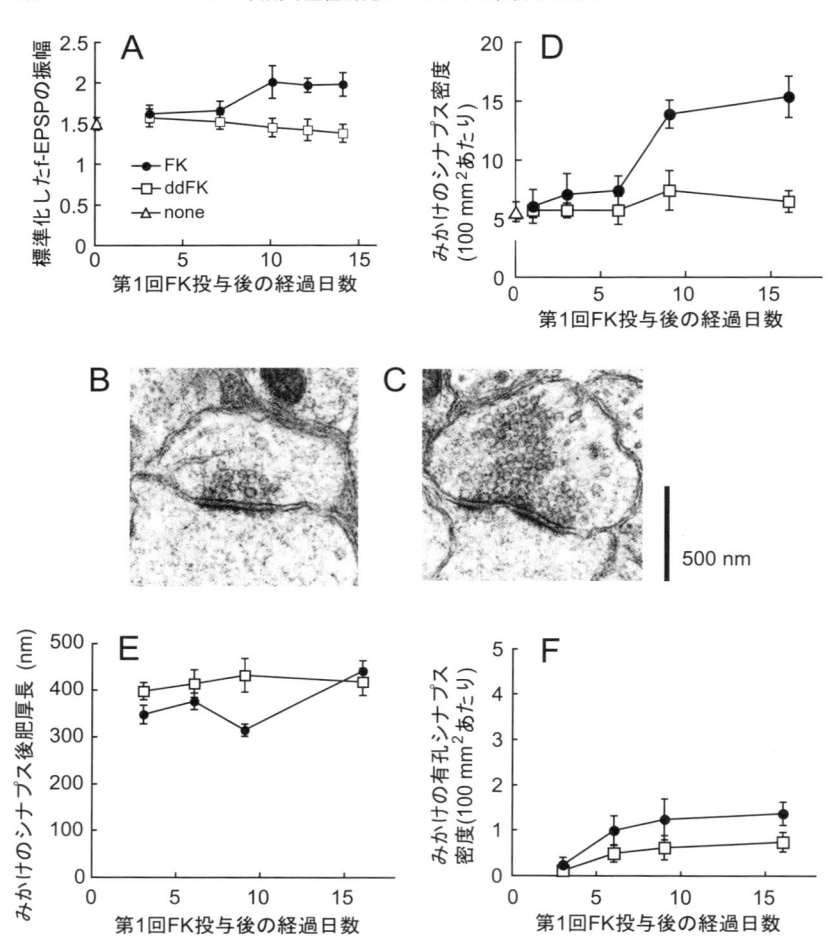

図7.14 海馬切片培養 RISE の電子顕微鏡モルホメトリー（形態測定）
ここではホルスコリン（FK＝アデニル酸シクラーゼ活性化剤）投与によって薬理的に L-LTP を引き起こし，これを1日1回ずつ3回繰り返した．
A. RISE 発達の時間経過．B. 斑状シナプス．C. 有孔シナプス．D. シナプス数増加の時間経過．「みかけ」とするのは，光学顕微鏡観察と異なり，電子顕微鏡の超薄切片にシナプスが捕捉される確率はシナプスの大きさに依存するため，新生途中または直後の小さなシナプスは捕捉できていない（つまり過小評価している）可能性があるためである．E. シナプス後肥厚の長さ．9日後に平均サイズが小さくなっている（つまり，小さいシナプスが混じっている）ことに留意．F. 有孔シナプスの数．シナプス新生が終わっても減っていないことに留意．

棘終末は時期を通じて低率で増減しない，という結果がえられた．

もちろん，シナプス新生の完成後もシナプスは総数として新生と廃止を繰り返していて，分裂仮説でも有孔棘は一定の高率であらわれていいという解釈も可能だし，複棘終末の出現が増えないのは，当該状態にとどまっている時間が短いのでめったに観測されなくて不思議はないという解釈も可能である．したがってこれだけで断定はできないが，3回LTP誘発後にJSTXを投与してRISEの成立を阻害しても，有孔棘の出現頻度は変わらないという結果もえられており，分裂仮説を積極的に支持するような結果はえられていない[112]．

この結果は，LTPとRISEは別個の現象だとする筆者らの見解を支持する．また同時に，「既存シナプスが分裂して増える」とする分裂仮説は，いい方を変えれば「発達脳と成熟脳ではシナプス新生の機構が違う」という立場であるから，それを支持しない電顕観察の結果は「記憶時のシナプス新生は発達時のシナプス新生をなぞるだろう」という筆者らの予想のほうに合致するものといえる．

7.9 LOSSの発見

安定培養下にある海馬切片にLTPを繰り返し誘発すると，ゆっくりとシナプスが新生しRISEが成立した．それではLTDを繰り返し誘発するとどうなるだろう．篠田陽君（現・理化学研究所）がこの問題に取り組み，興味深い発見をした．LTDも単発では1日以内に消失してしまった．しかし，3回繰り返して誘発すると（3回目もいったんは消失するが，その後ゆっくりと），シナプスの弱化が進み，その弱化状態が数週間続いたのである．まるでRISEを鏡に映したような現象である[116]（図7.15）．この現象もLTDとは別個の現象だという点（LTDが契機となるのだから，独立というわけではない）を強調する意味で，超長期抑圧（ultralong-term depression）などではなく，LOSS（*L*TD-repetition-*o*perated *s*ynaptic *s*uppression）と名づけた（RISEのときと同様，省略形自体もある程度実態を反映する意味をもつようにしないと憶えてもらえないので，何日も辞書を繰りながら語を拾った．suppressionは，そこに存在するものの機能を抑えるというニュアンスなので，実はあまり気に入っていな

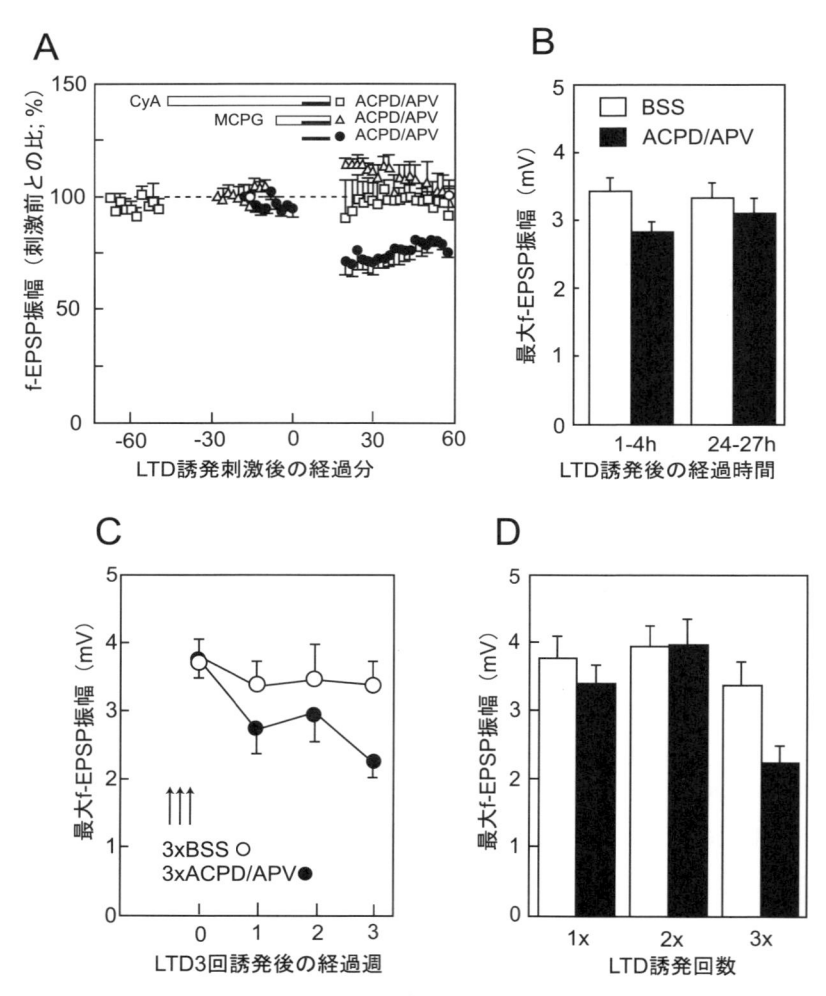

図7.15 繰り返しLTD誘発後の長期可塑性（LOSS）
A. 代謝共役型グルタミン酸受容体（mGluR）刺激によるLTDの薬理的誘発．ACPD（10 μM，10分）はmGluRアゴニスト．MCPGはアンタゴニスト．APVはNMDA受容体（イオンチャネル共役型グルタミン酸受容体）アンタゴニスト．CyAはmGluR活性化で起動するとされるホスファターゼのアンタゴニスト．培養海馬切片でも低頻度刺激でLTDは起こせるが，無菌維持のため薬理的手段を用いる．
B. このLTDも24時間以内に消失する．
C. 3回の繰り返しで長期可塑性（シナプス減弱）が発達する．
D. 3回の繰り返しが必要である．

7.9 LOSSの発見

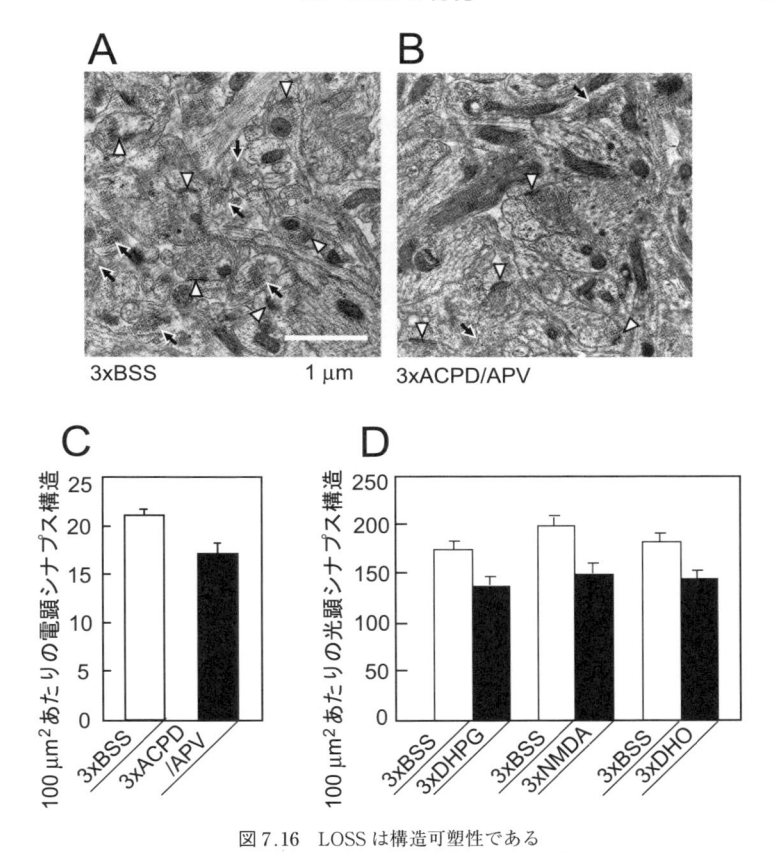

図7.16 LOSSは構造可塑性である
A, B. 電顕像．矢尻はシナプス構造．矢印もおそらくシナプスだが，この写真内では相手が確認できない軸索末端．C. 3回LTD誘発3週間後のシナプス密度．D. LOSSがLTD誘発の方法によらないことの証明．DHPGはグループIのmGluRのアゴニスト（50 μM，10分），NMDA（20 μM，3分），DHOはNa$^+$/K$^+$-ATPaseの阻害剤（20 μM，10分）．

いのだが，他にSで始まるいい語がみつからなかったので妥協した）．

では形態はどうか．上窪裕二君（現・順天堂大学）と田中庸弘君（現・鹿児島大学）が免疫組織化学観察と電子顕微鏡観察を行った結果，シナプス構造自体が減少を起こしていることがわかった．もちろん細胞死が起きて細胞数が減り，その結果単位体積内にみつかるシナプスが少なくなったというようなことではない．つまり，LTDの3回繰り返し誘発によって，シナプスの廃止

(synapse elimination) を伴う伝達弱化が起きたということになる．

　上窪君はさらに興味深い事実を発見した．急性海馬切片にLTDを誘発するには，細胞内機構がおそらく異なる複数の方法が知られており，そのいずれも培養切片において再現できるが，LTDを引き起こす方法が違っても，3回繰り返しさえすれば同様にLOSSが成立するのである．この事実は，LTDとLOSSが別個の現象であることを側面から支持する．LTDを誘発する細胞機構は異なっていても，LOSSを成立させる細胞機構は共通だということになるからである[117]（図7.16）．

7.10　LOSS成立機構の仮説

　LOSSがLTDと別個な現象である証拠を増やそうと，江頭良明君（現・生理学研究所）はLOSSの成立にタンパク質合成が必要かどうかを検討した．6.7節で説明したように，LTDは既存のシナプスで瞬時に起こる伝達効率低下で（瞬時といっても，誘発刺激自体に時間を要するので，少なくとも数分はかかるが），タンパク質の新規合成にはよらない（低下状態を維持するのにタンパク質合成を必要とするかどうかについては議論が分かれる）．

　LTD誘発刺激の直後，90分後，6時間後，24時間後からタンパク質合成阻害剤を90分間投与すると（あまり長時間投与すると細胞が不調になり，実験の意味がなくなるので90分間に限った），6時間後より前に合成を阻害するとLOSSが成立しないことがわかった．つまりLOSSの誘導にはタンパク質の合成が必要だが，そのタンパク質（1種類かどうかわからない）は6時間以内に十分な濃度に達しているということになる[118]．

　この知見はいくつかの重要な示唆を含んでいる．1つには，LOSSはニューロンが新規のタンパク質合成を行って積極的にシナプスを廃止する現象であって，シナプスの活動が低下したために「しかたなく衰弱した」というのではない，ということである．シナプス廃止には有名な子ネコの片眼遮蔽実験というものがある（コラム7.6参照）．光刺激が途絶え入力がなくなった大脳皮質視覚野ニューロンは，遮蔽された側から来るニューロン軸索がつくるシナプスが激減する．この現象は，開いている側から来るニューロン軸索がつくるシナプスは，

7.10 LOSS 成立機構の仮説

その活動によってシナプス維持のために合成される何らかの因子を受けとって維持されるが，活動しない軸索とそのシナプスは，その因子を受けとれないために生存競争に負けて淘汰されるために起こる，と考えられている．つまり「しかたなく」減びるのである．また，当研究室の橋本典和君（現・大塚薬品）が，培養ニューロンにテトロドトキシン（フグ毒素）を与えて神経活動を抑えたところ，数日でシナプス数が減ったが（直後には一時的に増えるという報告もある），これも不活動による「消極的な」シナプス廃止の1つであろう．しかし，LTD は不活動ではなく，ある特定のパターンの入力による「積極的な」シナプス弱化である．同様に LOSS も「積極的な」シナプス廃止であって，タンパク質合成を止めると，減るに減られないという結果になる．

この知見から引き出されるもう1つ重要な示唆は，LOSS は1～2週間をかけてゆっくり進行する過程だが，そのきっかけは3回目 LTD の誘発直後の限られた時間枠内にもう始まっている，ということである．このことを利用してLOSS を導く原因タンパク質の特定が可能かもしれない，という期待がふくらむ．

そこで江頭君は脳由来神経栄養因子（BDNF）の前駆体分子（proBDNF）に注目した（コラム 7.7 参照）．これには先行する研究結果があった．当研究室から共同研究のために産業科学総合研究所の小島正己博士のもとで派遣研究（生命機能研究科が推進している制度で，大学院生は研究の進展次第でどんどん外部研究機関に出て行って研究ができるように，座学は入学直後の3か月で一気に済ませてしまい，あとは日本中，いや世界中，どこで出張研究してもよい）を行っていた狭間俊介君（現・シスメックス）が，分散培養した海馬ニューロンに proBDNF を与えるとシナプスが減るという結果を出していた[119]．

江頭君は LOSS 成立を導く3回目の LTD 誘発後の培養標本に含まれるproBDNF の量を免疫ブロット法によって定量してみたところ，予測通り増えていた．含量が増えていても分泌されるかどうかわからないではないか，といわれればその通りだが，分泌される量を測るのは技術的にまだ難しい．そこで代わりに，proBDNF が分泌されて作用しているなら活性化されるだろうproBDNF の受容体の候補とされる $p75^{NTR}$ 分子を抗体によってマスクするという実験をやってみた．すると期待通り LOSS の成立が阻まれた[118]（図 7.17）．

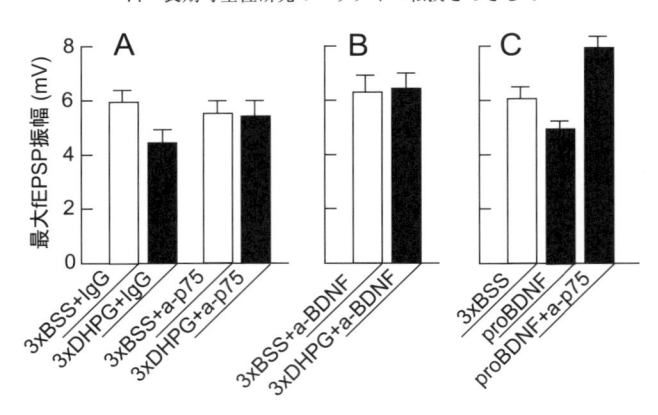

図 7.17 LOSS の成立機構としての BDNF 前駆体（proBDNF）
A. DHPG（50 μM, 10 分）の繰り返し投与によってシナプス弱化が起こる．このとき proBDNF 受容体とされる $p75^{NTR}$ を抗体（a-p75）によってマスクすると，LOSS 成立は阻害される．IgG は特異的抗体投与の対照として加えた非特異的抗体．
B. BDNF の抗体（a-BDNF）を投与しても LOSS は阻害される．この抗体は BDNF と proBDNF とに等しく結合する（残念ながら現時点で proBDNF 特異的な抗体はえられていない）．
C. アミノ酸配列を改変して BDNF に切断されなくした人工 proBDNF を投与すると LOSS 様のシナプス弱化が起こる．この効果は，抗体で $p75^{NTR}$ をマスクすると消失し，proBDNF が TrkB を活性化する効果だけが残ってむしろシナプス強化が起こる．

また，当研究室の櫻木繁雄君は，LOSS 誘発刺激後に proBDNF が合成・放出されているのならば，proBDNF の抗体を投与してそれを無効化してしまおう，という実験を企画して行ったところ，やはり予想通り LOSS の成立が阻まれた．

7.6 節に，RISE 成立に BDNF が関与している可能性を指摘したが，RISE と対称的な長期シナプス可塑性現象である LOSS が，もし BDNF と「陰陽」的な関係にある proBDNF によって媒介されているなら，非常に興味深い対称的関係だといえるだろう．

7.11 RISE と LOSS の鏡像性

RISE と LOSS が，短期可塑性としての LTP・LTD との関係，成立のために必要な刺激繰り返し回数，発達の時間経過，そしてもしかすると関与する細胞外信号系などについて，ちょうど表裏の関係になっていることは，何を意味す

7.6 片眼遮蔽と皮質盲

　米ジョンズ・ホプキンス大学のデイビッド・ヒューベル（David Hunter Hubel）博士とトルステン・ウィーゼル（Torsten Nils Wiesel）博士は，大脳皮質の一次視覚野ニューロンの特性を詳しく調べ，その特性が生み出される回路の解明，機能的円柱構造の発見，視覚情報処理の階層性の提唱など，多くの業績を挙げて1981年度のノーベル生理学・医学賞を受賞した．その研究の一部に次のようなものがある．出生直後の子ネコの片目を，眼帯か瞼の縫合かで閉じてしまう．一次視覚野には，右目からの情報を受けるニューロンと，左目からの情報を受けるニューロンとが，視野内の空間位置に対応した形で帯のように並んでいるが，この片眼遮蔽によって，遮蔽された方の目からの情報を受けるニューロンが激減してしまった[135]．

　この理由を，両博士は，「出生直後の一次視覚野ニューロンは，両眼から情報入力を受けているのだが，成長に従って右目担当，左目担当に分かれていく．もし成長途中でたとえば右目を遮蔽されると，情報を出さない右目由来の軸索・シナプスは，情報を出す左目由来の軸索・シナプスとの競争に負け，本来右目担当になるべきだったニューロンが左目担当に担当がえされてしまうのだ」と説明した．その後の他研究者の実験結果も，この見解を支持している．

　シナプス間に競争があって，機能するものが勢力を広げ，機能しないものが負けるという状況は，視覚野に限らず，体性感覚野（触覚，温冷覚，痛覚などを処理する皮質領域）でも確認されている．しかし，負けるのは不活動だからで，LTDのような活動によって積極的に「退却」するのだ，とは考えられていない（LTDは不活動の結果ではなく，特定のパターンをもった活動の結果であり，不活動では何も起こらなかったことに留意されたい）．

　この乳児期の片眼遮蔽の影響は甚大で，その後眼帯を外して（縫合糸を解いて）も，眼球としては何の異常もないのに，もはや回復できない．大脳皮質に右目担当細胞がないのだから，その目はみえないのと同然で，これを皮質盲（cortical blindness）とよぶ．皮質盲には明瞭な臨界期があり，ネコの場合は生後4週から5週の間の1週間[136]．いったん左右担当が決まってしまったあとなら，その後眼帯をしてももう皮質盲は生じない．皮質盲の臨界期は動物によって違い，サルやヒトはもっと遅く，長い．したがって，赤ちゃんが汚い手で目をこすって腫らしても，素人判断で軟膏を塗ったり眼帯をかけたりしてはいけない．

　視覚以外の感覚にも臨界期はあるはずだから，ピアノの練習はいつまでに始めろ，とか英語教育はどう，とかいう論にも一定の根拠がある．ただ，ヒトの場合は明確な実験根拠や統計的裏づけのない場合も多いので，教材売り込みの宣伝には安易に乗らない方がよい．

7.7 ニューロトロフィンとその前駆体

　ナチスと同盟したイタリア・ムソリーニ政府によるユダヤ人迫害で故郷トリノから追われ，第二次大戦中ベルギーに逃れていたリタ・レビ＝モンタルチーニ（Rita Levi-Montalcini）博士は，戦後米ワシントン大学で，同僚のスタンレー・コーエン（Stanley Cohen）博士と，腫瘍の成長について研究していた．腫瘍組織内には，用もなかろうに神経軸索が入りこむ．腫瘍が神経軸索を誘引する分子を出しているためだろうと考えた彼女は，その仮想分子の性質を調べる実験の1つに，タンパク質分解酵素としてのヘビ毒素を加えてみた．すると，軸索伸長は阻害されるどころか，むしろますます伸長した．実験は失敗である．ところが，ここから彼女の独創性が発揮される．蛇毒の中に，より強力な軸索伸長促進分子が含まれているのではないかと考えたのである．

　蛇毒とはヘビの唾液だ（本当は違うのだが）とみたリタは，研究室で腫瘍研究のために飼育しているマウスの唾液腺をすりつぶして，培養下の交感神経ニューロンに与えることにした．繁殖のために雌のマウスは貴重だが，雄は種雄が数匹いれば十分なので，余る．だから唾液腺は「廃品」の雄から集めた．はたして強い軸索伸長作用がみられた．試験系と抽出材料が手中にあるのだから，あとは力づくで精製すればよい．こうしてえられた分子は，わずか5ナノグラム/mL程度の低濃度で，交感神経節の節後ニューロンや感覚ニューロンに軸索を出させる，分子量13万のタンパク質だった[137]．あとからわかったことだが，リタがこのときもし雌のマウスを使っていたら，こう順調にはいかなかったはずである．今でも理由は不明なことに，有効因子の含量には歴然たる雌雄差がある．洞察力と幸運とが相まって，リタとスタンレーは1986年度のノーベル生理学・医学賞を受賞することになる．

　生理活性物質は，単離・同定されるまでは特定の名前をつけることはできず，「○○の作用をもつ因子」としか呼べない．この分子も，同定前は神経成長因子（NGF, nerve growth factor）と非特定的な名前でよばれていたが，リタたちが同定後にも無造作にその名を使ったため，これが定着してしまった．その後同定された同様の生理活性物質類を総称して神経栄養因子（neurotrophic factors）というが，「神経栄養因子」は総称で「神経成長因子」は個別タンパク質名という，紛らわしい事態になってしまった．先年来NGFをneurotrophin-1（NT-1）という，よりタンパク質らしい名でよぼうと提唱されてはいる．しかし，まだNGFの方が通りがよい．なお，上皮成長因子（EGF, epidermal growth factor），線維芽細胞成長因子（FGF, fibroblast growth factor）などでは，「成長」とは細胞増殖の意味なので，他分野の研究者は，神経成長因子を「ニューロンを増殖させる分子」だとしばしば誤解する．異分野交流の会でNGFを話題にするときには念を押しておく必要がある．

　NGFに遅れて1982年，バーゼル大学のイヴ＝アラン・バーディ（Yves-Alain Barde）博士らは脳由来の分子量13.5万の軸索伸長促進因子を同定し，脳由来神経栄養因子（BDNF, brain-derived neurotrophic factor）とよんだ[138]．これも提唱ど

7.11 RISE と LOSS の鏡像性

おり neurotrophin-2 とよぶ研究者はまだ少ない．NGF，BDNF，neurotrophin-3，neurotrophin-4 などは互いに近縁な分子で，ニューロトロフィン類とよばれる．

ニューロトロフィン類は，いずれも N 端に分子量 12 万の先導部分をもって生産され，細胞内または分泌後細胞外でタンパク質分解酵素によって切断され，成熟型になる．先導部分をもった合成直後の分子は，つい最近まで単なる前駆体と考えられていたが，今これら自身が固有の生理活性物質だとする仮説が，神経化学分野で注目を集めている（図 7.18）．しかも，前駆体型と成熟型は対照的に働くという．たとえば，成熟型 BDNF はニューロンの生存維持作用や軸索伸長促進作用をもつが，前駆体型 BDNF（proBDNF）はニューロン死誘発作用や軸索伸長阻害作用をもつ，というのである．提唱者の米国立保健研究所のバイ・ルー（Bai Lu）博士は，これを華僑出身の彼らしく，陰陽効果（ying-yang effect）と名づけた[139]．

NGF，BDNF，neurotrophin-3 には，それぞれに対して TrkA，TrkB，TrkC という高親和性の受容体があるが，それとは別に p75^{NTR} という低親和性の結合分子があることが，以前から知られていた．機能がよくわからないため，ニューロトロフィンを細胞周囲にとどめておく係留分子だろうとか，何か未同定の本来結合分子が別にあるのだろうとかいわれていたが，ルーらは，この p75^{NTR} こそ前駆体型ニューロトロフィンの受容体だとした．

これより先の 2003 年，小島博士らは，ヒトの認知症患者には，BDNF 遺伝子に核酸塩基の置換が入っている例があり（塩基多型という），そのために前駆体から

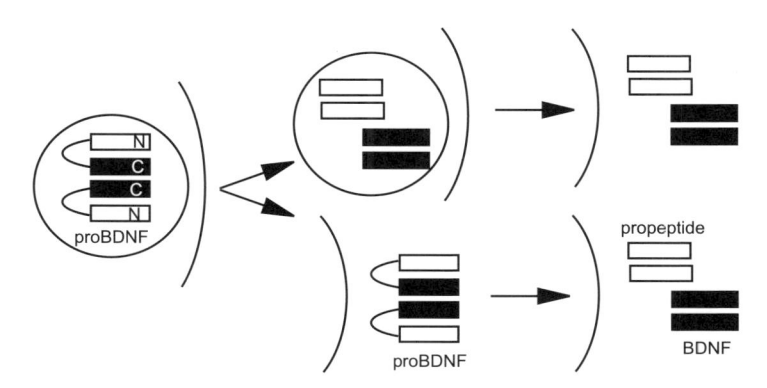

図 7.18　バイ・ルー博士が提唱する BDNF 前駆体（proBDNF）と成熟 BDNF との陰陽仮説
BDNF は大きなプロペプチドをつけた前駆体の形で合成され，分泌小胞内で（上段）または分泌後に細胞外で限定分解を受け（下段），成熟体となる．成熟 BDNF は塩基性分子でプロペプチドが電荷を中和している．したがって，前駆体の方が分子としては大きいが，細胞外マトリクスへの結合・吸着が低く，遠くまで拡散する．なお前駆体も成熟体も二量体で機能する．proBDNF は p75^{NTR} を主たる受容体，成熟 BDNF は TrkB を主たる受容体とし，それぞれ対照的な細胞機能（細胞死対細胞生存，突起短縮対突起伸長，シナプス廃止対シナプス新生など）を担う．ただし，両者とも両受容体に結合し，活性化できる．

成熟型への切断が起きにくくなっている，と報告した[140]．これを陰陽仮説にしたがって読み直せば，proBDNF のニューロン死誘発作用が前面に出て，認知症症状があらわれたということなる．また，遺伝子に変異がなくとも，proBDNF を切断する酵素に変調が生じれば，認知症症状が出現して不思議はない，ということにもなる．現在まだ原因がわからない孤発性（家系的・遺伝的なものでないという意味）の認知症の発症に関連している可能性が出てきた．

　タンパク質の生理機能を調べるもっとも有効な手段は，その遺伝子を破壊して影響をみることだが，BDNF と proBDNF は同じ遺伝子の産物なので，その手は使えない．抗体でタンパク質を中和しようにも，proBDNF は分子の大部分は BDNF と共通だから，どちらかだけを選択的に中和する抗体はなかなかえられない．論争はまだしばらく決着しそうにない．

るのだろう（筆者らはこれを鏡像性・鏡像的関係とよんでいる．対称性・対称的といってもよかろうが，「対称的」は耳で聞くと「対照的」と混同しやすい上，「対照的」は互いの類似点よりむしろ相違点を強調する語感になるので，避けている）．

　RISE が回路機能としての記憶の細胞レベルでの再現であるならば，LOSS は忘却の細胞基盤なのだろうか．しかし，記憶に繰り返しが必要なのは理解できても，忘却に繰り返しが必要だというのには違和感がある．筆者には，むしろ RISE と LOSS は一組の現象なのではないかという気がしている．

　大脳皮質や扁桃体（大脳皮質の内側の縁に沿って並ぶ構造の1つで，好悪や恐怖など情動反応の中枢（センター）と考えられている部位）でのLTPの研究で，1つの入力路にLTPを起こすと，その周囲の回路にLTDが起こることが知られている[120,121]（異シナプス性LTD）．これによって，並行して入る類似の情報流路が抑制されて（脳には，その特性の1つとして，類似の情報は地理的に近い部位で処理するという，地理的構成性（topographic organization）がある），情報が強調される．広くいえば感覚における側方抑制と同じく，情報の強調（ハイライティング，highlighting）機構の1つである．また，海馬錐体ニューロンでは，一部の入力が増せば他が下がり，当該ニューロンの入力の総和は一定というシナプス恒常性（synaptic homeostasis）という現象が知られている[122]．これも情報の強調の文脈で語られている（ニューロンの過興奮を回避して細胞死を逃れる安全装置とみる見解もあるが）．

7.11 RISE と LOSS の鏡像性

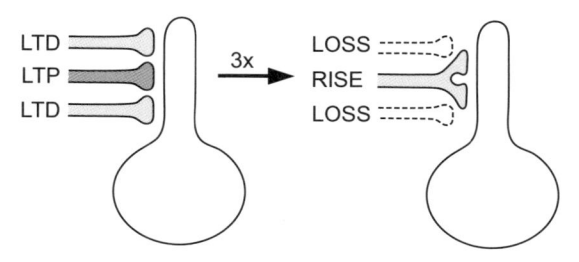

図 7.19 RISE と LOSS が鏡像的に起こる意義（仮説）
一経路に LTP が起こると周囲に LTD が起こる．細胞機構としては，グルタミン酸の周辺への溢出，Ca^{2+} または他の細胞内信号の周辺波及などが議論されている．したがって，1 経路に LTP が繰り返し起こるときは周囲に LTD が繰り返し起きていることになり，RISE と LOSS が一組で起こって情報の強調（highlighting）がなされると考えられる．

LTP が 1 つの入力路で起こると周辺に LTD が起こるなら，LTP が 3 回繰り返し起こる状況では周辺には LTD が 3 回起こることになろう．とすれば，1 つの入力で RISE が起こるならばその周辺には LOSS が起こり，長期のハイライティング（や長期のシナプス恒常性）が成立することになろう．この RISE と LOSS の一組で 1 つの記憶になるのかもしれない（図 7.19）．

ハイライティング（やシナプス恒常性）の機構は，LTP/LTD の Ca^{2+} 仮説によって説明される．1 つのシナプスで放出されたグルタミン酸は，放出した軸索末端自身と周囲の星状グリア細胞によって回収されて，1 回のシナプス伝達が終わる（グルタミン酸は再利用される）．しかし，一部のグルタミン酸はシナプス間隙から漏れ出し（溢出，spill-over），周囲の樹状突起棘に作用する（同一樹状突起上で隣接する棘の場合もあろうし，他ニューロンの樹状突起上の棘の場合もあろう）．ただし，溢出グルタミン酸の濃度は下がっているから，周囲の棘に引き起こされる Ca^{2+} 流入は少なく，結果として起こる可塑性は LTP ではなく LTD になる．この仮説によれば，LTP の周囲に LTD は起きても，LTD の周囲に LTP が起こることはないはずで，確かにそのような報告は今のところない（LTP/LTD の Ca^{2+} 要求性が正反対な小脳プルキンエ細胞の場合は，その逆になるかもしれない）．

筆者らの実験系では，培養海馬切片全体に化学的に（薬剤投与によって）LTP/LTD を起こしているので，この側方効果はみられようがないが，今後局

所的にLTPを繰り返し起こす実験でぜひ検証したいものである（この実験は口でいうほど簡単ではない．筆者らは無菌操作の都合から化学LTPを採用したが，もし電気刺激でのLTPを同じ入力路に3日間繰り返し起こせるかというと，かりに無菌条件が保てたとしても，難しい．よしんば同一入力路に対する3回繰り返し刺激が可能になったとしても，1〜2週間後のシナプス密度増加をどの下流ニューロンに注目して観測すればよいか，という問題が次に控えている．LTPを誘発したニューロンを遺伝子マーカーで標識する方法はあるが，これらはみな一過性の発現をする最初期遺伝子（immediate early genes）で，1〜2週間後まで持続的に観測可能な標識法はまだない．刺激をチャネルロドプシンの光励起で行い，標識をカエデなどの色変化タンパク質で行えばよいのかもしれない）．

7.12　シナプス形成過程の観察

シナプスが新たに形成される瞬間，つまり長期記憶が成立する瞬間を，この目でみたいというのは，著者だけの願いではなかろう．バラのつぼみの前に立ってじっと眺めていても，はなびらが動いて花を開く瞬間をみることはできない（ハスの花はある瞬間にポンと音を立てて開くと聞き，筆者はかつて住んでいた東京・町田のハス畑で，夏の早朝じっと眺めていたことがあるが，嘘だった）．しかし，昨日のつぼみが今朝は開いているのだから，確かに動いたはずである．それを見るには微速度撮影（コマ撮り撮影-高速再生）をすればよい．

そこで大江祐樹君は，培養切片中のニューロンを蛍光標識して，RISE誘発刺激を加えた後，1週間以上にわたって微速度撮影を行った．ところが，とくに刺激後に樹状突起がモソモソ動き出すような様子はみられなかった．動くといえば動くのだが，別にRISE誘発刺激を加えずとも常にモソモソ動いているのである．これはどういうことだろう．

ニューロンは常に新たなシナプスをつくりながら，常にシナプスを廃止もしていて，その新生/廃止の収支が保たれているかぎり，みかけ上シナプスは増えも減りもしない，ということのようである．「ゆらぎの中で総和として安定している」といってもよい．このバランスを，わずかでも新生側または廃止側に傾

7.12 シナプス形成過程の観察

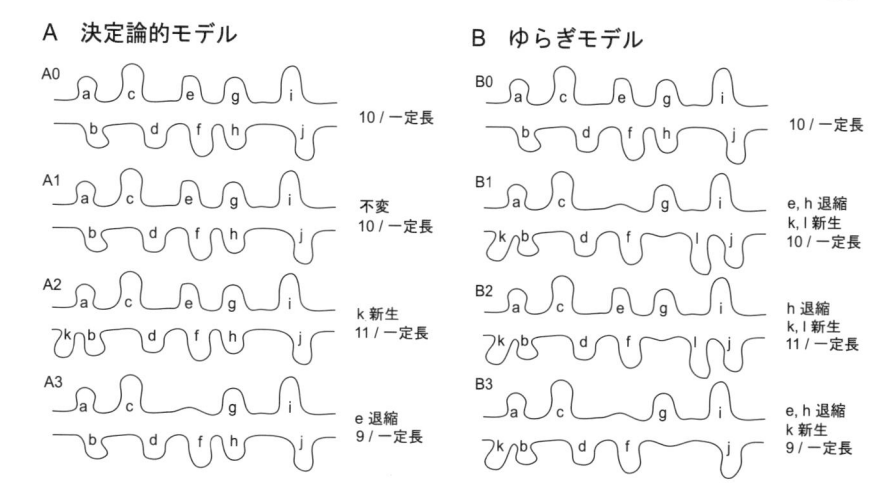

図 7.20 シナプス新生と廃止についての，決定論的モデル（A）とゆらぎモデル（B）
現在の通説的理解である A では，LTP 後にシナプス形成の，LTD 後にシナプス退縮のための特異的な機構が起動すると想定しており，その探求が行われている．B では，シナプスは無刺激時にも恒常的に新生と廃止を繰り返しており，そのバランスが新生に傾けば一定時間後にはシナプス増加が結果し，バランスが廃止に傾けばシナプス減少が結果する．この仮説ではシナプス形成または退縮の特異的機構は想定せず，シナプスを若干安定化する機構，または不安定化する機構を想定することになる．実際，LTP の 3 回誘発後にアクチン線維の安定化機構（コフィリンのリン酸化）が優位になることがわかっている[113]．

ければ，一定時間の経過後には，一定長の樹状突起上の（あるいは一定体積当たりの）シナプス数は，増加または減少することになる（図 7.20）．実際観察してみると，どうもそんな様子にみえる．

　シナプス新生（または廃止）の研究では，現在，刺激に反応して何か特別な機構が発動し，シナプス構造がニョキニョキつくられ始める（またはシュルシュル縮退する）ような，決定論的（デターミニスティック）な機構が想定され，追求されている．しかし，もしかすると，そういう機構は存在しないのかもしれない．恒常的なゆらぎの中で，新生したものを若干安定させる（または不安定化させる）バイアスが働くだけなのかもしれない．

　当研究科の初代科長，柳田敏雄（やなぎだとしお）博士は，筋収縮の機構において，収縮条件下ではミオシンが ATP のエネルギーを消費しながら一方向に回転を始めてアクチンを一方向に掻き寄せるという，従来の主流的な機構仮説に異議を唱えてい

る．柳田説では，ミオシンの運動はそのような決定論的なものではなく，実はランダムに揺らいでおり，収縮条件では，うち一方へのゆらぎが逆方向へのゆらぎより若干有利になるだけであり，ATP のエネルギーはそのバイアスかけに使われているとする．これを「傾きをもったゆらぎ」(バイアスト・ランダム・ウォーク) 機構仮説，略して「ゆらぎ」仮説という．どうやら，シナプス新生/廃止もよく似た状況にあるようである．

話は飛躍するようだが，生物進化論の歴史で，ラマルクは，ある環境下で何らかの機構が発動して，環境により適応した生物種が生み出されるとした．それに対してダーウィンは，そのような決定論的な機構は存在せず，ランダムに生じた変異のうち，環境により適応した生物がそうでないものより若干生存に有利になるというだけで，一定時間後には適応型が主流を占めるようになるという「ゆらぎ」型の説明をした．どちらが正しかったかは，今や明らかである．ただし，筋運動やシナプス新生では，まだ勝負はついていない．

7.13　今後しなくてはならないこと

LTP/LTD がそうであるように，RISE/LOSS もシナプス可塑性解析のためのモデル現象である．生体での陳述的記憶は，一部の情報（場所と時系列）を除いて海馬内に長期保存されるのではなく，皮質に保存されると考えられる．では，この転送はどのように行われるのだろうか．

海馬への情報入力は，大脳皮質の嗅内野の浅層から出発して海馬歯状回顆粒ニューロンに入る（穿通線維）．海馬内で顆粒ニューロン→CA3 錐体ニューロン→CA1 錐体ニューロンとリレーされたあと，海馬台を経て嗅内野に帰ってゆく（深層に入る経路と浅層に入る経路とがある）．この一巡する経路を反響回路（reverberant circuit）といい，海馬急性切片の LTP とは，生体内でこの反響回路を軸索興奮が繰り返し巡っている状態をインビトロで再現したもの（皮質がないので，実験者が代役になって入力路を高頻度反復刺激する）と位置づけられる．では，この反響回路を培養下に復元してやれば，情報の一時保存や転送の過程がみられるのではないだろうか．

当研究室の飯嶋一之君（現・新学社）は，脳切片培養を従来の海馬だけのも

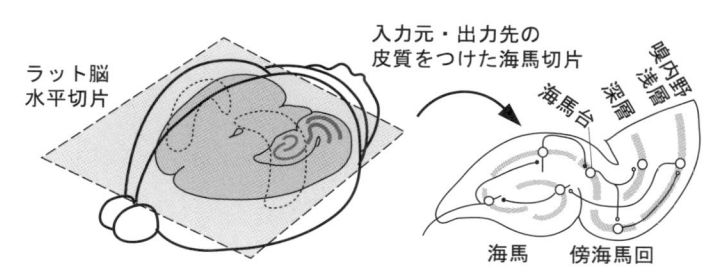

図7.21 記憶の皮質移行の細胞機構を解析するための拡大切片培養
脳から海馬を摘出せず,そのまま水平断(断面を四辺形で示す)してからトリミングし,海馬への入力路と海馬からの出力路を保存して培養する.この培養はじゅうぶん成立し,反響閉回路をインビトロに再現することができる.

のから嗅内野つきのものに拡大した(図7.21).すると,RISE様のシナプス新生が,海馬ではなく嗅内野に起こることをみつけた.興味深いことに,この刺激条件では海馬→嗅内野の経路にはLTPは起きていない.ということは,情報の短期保存は海馬にLTPとして起きるが,長期保存は皮質にRISEとして起きるということを,インビトロで再現している可能性がある.今後,この実験系を使って,皮質での長期情報保存の過程が解析できると期待される.三菱化成生命科学研究所の井ノ口馨博士(現・富山大学)の下に内地留学した井上浩太郎君(現・産業技術総合研究所)は,海馬の中ながら恐怖記憶の保存場所が時間とともに移動することを可視化している[123].おそらく皮質で最終保存される前の途中過程をとらえたものと位置づけられる.松崎智彦君(現・野村総合研究所)はこの移動を海馬台まで拡大した.

RISE/LOSSの生体での意義づけ(筆者らは長期記憶のインビトロ再現と考えているが,学界がこぞってそう認知しているわけではない)を行うには,丸ごとの動物での学習行動解析が必要になる.そのためにはRISE/LOSSを起こせない動物をつくって,その行動を調べるのが常道だろう.幸い,RISE/LOSSの分子機構の一端がほのかにみえてきたので,たとえばBDNF信号経路,proBDNF信号経路に関する遺伝子改変マウスが,この問題への手掛かりを提供してくれると期待される.

本章の冒頭で,丸ごとの動物の実験は,系が複雑すぎてあいまいな結論しか導けない,といっていたではないかと,読者はいぶかられるかもしれない.筆

者は，長期記憶の機構をいきなり動物で追求するのは，実験者が制御できない要因が多すぎるといったまでである．ここに及んで関与する信号系が浮上してくれば，その当否を確かめるために，丸ごとの動物に成果をフィードバックすることは，決して結論をあいまいにするものではなかろう．大塚充君（おおつかみつる）（現・京都赤十字病院）が遺伝子改変動物での学習実験にすでに着手している．

シナプス新生の経過こそ，自分たちで解明しなければならない課題である．既存のシナプスが有孔シナプスを経て分裂するとする分裂仮説を否定したなら，代わりの仮説を実証しなければただの文句屋にとどまってしまう．シナプス新生はどこで起きるのか．グルタミン酸の溢出（スピルオーバー）を受けて，出芽するように新生するなら，既存のシナプスの周囲に「きのこの代（しろ）」のように出芽地帯のあることが期待されるが，実際はどうなのか．脳切片培養は，本来的にはすべての過程を顕微鏡下でライブ追跡できる系である．

シナプス新生以上にシナプス廃止の経過にはまだ仮説がない．電子顕微鏡写真に，引っ込みつつある軸索末端や樹状突起棘（おぼ）と思しき姿が捉えられたことはない．とすれば，よほど素早い過程なのか，あるいは新生の途中過程と思われている指状仮足（フィロポディア）や細い棘（シン・スパイン）などの既知の構造（の一部）は，実は廃止の途中像なのかもしれない．これらは電子顕微鏡の固定標本の観察から議論するよりも，生きた標本のライブ観察で「みてしまう」のが早いだろう．シナプス新生の過程が，脳発達時のシナプス形成の過程をなぞるのなら，シナプス廃止の過程も，脳発達時のシナプス剪定（せんてい）（pruning．小脳プルキンエ細胞上の登上線維の複数支配から単一支配への移行[124]，骨格筋細胞上の運動ニューロンの複数支配から単一支配への移行[125]などに，典型例がみられる）の過程をなぞるのだろうか．

8

記憶の障害

　これまで説明してきた記憶の成立過程で，そのどの過程であれ異常をきたせば，記憶障害が生じうる．実際，以下に解説するいわゆる認知症にかぎらず，多くの脳・神経系の器質性疾患（器質性疾患とは，機械（マシン）としての脳の異常に由来する病気，という意味）で，その末期相にしばしば記憶障害があらわれる．しかし，それぞれの疾患は専門の医学書が詳述するところであるし，そもそも本書は医学書ではないので，本書でそれらを網羅することはしない．ここでは1つの例として認知症をとり上げて説明したい．

8.1　虚血性神経細胞死と脳血管性障害

　ニューロンは間断のない酸素供給を要求している．その酸素は生体のエネルギー源 ATP の生産に費やされ，その ATP はニューロンの膜電位の維持に，より正確にいえば，膜電位成立の原因である細胞内外のイオン濃度差の維持（Na^+ や Ca^{2+} は細胞内より細胞外に多く，K^+ は細胞外より細胞内に多い）に，使われている．

　膜電位は，ニューロンに限らず身体のすべての細胞で維持されているのだから，ニューロンだけ格別に多くのエネルギーを要求するのはなぜか，と問われるかもしれない．ニューロンの興奮の原理（第2章参照）を思い出していただきたい．ニューロンは，せっかくつくったその濃度勾配の「貯金」を，一瞬とり崩すことによって興奮（活動電位を発生）しているのだった．したがって，興奮そのものはエネルギーを要しない（イオンが濃度の高い方から低い方へ流

れるのにエネルギーは要らない)．しかし，興奮が終わればエネルギーを使ってイオン濃度勾配を復元しておかなくては，やがて興奮できなくなってしまう(一発の活動電位で流入する Na^+ はごくわずか，百万円の貯金から百円下ろす程度で，濃度勾配には全く影響しないが，数千発連続発火すると濃度勾配に影響も出てくる)．

　ニューロンへの酸素の供給は，もちろん血流による．だから脳の外も中も，血管が縦横に走っている．その血管が何らかの原因で詰まったら(たとえば，コレステロールがたまって塞がったとか，出血したあと血球が凝固したとかで)，その先には血流が供給されなくなる．脳血栓 (cerebral thrombosis) である．あるいは，何らかの原因で血管が破れたら(たとえば，物理的衝撃を受けたとか，血圧が異常に上がって血管壁が耐えられなかったとかで)，破れたその先には血流は供給されなくなる．脳出血 (cerebral hemorrhage) である．このように血流を絶たれた状態を虚血(きょけつ)(ischemia) という．脳血栓や脳出血(両者を合わせて脳卒中(stroke) という)が，あるとき大規模に起これば，その場で失神・昏倒するということになろうが，小規模な血栓や出血は，生活の中で当人の自覚がないうちにも，しばしば起きていると考えられる．

　エネルギー高要求性のニューロンは，10分も虚血状態が続くと細胞死を起こす．培養下のニューロンは，周囲が開いた環境なので無酸素にするのはかえって難しいが，密閉容器中で無酸素の溶液を流すと，細胞死を再現できる(図8.1，動画は http://www.asakura.co.jp/books/isbn/978-4-254-17743-5/ を参照)．このニューロン死を虚血性神経細胞死 (ischemic neuronal death) という．前述の小出血や小血栓でも，虚血性神経細胞死は小規模ながら起こっており，通常ならばそれを無傷の細胞が機能を補うなどして，異常が表に出てくることはないが，年齢を経るうちにそれが蓄積し，ついに機能を補いきれなくなったとき，異常が目にみえてくる．それが記憶や認知機能にあらわれた場合が脳血管性痴呆 (cerebrovascular dementia) である．筆者は以前の職場でこの虚血性神経細胞死の機構研究に従事していたことがあり(親会社が抗痴呆薬の開発を行っていたからである)，幸いにしてある程度の学的寄与ができた．

　虚血によってもっとも大きくダメージを受けるニューロンは海馬と小脳である(したがって脳卒中の後遺症は記憶障害と運動障害になる)．海馬の中でも，

8.1 虚血性神経細胞死と脳血管性障害

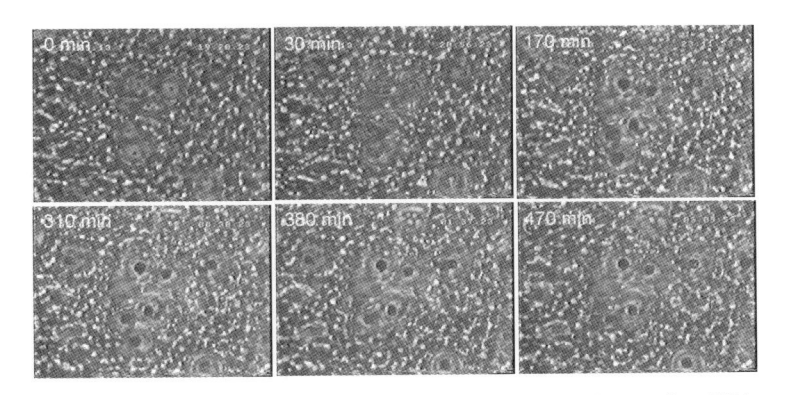

図 8.1 培養海馬切片を用いた模擬虚血実験（小倉原図，驚異の小宇宙・人体Ⅱ「脳と心」第3巻（NHK出版）より許可をえて一部転載）
海馬切片を顕微鏡下に置きCA1領域をタイムラプス撮影しながら，窒素ガスでバブリングして溶存酸素を追い出した低酸素無グルコース溶液で還流した．数字は還流後の時間．この実験条件では完全無酸素状態にはできないので，低酸素状態を長時間続けている．細胞核が凝集してアポトーシスの様相を見せるが，最終的には細胞体が膨張して破裂しネクローシスの様相をも見せる．

とくにCA1領域の錐体ニューロンが脆弱であることが知られていた[141]（図8.2）．筆者らは，海馬CA1錐体ニューロンがグルタミン酸入力を豊富に受けるニューロンだという点に着目した．第6章で解説したように，グルタミン酸受容体のあるサブタイプ（NMDA型受容体）はCa^{2+}を細胞内に流入させる（チャネルとしてCa^{2+}透過性が高い）．Ca^{2+}は細胞内の信号物質であり，さまざまな細胞反応を誘発する．LTPはその1つだったが，Ca^{2+}は常に「善玉」物質というわけではない．細胞死の契機ともなる．たとえば，体内に侵入してきた病原菌などの異物に対して，生体は抗体を生産して反撃を試みるが，抗体がどうやって細菌を殺すかといえば，抗体が結合したあと，これを標的として補体（血清中のタンパク質の1つ）が結合し，補体がCa^{2+}の流路をつくって細菌内にCa^{2+}を流し込み，このCa^{2+}のために細菌が死ぬのである．

そこで筆者らは，培養海馬ニューロンにグルタミン酸を短時間投与し，翌日までの生存率を計測した．また，グルタミン酸の投与条件やグルタミン酸の効果と干渉するような薬剤をあわせて与え，その効果を検討した．そして，同じ条件で海馬ニューロンに起こる細胞内Ca^{2+}濃度の変化を，筆者らが開発した

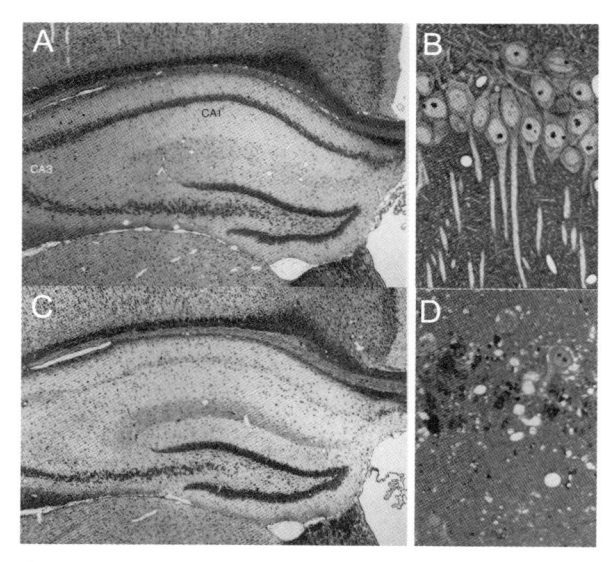

図 8.2　虚血による海馬 CA1 錐体ニューロンの脱落（細胞死）（桐野高明博士原図, 驚異の小宇宙・人体 II「脳と心」第 3 巻（NHK 出版）より許可をえて転載）
A. 正常なスナネズミ海馬．B. A の標本の CA1 領域一部の拡大．C. 頸動脈の 5 分間の閉鎖による脳虚血を施し，96 時間後に作成した標本．CA1 錐体ニューロンが特異的に脱落している．D. C の標本の CA1 領域一部の拡大．この細胞死は，48 時間後まで顕著ではなく，「遅れて現れる死」の意味で「遅発性神経細胞死」ともよばれる．スナネズミを用いるのは動脈閉鎖が容易なためで，他の哺乳類でも本質的に同じである．

Ca^{2+} 蛍光測定装置（コラム 6.4 参照）で実測して 24 時間生存率データと突き合わせてみたのである（口絵 8 参照）．

その結果，仮説は正解で，グルタミン酸誘発 Ca^{2+} 濃度上昇の規模が大きいほど，細胞死の規模も大きかった．ここで重要なのは，Ca^{2+} 濃度のピーク値よりも，高 Ca^{2+} 濃度状態の持続時間（より正確にいうと規模×時間）で，ピークが大きくても短時間ならニューロンは死なない．LTP 誘発の際に Ca^{2+} が流入してもニューロンがバタバタ死んだりしなかったのは，それが短時間に限られ，ニューロンが Ca^{2+} を汲み出して元の状態をすぐ復元できたからで，つまり流入した Ca^{2+} が次に細胞内のどんな装置を動かし始めるかが，LTP になったり細胞死になったりするのである．筆者らはこれを「Ca^{2+} 過負荷仮説（calcium overload hypothesis）」として発表した[142]（図 8.3）．

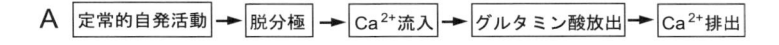

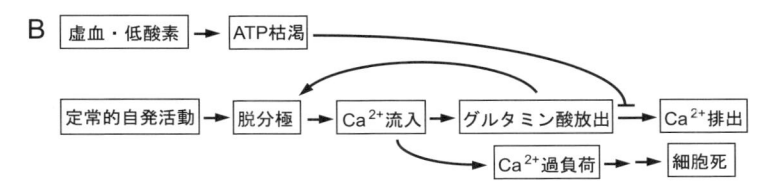

A 定常的自発活動 → 脱分極 → Ca^{2+}流入 → グルタミン酸放出 → Ca^{2+}排出

B 虚血・低酸素 → ATP枯渇

定常的自発活動 → 脱分極 → Ca^{2+}流入 → グルタミン酸放出 → Ca^{2+}排出
　　　　　　　　　　　　　　　　　　　　Ca^{2+}過負荷 → 細胞死

図 8.3　虚血性ニューロン死に関する「Ca^{2+}過負荷仮説」模式図
通常時には神経活動に伴う流入 Ca^{2+} は即座に排出される（A）が，ATP 枯渇状態にあるニューロンでは排出ができず，脱分極とグルタミン酸放出がポジティブ・フィードバック的に循環し，Ca^{2+}過負荷を招来する（B）．

虚血状態とは，すなわち ATP の不足状態である．海馬ニューロンは不断にグルタミン酸によるシナプス伝達を行っている．ここに ATP 不足が加わるとどういうことになるだろうか．Ca^{2+} が排出できない．おまけに Ca^{2+} はグルタミン酸の放出を促す（Ca^{2+} は，グルタミン酸に限らず，すべての神経伝達物質について放出を契機する信号である）．海馬ニューロンのシナプスでグルタミン酸がさらに放出される．そのグルタミン酸は細胞内に Ca^{2+} を流入させる，しかし流入した Ca^{2+} は排出できない．グルタミン酸がさらに放出される．という無限循環に陥ることになるだろう．「Ca^{2+} 過負荷仮説」は現在，虚血性神経細胞死の主流仮説として確立している．また，グルタミン酸の興奮が無限循環を誘発して Ca^{2+} 過負荷によるニューロン死をもたらす点をとらえて，グルタミン酸の興奮毒性（excitotoxicity）という表現もなされる．

では Ca^{2+} はなぜ細胞を殺してしまうのだろう．Ca^{2+} 自体が毒となって細胞を破壊するのだろうか．たとえば Ca^{2+} が流入すると電気的相互作用によって対イオンの Cl$^-$ も流入し，その結果細胞内の浸透圧が高くなって水の流入を起こし，細胞が物理的にパンクするといった機構が考えられる．また，Ca^{2+} が細胞の生存に必要な生化学反応を止めてしまうといった機構があるかもしれない．この点に関しては，次のような事実がヒントを与えてくれる．海で溺れて酸素欠乏（anoxia）に陥った人（血流は続いていても，酸素がなければ虚血と同じことである）では，夏の海で溺れた人より冬の海で溺れた人の方が脳の後遺症は軽い

傾向にある．この事実にヒントを得て，脳卒中の患者では，何はともあれ脳温を下げることを最優先に行うという「低体温治療（hypothermic therapy）」が，実際に効果を収めている．この事実は，Ca^{2+}自身が毒なのではなく，Ca^{2+}流入以後細胞死誘発に至るまでにいくつかの生化学反応ステップがあって，低温のためにそのステップが進まなければ細胞死も起こらない，という可能性を強く示唆する．

また，再還流障害（reperfusion injury）といって，ニューロン死は，虚血が起きているまさにその最中ではなく，むしろ虚血後に血流が再開したときに，より大規模に起こるという事実が知られている[143]．これは，Ca^{2+}流入以降細胞死に至る生化学反応ステップの中に，ATP 要求性の過程が含まれていると考えると説明がつく．ATP が不足しては，生きることもできないが死ぬこともできない，というわけである．その ATP 要求性細胞死誘導反応は，何らかの既存タンパク質のリン酸化かもしれないし，タンパク質の新規合成かもしれない．もし，それを特定して反応にかかわる酵素の阻害剤を開発できれば，虚血そのものは防げなくても虚血性細胞死は防げる，という治療や予防の道が開ける．

8.2　アポトーシスとネクローシス

ここで少し視点を変えて，細胞死一般について説明を加えよう．動物はその発生・成長の過程で，とりあえず過剰な数の細胞をつくってから不要な細胞を除くという，一見無駄にも思える戦略をとることが，しばしばある．たとえば，手の指は，手のひらをつくったあと，その五か所から指を伸ばしてゆくというやり方ではなく，まず大きめの円盤をつくってから，水かきにあたる部分の細胞を死なせて指 5 本分を残すという戦略でつくられる．この時の細胞の死に方は，アポトーシス（apoptosis）といい，実験者が針でつついて細胞を殺したり，先に述べたような侵入細菌に抗体・補体が結合して細菌が破壊されるときのような，細胞にとっては事故死的な死に方（そういう受動的な死に方をネクローシス（necrosis）という）とは違う経過をたどる．アポトーシスでは細胞膜は破れない．したがって細胞内の成分の細胞外への漏出を最小に保ちつつ，自分で自分を静かに消化していく．いわば自殺的な死に方をするのである．アポト

8.2 アポトーシスとネクローシス

ーシスとネクローシスとは，いろいろな点で異なるが，最大の違いはアポトーシスがタンパク質の合成を伴う積極的(アクティブ)な細胞反応だということである．タンパク質合成を阻害すると，細胞はアポトーシスを起こせず，死ぬに死ねないという結果になる（アポトーシスとは，秋に葉が枯れ落ちるのが原意なので枯死(こし)，ネクローシスは外的要因で細胞が破壊されるので壊死(えし)，と翻訳し分けようという提案があったが，定着していない）．

それでは，虚血性神経細胞死はアポトーシスなのかネクローシスなのか．この問題は，簡単に決着がつきそうで，実はそうでもない．結論をいうと，どちらの様相もみられるのである．まず多くのデータが，タンパク質合成が必要なことを示している．それはアポトーシス的である．しかし多くのデータが細胞内成分の漏出が起こることも示してもいる．これはネクローシス的である．遺伝子 DNA の自己分解があり，細胞核の凝縮が起こる．これはアポトーシス的である．しかし細胞の膨張と細胞膜の透過性増大（その結果として膜電位の脱分極）も起こる．これはネクローシス的である．

こうしたあいまいな結果は，たとえば何らかの理由で Ca^{2+} 流入の大きかった細胞はネクローシスを起こし，中規模だったニューロンはアポトーシスを起こすので，集団でみるとそれらの混合がみえるというだけのことだろうか．しかし，筆者らが1個1個の細胞について細胞死の進行をビデオ観察した結果（図 8.1 参照）では，そうではないようだ．個々の細胞について両者の特徴がみられるのである．どちらでもありどちらでもないというべきか，血球系細胞に典型的にみられるアポトーシスとは違った，「ニューロン型のアポトーシス」というべきなのかもしれない．あるいは，他の組織でならアポトーシスが始まると，最後まで行かないうちにマクロファージなどの食細胞があらわれて片付けてくれるところ（アポトーシスが進行中の細胞は，その表面に「私を食べて」信号(イート・ミー)を出す），脳実質内には食細胞が少ないため（微小(ミクロ)グリア細胞がその役割を担うが，脳の外ほど食作用は盛んではない）か，ニューロンがイート・ミー信号を出さないためかで途中で片付けが起こらず，アポトーシスが最終段階近くまで進む結果，最後に細胞膜が消化されて二次的なネクローシスが起きてしまう，ということかもしれない．

8.3 アルツハイマー病

かつて日本の認知症患者は，多くが脳血管性だった．しかし，現在は成人病予防キャンペーンが奏功して高血圧や高脂血症が減ったためか，別の型の認知症が過半数を占めるようになった．アルツハイマー病（Alzheimer disease）である．

1906年，ドイツの神経内科医アロイス・アルツハイマー（Alois Alzheimer）博士は，60歳前に重篤な前行性健忘（anterograde amnesia，新しい情報を記憶できない状態．それに対して以前は覚えていたはずの昔の記憶が消えてしまう状態を逆行性健忘（retrograde amnesia）という）を示した A. D. という患者について（頭文字がアルツハイマー病と同じなので仮名だと思われていたが，実際に Auguste Dieter という名だった）分析的な症例報告を行い，以後同様の患者について症候の定式化を行った．これがアルツハイマー病の当初の定義である．また，この症状と共通な特徴を持つ60歳以上の老人の認知症を，アルツハイマー型老年痴呆（SDAT, senile dementia of Alzheimer type）とよんだ．しかし，現在はこれらを区別せず，両者ともアルツハイマー病とよぶか，あるいは当初とは逆に，若年で発症した方を区別して若年性アルツハイマー病（juvenile Alzheimer disease）とよぶようになった．渡辺謙が好演した堤幸彦監督の映画「明日の記憶」の主人公のような症状である．

アルツハイマー病患者の脳には共通した特徴がみられる．巨視的には脳室（cerebral ventricle，脳内部の腔所で脳脊髄液が満たされている空間）の拡大と海馬の萎縮(いしゅく)である．進行すると大脳皮質全体が萎縮する．しかし脳幹部（脳の腹側）には相対的に萎縮は少ない．脳幹部には，呼吸や体温維持など生命の基本的機能を営むニューロンが含まれているから，ここに細胞死が起こると認知機能どころか生存自体が危うくなるが，アルツハイマー病ではそうはならない．

微視的には，エオジンなどの酸性色素によく染まる斑点が，海馬や大脳皮質に多数みられる．この沈着を老人斑(ろうじんはん)（senile plaque）とよぶ．老人斑は水に難溶で，長らく成分の特定ができなかったが，現在は β アミロイドというペプチド（＝短いタンパク質）が多量に集積したものであることがわかっている．も

8.3 アルツハイマー病

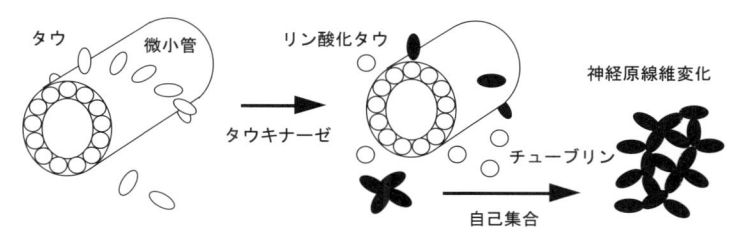

図 8.4　微小管結合タンパク質タウの過リン酸化
タウは微小管の重合調節タンパク質で，リン酸化によって微小管は脱重合に傾くが，リン酸化タウは自身で集合して繊維状の凝集体をつくる．タウのリン酸化を担うタウキナーゼは，エネルギー代謝に必要なグルタチオンシンターゼの活性制御にあずかるキナーゼ（GSK3β）であるという．この図式では，リン酸化タウの凝集体自体が毒なのではなく，ニューロンの細胞骨格の一成分である微小管の脱重合が，細胞の維持を不可能にする．

う1つの微視的特徴は，ニューロンの大きさ・形をなぞった繊維状のタンパク質の塊が，やはり海馬や皮質に多数みられることである．これを神経原線維変性（neurofibrillary tangle）とよぶ．この成分も長らく特定されなかったが，現在は「タウタンパク質」という微小管（神経突起を細胞の内側から支えている骨格繊維の1つ）結合タンパク質の一種が異常に高度にリン酸化された状態で集合したものであることがわかっている[144]（図 8.4）．

これらの微視的な変化が，巨視的な脳萎縮（＝大量のニューロン死）と関係しているだろうということは容易に想像されたが，どちらがニューロン死の原因でどちらがニューロン死の結果か，あるいはどちらも結果なのかは，なかなかわからなかった．現在でも完全に決着しているわけではないが，多数派説に従えば，βアミロイドの集積がニューロン死の原因で，老人斑に成長するほどの大量沈着と神経原線維変化とはニューロン死の結果，ということになる．βアミロイドが原因側にあることをすぐに断定できなかったのは，βアミロイドペプチド（アミノ酸 40 個程度の断片タンパク質）をニューロンに投与しても，ニューロン死が起きなかったことと，βアミロイドはどこか遠くで生じてここに流れ着いたような異物ではなく，ほとんどすべての脳ニューロンにあるアミロイド前駆体タンパク質（APP, *a*myloid *p*recursor *p*rotein）とよばれる物質の代謝産物であり，すべてのニューロンが合成できる内在性物質で，それを死の原因と考えるのに抵抗があったこととによる[145]（図 8.5 およびコラム 8.1 参

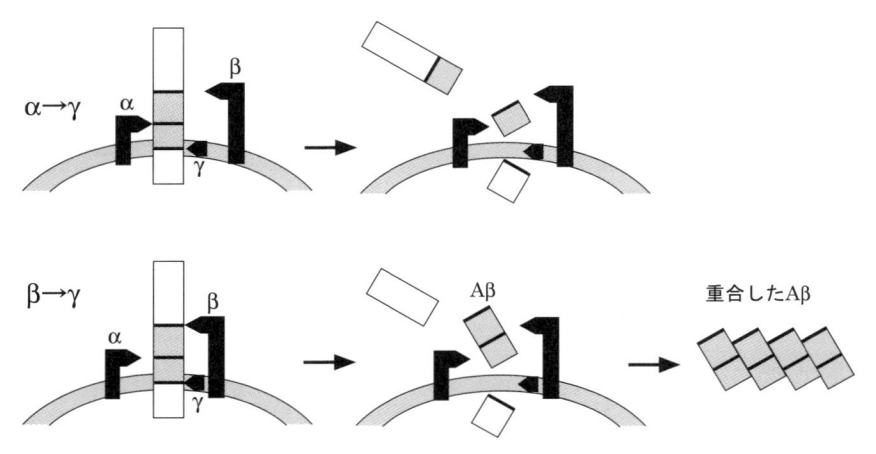

図 8.5 アミロイド前駆体タンパク質（APP）の代謝
APP は機能未詳の膜貫通タンパク質で，3 種類の膜内在性ペプチダーゼ（α, β, γ セクレターゼ）で切断される．まず α が働いてついで γ が働けば，β アミロイド（Aβ）は生じない．しかし，まず β が働いてついで γ が働けば，Aβ が生じる．Aβ の単量体には毒性はないが，自己凝集した重合体 Aβ には直接の細胞毒性がある．

照）．

　ところが，β アミロイドペプチドを，そのままではなく，しばらく放置して自発的に集合（多量体化）させてからニューロンに与えると，がぜん毒性を発揮してニューロン死を誘発した[146]（図 8.6）．そしてこの死の過程でタウキナーゼ（実はグルタチオンシンターゼキナーゼという，本来はエネルギー代謝にかかわる酵素だった）が，微小管とともに樹状突起や軸索中にあったタウタンパク質をリン酸化し出し，そのために神経原線維変化が進行する（したがってこちらは結果）ということが示された．β アミロイド集合体がなぜ毒性をもつのかはまだはっきりしないが，細胞膜に Ca^{2+} を通す孔をあける，という説[147]が唱えられている（反論もある）．Ca^{2+} の過負荷は虚血性神経細胞死の項で説明したように，細胞を殺すきっかけとなる．

　アルツハイマー病の中には，1 つの家系中で高頻度に発生する家族性といわれる遺伝的なタイプがある．この家系について遺伝学的な解析を行ったところ，多くの家系で APP 遺伝子に異常があって，集合・沈着しやすいタイプの β アミロイドができてしまうか，APP を代謝する酵素かその制御タンパク質かに異

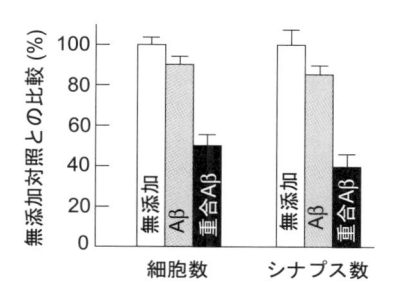

図 8.6　重合体 Aβ のニューロン毒性
ニューロン数にも生残ニューロンの樹状突起棘密度にも有意な低下がみられる.

常があって,集合・沈着しやすいタイプの β アミロイドをつくってしまうか,であることがわかった.これも,β アミロイド原因説を支持する.もっとも,アルツハイマー病の大部分を占める非家族性(孤発性)アルツハイマー病では,そうした異常はみられないのであるが(コラム 7.7 参照).

また,ダウン症(Down's syndrome)という,高齢出産で生まれた子に起こりやすいとされている疾患(遺伝性ではない)では,アルツハイマー病とよく似た認知障害が現れる.ダウン症は,ヒトのもつ 23 対の染色体のうち 21 番という染色体が,卵をつくるときうまく分配できずに 2 本とも残ってしまった結果,これが受精して精子由来の 21 番が加わり都合 3 本になるために起こる病気である.そしてこの 21 番染色体の上に,APP 遺伝子が乗っている.つまり,ダウン症児では β アミロイドの原料である APP の量が,はじめから 1.5 倍多いのである.この事実も β アミロイド原因説を支持する.

β アミロイド原因説が正しければ,アルツハイマー病の進行を抑える(または予防する)には,APP から β アミロイドができないようにするか,できても集合する前に除くかすればよいことになる.話が細かくなってしまうが,図 8.5 に示すように APP から β アミロイドができるのは,それぞれ α セクレターゼ,β セクレターゼ,γ セクレターゼと呼ばれる酵素によって,切断が 3 か所で起こる結果である.そこでセクレターゼを阻害すれば β アミロイドができないはずだから,予防薬につながるのではないかという作戦での研究が,いま盛んに行われている.また,β アミロイドに対する抗体をあらかじめ身体につくらせておけば,β アミロイドがつくられるそばから除かれて,沈着を防げるだろうと

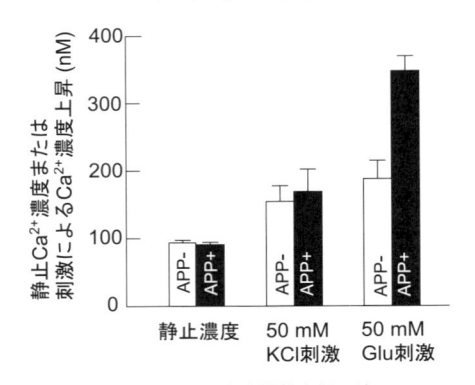

図8.7 APPの本来機能を探る試み
分散培養下の海馬ニューロンにアデノウィルスベクターを用いてAPPを過剰発現させた．感染効率を調節して1視野中の一部の細胞にだけAPPを過剰発現させると，発現細胞のみグルタミン酸応答性が高まる．単純脱分極刺激に対する応答は不変．APPが切断されて効くなら全細胞に平等なはずだから，膜にあるAPPが当該細胞のグルタミン酸受容体を調節している可能性を示唆する．

いう治療法も考えられている．しかしその抗体をつくらせるには，βアミロイドそのものかその一部かをワクチンのように注射するわけなので，かえって沈着を促してしまわないかという心配もぬぐえない．

あるいはβアミロイドの供給源であるAPPを合成できなくするような措置（遺伝子治療やアンチセンスオリゴヌクレオチドの投与，干渉性RNA鎖の投与など）も想定しうる．しかし，APPが脳の中で本来何のためにあるタンパク質なのかを確かめてからでなければ，これをむやみに減らしてしまうと，より重大な結果を引き起こしてしまう可能性がある．そう，APPの本来の生理機能はいまだに特定されていないのである．まさか元々βアミロイドを供給してアルツハイマー病を起こすためにある，わけではなかろう．筆者らは，大阪大学蛋白質研究所の吉川和明博士グループと共同で，以前この問題に取り組んだことがある．その結果，APPはグルタミン酸受容体の活性を調節する膜タンパク質である，との示唆を得た[148]（図8.7）．したがって，APPの合成を止めてしまうような措置は，前章までに力説してきたようにグルタミン酸受容体の調節こそ記憶の素過程の1つである以上，新たな記憶障害を生み出してしまうおそれが多分にある．

8.1 謎のAPP

　アミロイド前駆体タンパク質（APP）は，濃淡の差こそ多少あれ，脳のほとんどすべてのニューロンで発現している膜タンパク質である．しかし，その本来機能はいまだに明らかになっていない．だからこそ，「βアミロイドを生み出す前駆体」などという仮の名でよばれたままなのである．まさかその本来機能が「βアミロイドを生み出し，ニューロン死を起こして認知症を発症させるためのタンパク質」だとは思われない．しかし，機能既知の他のタンパク質と似ている部分がないため，類推が利かない．また，免疫沈降法などでAPPと結合する分子を探すと，これがまた何にでもペタペタ結合するようにみえて，手掛かりにならない．

　もっとも早くから唱えられた説は，細胞接着分子としてである[151]．βアミロイドが凝集して老人斑を形成したことからもわかるように，この分子はホモ結合（同種分子同士で相互に結合）する．細胞膜上にあって隣接する細胞どうしをホモ結合で接着するタンパク質には，カドヘリンやN-CAMなど，多数の先例がある．提唱された当時は，APPの切断を行うプロテアーゼの本体はわかっていなかったが，その後わかってくると，ノッチとよばれる細胞表面上の信号分子（隣接細胞のデルタという受容体と結合し，「いま接した」という認識・識別信号を送り出す分子）の代謝にあずかるプロテアーゼと共通だということがわかり[152]，その類推からAPPも同様に細胞表面上の信号分子かもしれないという説が有力になった．しかし，ほとんどすべての中枢神経系ニューロンに発現している分子に，認識・識別信号としての意味がありうるものか，疑問なしとしない．

　次の説は，神経栄養因子として働くとする考えである[153]．βアミロイドは複数のセクレターゼで切断された中間部の断片だが，本来は1か所で切断されて細胞外に離出する分子で，信号伝達分子または走化性因子として，濃度勾配をもって周辺細胞に信号を伝えていると考える．この長いN末端タンパク質（可溶性APPとよぶ）を，繊維芽細胞に与えると増殖が始まる．また，培養下の皮質ニューロンの生存を増強する．しかし，その効果には100 nMを要して，他の神経栄養因子よりはるかに高かった（その後，この効果はチロシンキナーゼ型受容体を介するとされたが，その知見は逆に，高濃度で他の既知の栄養因子を代行したのではないかとの疑いを招くことになる）．

　1996年ころの段階で，APPの機能研究には行き詰まり感があった．事態を打開すべく，APP遺伝子の改変マウスもつくられた．ノックアウトマウスはちゃんと生まれる．ただし，記憶能力が低下していた．いっぽうAPPを過剰発現したマウスも，記憶能力が低下していた．これも手掛かりにならないか．待てよ，グルタミン酸受容体の制御にかかわると考えたらどうだろうか．第6章で説明したように，NMDA型受容体であれAMPA型受容体であれ，その配置や機能に異常を生ずれば，過多でも過少でも記憶の異常が起きるはずだし，APPが脳に汎在するのも，脳内でグルタミン酸を受容しないニューロンはないといってよいほどグルタミン酸受容体

が汎在することと符合するではないか．そのように考えて，筆者らは培養海馬細胞に APP を過剰発現させて，グルタミン酸応答を Ca^{2+} イメージングで解析したところ，予想は的中した[148]．本文中にも記したように，グルタミン酸は小脳顆粒ニューロン（CGN）を生存に，海馬錐体ニューロンを死に導く．APP がもしグルタミン酸受容体強化に働くなら，この相反的な作用を両者とも高めるはずである．もし接着因子や栄養因子であるなら，生か死かどちらか一方向に効いてよいだろう．やってみると，はたして CGN の細胞生存を高め，同時に海馬錐体ニューロンの細胞死を高めた[154]．

8.4 ストレスと記憶

ストレスが神経系に加わると（ここでいうのは，日常用語でいう「嫌だなあ」という気分の原因という意味ではなく，生体に防御反応を引き起こすような侵害的な刺激ということである），いわゆる HPA 軸が働き出す．HPA とは，視床下部（*h*ypothalamus），脳下垂体（*p*ituitary gland），副腎皮質（*a*drenal cortex）の頭文字を並べた呼称で，視床下部が副腎皮質刺激ホルモン放出ホルモン（CRH, *c*orticotropin-*r*eleasing *h*ormone）を分泌し，それを受けた脳下垂体が副腎皮質刺激ホルモン（ACTH, *a*dreno*c*orti*c*o*t*ropic *h*ormone）を分泌し，それを受けた副腎皮質が副腎皮質ホルモン（コルチゾルなどの糖質コルチコイドおよびアルドステロンなどの鉱質コルチコイド）を分泌して全身をストレス抵抗状態に導くという連鎖反応のことをさす．しかし，分泌されたコルチコイドは，HPA のそれぞれに対し，連鎖反応を終結させるようなネガティブ・フィードバックをかけ，ストレス反応が過大に，あるいは過長に起こらぬように設計されている（図 8.8）．

コルチコイドは脂溶性のホルモンで，血液脳関門を通って脳内のニューロンにも届く．海馬ニューロンはコルチコイド受容体を豊富に備えており，その作用下ではニューロンの興奮性が高まる．その結果，LTP は起こりやすくなり，起こる LTP の規模は大きくなる．したがって，ストレス下では記憶は増進することになる．「このようなストレス状況に二度と陥らぬよう，状況を記憶する」ことは，個体の生存にとって合理的なことなのだろう．

しかしストレス源そのものが過大だったり，過長だったりした場合にはどう

8.4 ストレスと記憶

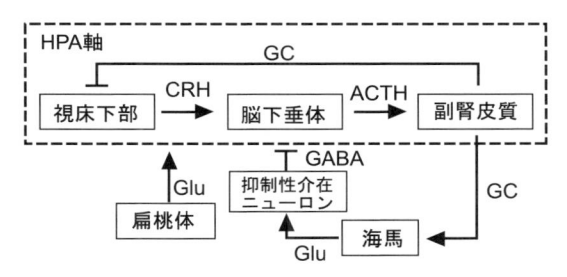

```
┌─ HPA軸 ─────────────────────────────┐
│           ┌──── GC ────┐            │
│           ⊣             │           │
│  ┌─────┐ CRH ┌─────┐ ACTH ┌─────┐  │
│  │視床下部│──→│脳下垂体│──→│副腎皮質│  │
│  └─────┘    └─────┘    └─────┘  │
└────↑──────────────────────────↓────┘
     │Glu    ┌─GABA            │GC
  ┌─────┐   │抑制性介在│         │
  │扁桃体│   │ニューロン│         │
  └─────┘   └─────┘         │
              ↑Glu ┌─────┐      │
                   │ 海馬 │←─────┘
                   └─────┘
```

図 8.8 PTSD の発症機構仮説
生体はストレスに対して視床下部,脳下垂体,副腎皮質が階層的に働いて防衛をおこなうが,グルココルチコイド (GC) は視床下部のコルチコトロピン放出ホルモン (CRH) の放出を抑制して,過剰な反応を抑制する.このフィードバック・ループを HPA 軸という.また,この HPA 軸に対して海馬は抑制を,扁桃体は促進をかけている.さて,強く持続的なストレスが加わると,HPA 軸のフィードバック抑制がかからず,かつ,扁桃体(恐怖情動の発信源)からの促進がかかりっぱなしになる.海馬は HPA 軸の抑制を続けるが,これが先に疲弊すると過剰なストレス応答が発現する.PTSD 患者脳では,海馬による抑制を担う実体である $GABA_A$ 受容体が著減している.

いうことになるだろうか.上記のネガティブ・フィードバックは機能せず,脳はコルチコイドのシャワーを浴び続けることになるだろう.これは,グルタミン酸の興奮毒性が起こりやすい状況が続くということだ.これが限度を超えるとニューロン死が始まる.海馬と皮質でニューロン死が進めば,認知症における前行性健忘の状態が再現されることになる.

列車脱線事故の体験後に電車に乗れないとか,大地震の経験後にごく弱い地震でもパニックに陥る,などの心的外傷後ストレス障害 (PTSD, *posttraumatic stress disorder*) は,こうした状態だと考えられている.実際,MRI (*magnetic resonance imaging*, 磁気共鳴イメージング) や PET (*positron emission tomography*, 陽電子放射断層撮影) で PTSD 患者の脳を調べると,海馬の萎縮がしばしばみられる[149].辛い記憶を克服するとか忘れるということは,その記憶をなくしたり消し去ることではなく,「電車は安全だ」,「この程度の地震なら大丈夫だ」という新しい記憶を上書きすることだと考えられるので,順行性健忘は忘却障害にもつながるのである.

8.5 ホルモンと記憶

　副腎皮質ステロイドと同様，性腺ステロイドも血液脳関門を通過して脳ニューロンに届く．哺乳類の雌の場合，血中ステロイド濃度は周期的に変動するので，もしエストロゲン（濾胞ホルモン，化学的にはエストラジオールなど，排卵直前に血中濃度が最大となり，排卵後に急減する）やプロゲスチン（黄体ホルモン，化学的にはプロゲステロンなど，排卵後に漸増したのち漸減する．妊娠中は高値を維持する）に対ニューロン作用があるとすると，その影響を受けるはずである．

　そして実際作用がある．エストロゲンは副腎皮質ステロイドと同様にニューロンの興奮性を増し，プロゲスチンはそれと拮抗する．したがって血中エストロゲン濃度が高いとき，つまり排卵時に記憶形成能は増進する．実際，そうした実感をもつ女性は多い（隣の女性に不用意にそんなことを訊くとセクハラになるから，男性読者は要注意）．経口避妊薬（oral contraceptive）は，基本的には合成プロゲステロンであり（自然状態に近づけるため，エストロゲンと混合する形式が一般的であるにしても），妊娠中と相同な状態を人為的につくり出して排卵を抑制するしくみなので，記憶形成能の観点からは不利な状態が持続することになる．

　雄の場合は，アンドロゲン（精巣ホルモン，化学的にはテストステロンなど）の分泌に周期性はなく，脳内では酵素（アロマターゼ）によってエストロゲンに変換されてニューロンに届くので，いうなれば雌の排卵時と同等な状態で一定に保たれている（コラム 8.2 参照）．

　ステロイドのニューロン興奮性増強作用は，分子レベルで分析されている．10 年以上前ならば，ステロイドの受容体分子は細胞膜ではなく細胞内にあり，ステロイドの結合によって活性化された受容体分子は核内に移行して DNA と結合し，特定の新規タンパク質の合成を開始させる，と説明されていた．その機構は効果経路の大きな柱として確かにあるが，最近は別の機構も想定されている．その 1 つは NMDA 型グルタミン酸受容体への直接作用である．

　NMDA 型受容体分子上には，その活性を調節する領域が複数知られている．

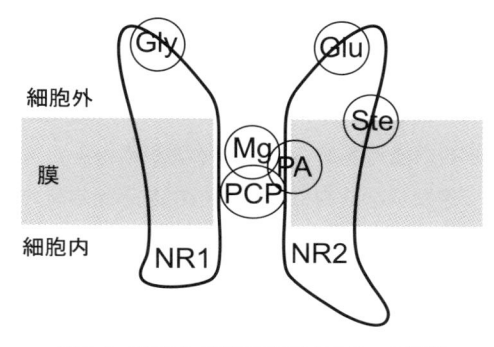

図 8.9　NMDA 受容体のアロステリック制御

図 6.8 に示すように NMDA 受容体はリガンド（グルタミン酸）結合部位を表面に，Mg^{2+} 結合部位をチャネル部位にもつが，それ以外に多数の制御物質結合部位をもつ．NR1 サブユニットにはグリシン（Gly）結合部位があり，グリシンは受容体活性を増強させる．チャネル部位にはポリアミン（PA）結合部位，フェンシクリジン（PCP）結合部位があり，チャネル活性をそれぞれ正負に制御する．PA サイトに作用する内在性リガンドは，スペルミンだとされる．PCP サイトに作用する内在性リガンドは未特定．また NR2 にはステロイド（Ste）結合部位があり，エストロゲンはチャネル活性を正に制御する．

そのうち1つは，いうまでもなくチャネルの開閉を制御するグルタミン酸の結合領域であり，2つ目は第6章で説明した Mg^{2+} の結合領域である（結合によって負に制御される，つまり活性化が抑えられる）．その他に，抑制性神経伝達物質としても知られるアミノ酸，グリシンの結合領域がある（結合によって正に制御される，つまり興奮を助ける．グリシンがグリシン専門のグリシン受容体に結合したときの興奮抑制効果とは逆の効果になる）．加えて，ステロイドの結合領域も同定されている[150]（NR2B サブユニットの M3-M4 間の細胞外ループの一部）．結合によって受容体は正に制御される（図 8.9）．ステロイドの結合だけで NMDA 型受容体が活性化するわけではないが，ステロイドの結合した状態でグルタミン酸が結合すると，効果が強くなる（より正確にいうと，グルタミン酸を結合した NMDA 型受容体が Ca^{2+} 流路を開く確率が高くなる．グルタミン酸との結合が強まったり，より大きく開くようになったり，開いている時間が延長する，というわけではない）．

本書でたびたび言及してきたように，NMDA 型受容体は，細胞内に Ca^{2+} を流入させる張本人として，シナプス可塑性成立の主役の一人であるから，ステ

ロイドは記憶形成を直接調節していることになる．同時に，この章で説明したようにニューロン内の Ca^{2+} はちょっと度が過ぎると一転して細胞死を誘発する契機となるから，副腎皮質ステロイドばかりでなく，性腺由来の性ステロイドやニューロン自身が自前で産生するステロイド（ニューロステロイドとよび，これはこれで無視できない量脳内に存在する）が，認知症の発症に関与している可能性もある．

このようにみてくると，記憶の機構の基礎研究は記憶障害の臨床応用にヒントを与える例が少なくない（そうしたことは記憶研究に限ったことではないだろうが）．「生兵法はけがのもと」「餅は餅屋」ともいうように，基礎研究者がはやって応用に手を出しても多くを望めまいが，相互の交流の重要性はいうまでもなく大きい．

8.2 環境ホルモンの恐怖

基礎科学にも流行のようなものがあって，一時期多くの研究者が殺到したが，その課題が解決したというわけでもないのに，いつの間にか話題にならなくなってしまう課題がある．環境性内分泌撹乱物質，いわゆる環境ホルモンもその1つかもしれない（今も続けて取り組んでおられる研究者ももちろんあり，それでこそ真の研究者だと思う）．

環境ホルモンは，レイチェル・カーソン（Rachel Louise Carson）が「沈黙の春」(1962）で，DDT(*d*ichloro-*d*iphenyl *t*richloroethane) などの農薬が生態系にダメージを与えていると警告し，例として「アメリカでは雄のワニが生まれなくなった」と報告してから，注目されるようになった．日本では，プラスチックの可塑剤として使われていたビスフェノール A（bisphenol A）に女性ホルモン様作用があり，野生魚類の雌雄比が異常になっている，との環境省レポート SPEED'98 が出た（1998）のを皮切りに，船舶の貝類付着を防止する有機スズ剤で貝が雄化した，などの報道が相次ぎ，社会パニック状況が生じた．

ジエチルスチルベストロール（DES, *d*iethylstilbestrol）は，合成エストロゲン（女性ホルモン）で，1950 年代の米国で流産防止の目的から妊婦に処方されたが，彼女らが生んだ女児が 1970 年代，若年にもかかわらず子宮がん・膣がんを多発した[155]．これは，胎児期に胎盤を通して DES を受けた女児の脳が周期性を失い（つまり男性脳型化して），エストロゲンを連続分泌するようになったため，子宮上皮が連続増殖を起こしたものと解釈できる．雌の脳と雄の脳とのもっとも大きな違いは，前者が周期性をもつ（だから周期的に排卵する）のに対し，後者がもたないことである．実験動物ではよく知られた現象だったが，ヒトで集団的に起きた例はそれまでなかったので，これもパニックを引き起こした．

哺乳類の性決定はY染色体上の遺伝子 *Sry* によるが，SRY は性腺原基を精巣に分化させるだけで（SRY がなければ，デフォルトの卵巣に分化する），脳や外性器を雄型にするような指令は出さない．その指令は胎児の精巣が分泌するテストステロン（男性ホルモン）が出す．だから，もしこれがなければ，脳も外性器もデフォルトの雌型になる．逆にいうと，遺伝子的には XX の雌でも，胎児期に何らかの理由でテストステロンや DES などの暴露を受けると，脳や外性器の雄化が起こることになる．上の女児たちはこの状況に陥ったと考えられる．あるいは，遺伝子的には XY の雄でも，胎児期にテストステロンの暴露がないか，受容体が働かなければ，脳や外性器は雌化する．

環境ホルモンがテストステロン（またはエストロゲン）作動薬として働けば雌の胎仔に，受容体阻害薬として働けば雄の胎仔に，性転換に等しい影響を及ぼすことになる．

文　献

1) 森　寿，真鍋俊也，渡辺雅彦，岡野栄之，宮川　剛編：脳神経科学イラストレイテッド，第2版，羊土社（2006）．
2) Nicholls, J. G., Martin, A. R., Wallace, B. G. and Fuchs, P. A.: From Neuron to Brain, 4th Ed., Sinauer (2001).
3) デルコミン（小倉明彦，冨永恵子訳）：ニューロンの生物学，南江堂（1999）．
4) ベアー，コノーズ，パラディーソ（加藤宏司，後藤　薫，藤井　聡，山崎良彦訳）：神経科学―脳の探求，西村書店（2007）．
5) 工藤佳久編：解明が進むグリア細胞の役割，細胞工学（特集号），22 (4)（2003）．
6) 宮川博義，井上雅司：ニューロンの生物物理，丸善（2003）．
7) Ogura, A. and Amano, T.: *Brain Res.*, 297 (1984), 387-391.
8) Barres, B. A.: *Nature*, 339 (1989), 343-344.
9) Tsuda, M., Shigemoto-Mogami, Y., Koizumi, S., Mizokoshi, A., Kohsaka, S., Salter, M. W. and Inoue, K.: *Nature*, 424 (2003), 778-783.
10) Chen, G.-Q., Cui, C., Mayer, M. L. and Gouaux, E.: *Nature*, 402 (1999), 817-821.
11) Delmonte-Corrado, M. U., Politi, H., Ognibene, M., Angelini C., Trielli, F., Ballarini, P. and Falugi, C.: *J. Exp. Biol.*, 204 (2001), 1901-1907.
12) Tagawa, Y., Sawai, H., Ueda, Y., Tauchi, M. and Nakanishi, S.: *J. Neurosci.*, 19 (1999), 2568-2579.
13) Owens, D. F., Boyce, L. H., Davis, M. B. E. and Kriegstein, A. R.: *J. Neurosci.*, 16 (1996), 6414-6423.
14) Jiang, L.-H., Kim, M., Spelta, V., Bo, X., Surprenant, A. and North, R. A.: *J. Neurosci.*, 23 (2003), 8903-8910.
15) Kamada, T.: *J. Exp. Biol.*, 11 (1934), 94-102.
16) Hodgkin, A. L. and Huxley, A. F.: *J. Physiol.*, 104 (1945), 176-195.
17) Ling, G. and Gerard, R. W.: *J. Cell. Comp. Physiol.*, 34 (1949), 383-396.
18) Kamada, T. and Kinosita, H.: *Jpn. J. Zool.*, 10 (1943), 469-493.
19) Neher, E. and Sakmann, B.: *Nature*, 260 (1976), 799-802.
20) McConnell, J. V., Cornwell, P. R. and Clay, M.: *Am. J. Psychol.*, 73 (1960), 618-622.
21) Ungar, G., Galvan, L. and Clark, R. H.: *Nature*, 217 (1968), 1259-1261.
22) Hebb, D. O.: *Annu. Rev. Psychol.*, 1 (1950), 173-188.
23) Hotta, Y. and Benzer, S.: *Symp. Soc. Dev. Biol.*, 31 (1973), 129-167.
24) Kuhara, A., Okumura, M., Kimata, T., Tanizawa, Y., Takano, R., Kimura, K. D.,

Inada, H., Matsumoto, K. and Mori, I.: *Science*, 320 (2008), 803-807.
25) Bowers, J. S.: *Psychol. Rev.*, 116 (2009), 220-251.
26) パヴロフ（川村　浩訳）：大脳半球の働きについて―条件反射学（上・下），岩波書店 (1994).
27) Kumamoto, E. and Kuba, K.: *Pflügers Arch.*, 408 (1987), 573-577.
28) Lazarus L. H., Ling, N. and Guillemin, R.: *Proc. Natl. Acad. Sci. U. S. A.*, 73 (1976), 2156-2159.
29) Devane, W. A., Hanus, L., Breuer, A., Pertwee, R. G., Stevenson, L. A., Griffin, G., Gibson, D., Mandelbaum, A., Etinger, A. and Mechoulam, R.: *Science*, 258 (1992), 1946-1949.
30) Kandel, E. R.: *Science*, 294 (2001), 1030-1038.
31) Schacher, S., Montarolo, P. and Kandel, E. R.: *J. Neurosci.*, 10 (1990), 3286-3294.
32) Nelson, T. J. and Alkon, D. L.: *Mol. Neurobiol.*, 5 (1991), 315-328.
33) Quinn, W. G., Harris, W. A. and Benzar, S.: *Proc. Natl. Acad. Sci. U. S. A.*, 71 (1974), 708-712.
34) Byers, D., Davis, R. L. and Kiger, J. A., Jr.: *Nature*, 289 (1981), 79-81.
35) Livingstone, M. S., Sziber, P. P. and Quinn, W. G.: *Cell*, 37 (1984), 205-215.
36) Mizunami, M., Okada, R., Li, Y. and Strausfeld, N. J.: *J. Comp. Neurol.*, 402 (1998), 520-537.
40) Pflüger, H. J. and Menzel, R.: *J. Comp. Physiol. A*, 185 (1999), 389-392.
41) Bliss, T. V. P. and Lømo, T.: *J. Physiol.*, 232 (1973), 331-356.
42) Schwartzkroin, P. A.: *Brain Res.*, 85 (1975), 423-436.
43) Yamamoto, C. and Chujo, T.: *Exp. Neurol.*, 58 (1978), 242-250.
44) Collingridge, G. L., Kehl S. J. and McLennan, H.: *J. Physiol.*, 334 (1983), 19-31.
45) Voronin, L. L., Kuhnt, U. and Gusev, A. G.: *Exp. Brain Res.*, 89 (1992), 288-299.
46) Kullmann, D. M. and Nicoll, R. A.: *Nature*, 357 (1992), 240-244.
47) Isaac, J. T. R., Nicoll, R. A. and Malenka, R. C.: *Neuron*, 15 (1995), 427-434.
48) Reid, C. A., Dixon, D. B., Takahashi, M., Bliss, T. V. P. and Fine, A.: *J. Neurosci.*, 24 (2004), 3618-3626.
49) Zalutsky, R. A. and Nicoll, R. A.: *Science*, 248 (1990), 1619-1624.
50) Keinänen, K., Wisden, W., Sommer, B., Werner, P., Herb, A., Verdoorn, T. A., Sakmann, B. and Seeburg, P. H.: *Science*, 249 (1990), 556-560.
51) Seal, A. J., Collingridge, G. L. and Henley, J. M.: *Biochem. J.*, 312 (1995), 451-456.
52) Sobolevsky, A. I., Rosconi, M. P. and Gouaux, E.: *Nature*, 462 (2009), 745-756.
53) Moriyoshi, K., Masu, M., Ishii, T., Shigemoto, R., Mizuno, N. and Nakanishi, S.: *Nature*, 354 (1991), 31-37.
54) Ivanovic, A., Reiländer, H., Laube, B. and Kuhse, J.: *J. Biol. Chem.*, 273 (1998), 19933-19937.
55) Nowak, L., Bregestovski, P., Ascher, P., Herbet, A. and Prochiantz, A.: *Nature*, 307 (1984), 462-465.
56) Mayer, M. L., Westbrook, G. L. and Guthrie, P. B.: *Nature*, 309 (1984), 261-263.
57) Kudo, Y., Ito, K., Miyakawa, H., Izumi, Y., Ogura, A. and Kato, H.: *Brain Res.*, 407

(1987), 168-172.
58) Baudry, M. and Lynch, G.: *Proc. Natl. Acad. Sci. U. S. A.*, 77 (1980), 2298-2302.
59) Malinow, R., Madison, D. V. and Tsien, R. W.: *Nature*, 335 (1988), 820-824.
60) Wong, S. T., Athos, J., Figueroa, X. A., Pineda, V. V., Schaefer, M. L., Chavkin, C. C., Muglia, L. J. and Storm, D. R.: *Neuron*, 23 (1999), 787-798.
61) Liao, D., Scannevin, R. H. and Huganir, R.: *J. Neurosci.*, 21 (2001), 6008-6017.
62) Tsui, J. and Malenka, R. C.: *J. Biol. Chem.*, 281 (2006), 13794-13804.
63) Suzuki, T., Okumura-Noji, K., Ogura, A., Kudo, Y. and Tanaka, R.: *Proc. Natl. Acad. Sci. U. S. A.*, 89 (1992), 109-113.
64) Robison, A. J., Bass, M. A., Jiao, Y., MacMillan, L. B., Carmody, L. C., Bartlett, R. K. and Colbran, R. J.: *J. Biol. Chem.*, 280 (2005), 35329-35336.
65) Woo, N.-H., Abel, T. and Nguyen, P. V.: *Eur. J. Neurosci.*, 16 (2002), 1871-1876.
66) Frey, U., Huang, Y. Y. and Kandel, E. R.: *Science*, 260 (1993), 1661-1664.
67) Impey, S., Obrietan, K., Wong, S. T., Poser, S., Yano, S., Wayman, G., Deloulme, J.-C., Chan, G. and Storm, D. R.: *Neuron*, 21 (1998), 869-883.
68) Morris, R.: *Neurosci. Methods*, 11 (1984), 47-60.
69) Sakimura, K., Kutsuwada, T., Ito, I., Manabe, T., Takayama, C., Kushiya, E., Yagi, T., Aizawa, S., Inoue, Y., Sugiyama, H. and Mishina, M.: *Nature*, 373 (1995), 151-155.
70) Tang, Y.-P., Shimizu, E., Dube, G. R., Rampon, C., Kerchner, G. A., Zhuo, M., Liu, G. and Tsien, J. Z.: *Nature*, 401 (1999), 63-69.
71) Silva, A. J., Paylor, R., Wehner, J. M. and Tonegawa, S.: *Science*, 257 (1992), 206-211.
72) Dudek, S. M. and Bear, M. F.: *Proc. Natl. Acad. Sci. U. S. A.*, 89 (1992), 4363-4367.
73) Malinow, R. and Malenka, R. C.: *Annu. Rev. Neurosci.*, 25 (2002), 103-126.
74) Man, H.-Y., Lin, J. W., Ju, W. H., Ahmadin, G., Liu, L., Becker, L. E., Sheng, M. and Wang, Y. T.: *Neuron*, 25 (2000), 649-662.
75) Malenka, R. C.: *Ann. N. Y. Acad. Sci.*, 1003 (2003), 1-11.
76) Bi, G.-Q. and Poo, M.-M.: *J. Neurosci.*, 18 (1998), 10464-10472.
77) Bi, G.-Q. and Poo, M.-M.: *Annu. Rev. Neurosci.*, 24 (2001), 139-166.
78) Frey, U. and Morris, R. G.: *Nature*, 385 (1997), 533-536.
79) Martone, M. E., Pollock, J. A., Jones, Y. Z. and Ellisman, M. H.: *J. Neurosci.*, 16 (1996), 7437-7446.
80) Mayford, M., Baranes, D., Podsypanina, K. and Kandel, E. R.: *Proc. Natl. Acad. Sci. U. S. A.*, 93 (1996), 13250-13255.
81) Redondo, R. L., Okuno, H., Spooner, P. A., Frenguelli, B. G., Bito, H. and Morris, R. G. M.: *J. Neurosci.*, 30 (2010), 4981-4989.
82) Makara, J. K., Losonczy, A., Wen, Q. and Magee, J. C.: *Nat. Neurosci.*, 12 (2009), 1485-1487.
83) Toni, N., Buchs, P.-A., Nikonenko, I., Povilaitite, P., Parisi, L. and Muller, D.: *J. Neurosci.*, 21 (2001), 6245-6251.
84) Nikonenko, I., Jourdain, P., Alberi, S., Toni, N. and Muller, D.: *Hippocampus*, 12 (2002), 585-591.
85) Matsuzaki, M., Honkura, N., Ellis-Davies, G. C. R. and Kasai, H.: *Nature*, 429 (2004),

761-766.
86) Yuste, R. and Bonhoeffer, T.: *Annu. Rev. Neurosci.*, 24 (2001), 1071-1089.
87) Ito, M., Sakurai, M. and Tongroach, P.: *J. Physiol.*, 324 (1982), 113-134.
88) Ito, M.: *Prog. Brain Res.*, 148 (2005), 95-109.
89) Whitlock J. R., Heynen, A. J., Shuler, M. G. and Bear, M. F.: *Science*, 313 (2006), 1093-1097.
90) Jörntell, H. and Hansel, C.: *Neuron*, 52 (2006), 227-238.
91) Ogura, A., Akita, K. and Kudo, Y.: *Neurosci. Res.*, 9 (1990), 103-113.
92) Sommer, B., Köhler, M., Sprengel, R. and Seeburg, P. H.: *Cell*, 67 (1991), 11-19.
93) Akbarian, S., Smith, M. A. and Jones, E. G.: *Brain Res.*, 699 (1995), 297-304.
94) Shimomura, O., Johnson, F. H. and Saiga, Y.: *J. Cell. Comp. Physiol.*, 59 (1962), 223-239.
95) Johnson, F. H., Shimomura, O., Saiga, Y., Gershman, L. C., Reynolds, G. T. and Waters, J. R.: *J. Cell. Comp. Physiol.*, 60 (1962), 85-103.
96) Tsien, R. Y., Pozzan, T. and Rink, T. J.: *J. Cell Biol.*, 94 (1982), 325-334.
97) Kudo, Y. and Ogura, A.: *Brit. J. Pharmacol.*, 89 (1986), 191-198.
98) Greenberg, S. M., Castellucci, V. F., Bayley, H. and Schwartz, J. H.: *Nature*, 329 (1987), 62-65.
99) Frey, U., Krug, M., Reymann, K. G. and Matthies, H.: *Brain Res.*, 452 (1988), 57-65.
100) Bliss, T. V. P. and Gardner-Medwin, A. R.: *J. Physiol.*, 232 (1973), 357-374.
101) Barnes, C. A., Jung, M. W., McNaughton, B. L., Korol, D. L., Andreasson, K. and Worley, P. F.: *J. Neurosci.*, 14 (1994), 5793-5806.
102) Gähwiler, B. H.: *Neuroscience*, 11 (1984), 751-760.
103) Muller, D., Buchs, P.-A. and Stoppini, L.: *Brain Res. Dev. Brain Res.*, 71 (1993), 93-100.
104) 冨永恵子, 野口かおり: 実験医学, 10 (1992), 92-95.
105) Flanklin, J. F. and Johnson, E. M.: *Trends Neurosci.*, 15 (1992), 501-508.
106) Kohara, K., Ono, T., Tominaga-Yoshino, K., Shimonaga, T., Kawashima, S. and Ogura, A.: *Brain Res.*, 809 (1998), 231-237.
107) Yamagishi, S., Fujikawa, N., Kohara, K., Tominaga-Yoshino, K. and Ogura, A.: *Neuroscience*, 95 (2000), 473-479.
108) Nonomura, T., Kubo, T., Oka, T., Shimoke, K.,Yamada, M., Enokido, Y. and Hatanaka, H.: *Brain Res. Dev. Brain Res.*, 97 (1996), 42-50.
109) Ono, T., Inokuchi, K., Ogura, A., Ikawa, Y., Kudo, Y. and Kawashima, S.: *J. Biol. Chem.*, 272 (1997), 14404-14411.
110) Tominaga-Yoshino, K., Urakubo, T., Okada, M., Matsuda, H. and Ogura, A.: *Hippocampus*, 18 (2008), 281-293.
111) Tominaga-Yoshino, K., Kondo, S., Tamotsu, S. and Ogura, A.: *Neurosci. Res.*, 44 (2002), 357-367.
112) Urakubo, T., Ogura, A. and Tominaga-Yoshino, K.: *Neurosci. Lett.*, 407 (2006), 1-5.
113) Kawaai, K., Tominaga-Yoshino, K., Urakubo, T., Taniguchi, N., Kondoh, Y., Tashiro, H., Ogura, A. and Tashiro, T.: *J. Neurosci. Res.*, 88 (2010), 2911-2922.

114) Yamamoto, M., Urakubo, T., Tominaga-Yoshino, K. and Ogura, A.: *Brain Res.*, 1042 (2005), 6-16.
115) Taniguchi, N., Shinoda, Y., Takei, N., Nawa, H., Ogura, A. and Tominaga-Yoshino, K.: *Neurosci. Lett.*, 406 (2006), 38-42.
116) Shinoda, Y., Kamikubo, Y., Egashira, Y., Tominaga-Yoshino, K. and Ogura, A.: *Brain Res.*, 1042 (2005), 99-107.
117) Kamikubo, Y., Egashira, Y., Tanaka, T., Shinoda, Y., Tominaga-Yoshino, K. and Ogura, A.: *Eur. J. Neurosci.*, 24 (2006), 1606-1616.
118) Egashira, Y., Tanaka, Y., Soni, P., Sakuragi, S., Tominaga-Yoshino, K. and Ogura, A.: *J. Neurosci. Res.*, 88 (2010), 3433-3446.
119) Koshimizu, T., Kiyosue, K., Hara, T., Hazama, S., Suzuki, S., Uegaki, K., Nagappan, G., Zaitsev, E., Hirokawa, T., Tatsu, Y., Ogura, A., Lu, B. and Kojima, M.: *Mol. Brain*, 2 (2009), e27 (published on line).
120) Doyère, V., Srebro, B. and Laroche, S.: *J. Neurophysiol.*, 77 (1997), 571-578.
121) Royer, S. and Peré, D.: *Nature*, 422 (2003), 518-522.
122) Burrone, J., O'Byrne, M. and Murthy, V. N.: *Nature*, 420 (2002), 414-418.
123) Inoue, K., Fukazawa, Y., Ogura, A. and Inokuchi, K.: *Neurosci. Res.*, 51 (2005), 417-425.
124) Kakizawa, S.: *J. Neurosci.*, 20 (2000), 4954-4961.
125) Brown, M. C., Jansen, J. K. and van Essen, D.: *J. Physiol.*, 261 (1976), 387-422.
126) Augusti-Tocco, G. and Sato, G.: *Proc. Natl. Acad. Sci. U. S. A.*, 64 (1969), 311-315.
127) Honegger, P. and Lenoir, D.: *Brain Res.*, 199 (1980), 425-434.
128) Morita, D. F., Tominaga-Yoshino, K. and Ogura, A.: *Brain Res.*, 982 (2003), 1-11.
129) Fujikawa, N., Tominaga-Yoshino, K., Okabe, M. and Ogura, A.: *Eur. J. Neurosci.*, 12 (2000), 1838-1842.
130) Davila, H. V., Salzberg, B. M., Cohen, L. B. and Waggoner, A. S.: *Nature, New Biol.*, 241 (1973), 159-160.
131) Tsubokawa, H., Oguro, K., Masuzawa, T., Nakaima, T. and Kawai, N.: *J. Neurophysiol.*, 74 (1995), 218-225.
132) Ogura, A., Nakazawa, M. and Kudo, Y.: *Neurosci. Res.*, 12 (1992), 606-616.
133) Tsukahara, N., Hultborn, H., Murakami, F. and Fujito, Y.: *J. Neurophysiol.*, 38 (1975), 1359-1372.
134) Tsukahara, N. and Fujito, Y.: *Brain Res.*, 106 (1976), 184-188.
135) Wiesel, T. N. and Hubel, D. H.: *J. Neurophysiol.*, 28 (1965), 1029-1040.
136) Hubel, D. H. and Wiesel, T. N.: *J. Physiol.*, 206 (1970), 419-436.
137) Levi-Montalcini, R. and Angeletti, P. U.: *Physiol. Rev.*, 48 (1968), 534-569.
138) Barde, Y.-A., Edger, D. and Thoenen, H.: *EMBO J.*, 1 (1982), 549-553.
139) Lu, B., Pan, P. T. and Woo, N. H.: *Nat. Rev. Neurosci.*, 6 (2005), 603-614.
140) Egan, M. F., Kojima, M., Callicott, J. H., Goldberg, T. E., Kolachana, B. S., Bertolino, A., Zaitsev, E., Gold, B., Goldman, D., Dean, M., Lu, B. and Weinberger, D. R.: *Cell*, 112 (2003), 257-269.
141) Kirino, T.: *Brain Res.*, 239 (1982), 57-69.

文　　献

142) Ogura, A., Miyamoto, M. and Kudo, Y.: *Exp. Brain Res.*, 73 (1988), 447-458.
143) Siesjö, B. K. and Siesjö, P.: *Eur. J. Anaesthesiol.*, 13 (1996), 247-268.
144) Grundke-Iqbal, I., Iqbal, K., Tung, Y. C., Quinlan, M., Wisniewski, H. M. and Binder, L. I.: *Proc. Natl. Acad. Sci. U. S. A.*, 83 (1986), 4913-4917.
145) Bahmanyar, S., Higgins, G. A., Goldgaber, D., Lewis, D. A., Morrison, J. H., Wilson, M. C., Shankar, S. K. and Gajdusek, D. C.: *Science*, 237 (1987), 77-80.
146) Lorenzo, A. and Yankner, B. A.: *Proc. Natl. Acad. Sci. U. S. A.*, 91 (1994), 12243-12247.
147) Rhee, S. K., Quist, A. P. and Lal, R.: *J. Biol. Chem.*, 273 (1998), 13379-13382.
148) Tominaga, K., Uetsuki, T., Ogura, A. and Yoshikawa, K.: *Neuroreport*, 8 (1997), 2067-2072.
149) Bremner, J. D., Randall, P., Scott, T. M., Bronen, R. A., Seibyl, J. P., Southwick, S. M., Delaney, R. C., McCarthy, G., Charney, D. S. and Innis, R. B.: *Am. J. Psychiat.*, 152 (1995), 973-981.
150) Jang, M.-K., Mierke, D. F., Russek, S. J. and Farb, D. H.: *Proc. Natl. Acad. Sci. U. S. A.*, 101 (2004), 8198-8203.
151) Breen, K. C., Bruce, M. and Anderton, B. H.: *J. Neurosci. Res.*, 28 (1991), 90-100.
152) De Strooper, B., Annaert, W., Cupers, P., Saftig, P., Craessaerts, K., Mumm, J. S., Schroeter, E. H., Schrijvers, V., Wolfe, M. S., Ray, W. J., Goate, A. and Kopan, R.: *Nature*, 398 (1999), 518-522.
153) Saitoh, T., Sundsmo, M., Roch, J.-M., Kimura, N., Cole, G., Schubert, D., Oltersdolf, T. and Schenk, D. B.: *Cell*, 58 (1989), 615-622.
154) Tominaga-Yoshino, K., Uetsuki, T., Yoshikawa, K. and Ogura, A.: *Brain Res.*, 918 (2001), 121-130.
155) Mangan, C. E., Guintoli, R. L., Sedlacek, T. V., Rocereto, T., Rubin, E., Burtnett, M. and Mikuta, J. J.: *Am. J. Obstet. Gynecol.*, 134 (1979), 860-865.

対談：あとがきに代えて

■シナプス新生説の当否

冨永：私たちは「長期記憶はシナプスの新生による」って想定でやってきましたが，本当にそうなんでしょうか．

小倉：これはまたいきなり根源的な疑問を．えーと，つきつめて考えると，絶対の肯定的根拠はないかもしれません．短期記憶は瞬時に成立する以上，物質説は無理．しかし，長期記憶には時間的余裕があるから，成立時間で物質説を排除することはできない．とはいっても，読み出し方法を想像できない．すると，短期記憶の仕組みがそのまま持続すると考えるか，別過程を考えるかです．でも，タンパク質分子はターンオーバーしているので，リン酸化状態や酵素活性の持続で説明するのは難しい．結局，別過程を考えるしかない．そこでありうる形式として構造的変化．その他に可能な仮説が今のところない．そういう論理です．消去法的ですが．

冨永：タンパク質の状態維持でもなく，シナプスが増えたり減ったりするのでもなく，細胞の状態が変わる．たとえば興奮しやすくなるというのはどうでしょう．エピジェネティックな制御（DNAや染色体を構造的に修飾して転写をスイッチ・オン/オフする制御）で，Naチャネル合成のスイッチ・オンとかKチャネル合成のスイッチ・オフとかして．

小倉：それは「細胞仮説」ですね．センチュウやアメフラシの記憶はまさにそれです．短期の鋭敏化はKチャネルのリン酸化による抑制で，長期の鋭敏化はKチャネルの合成オフで説明する．この形式は，あらかじめ「こうなったらこう」「そうなったらそう」という入出力経路が用意されていて，それにあてはまる経験があるとその経路が強まる，そういう形式の記憶には有効です．

しかし，脊椎動物の記憶の場合，あらかじめつくってある回路にはよらない．というか，あらかじめつくってあった回路によるものは本能行動といい，それによらないものを学習行動という．もし学習行動も特定の細胞のスイッチオン・オフによっているとしたら，その人の一生の可能な予定があらかじめ決まっていなくちゃならない．

　確かに免疫はそういう形式です．その人が一生の間に経験する可能性のあるすべての異物に対して，それ用の抗体産生細胞があらかじめ用意されている．それが来たら，「とうとう来たか，待ってたぜ」とばかり，その細胞が増殖して抗体をつくり，かつ，2度目に備えて待ち構える．

冨永：いえ，あらかじめ「何を担当する」とは決まっていない細胞がたくさんあって，経験ごとに担当が割り振られていくと考えたらどうですか．

小倉：なるほど．それは「おばあさん細胞」説ですね．おばあちゃんに会ったとき，「こんな目の形」を認識する細胞からの入力を受け，「こんな鼻の形」を認識する細胞からの入力を受け，「こんな声」を認識する細胞からの入力を受け，などなど諸々の入力を共通して受ける細胞がある．その細胞は，たとえばKチャネル遺伝子がエピジェネティックにオフされて，興奮しやすくなる．で，次におばあちゃんに会うと，同じ入力が入ってその同じ細胞が興奮して「あ，おばあちゃん」という同じ出力ができる．全く同じ入力じゃなくて一部が不足していても，ほぼ同じなら，その細胞は1回目のときより興奮しやすくなっているので発火し，「あ，おばあちゃん」という出力ができる．このように個々の細胞の「担当が決まる」ことこそが記憶であり，同じ出力を返すことが想起だというわけですね．

冨永：まあ，そうです．

小倉：だけど，どうしてその細胞に，「この目この鼻この声…」という入力が入ってきたんでしょう．他の細胞ではなく，その細胞に．そういう細胞があらかじめ用意されている，としたら，一生分の体験があらかじめ用意されていると主張するのと同じことになりませんか．

冨永：最初は「たまたま」でいいんじゃないですか．たまたま情報が集まった，そういうめぐりあわせになった細胞が「おばあさん細胞」になるんです．

小倉：「たまたま」だとすると，「たまたま1個もない」と記憶ができませんか

ら，多数あると考える方が妥当でしょう．そうすると，「この目この鼻この˙声˙」に多数使ったら「この目この鼻あ˙の˙声」にも多数使うことになる．細胞説の弱点はメモリー容量ですが，1つの事項に多数の細胞を動員してしまったら，ますます弱点になっちゃいますよ．

　　脳のニューロン数は10^{10}個とかいわれますが，これは膨大なようで，そうでもない．もし1ニューロンが1個の切替スイッチ素子でしかなければ，10ギガバイトしかないことになっちゃう．10ギガのメモリーには2時間の映画1本入るか入らないかですよ．たぶん1ニューロン1バイトってことはないでしょうけど．

　　あらかじめその細胞（や細胞群）に入力が集まるように準備されているのではなくて，経験によって集まるようになって，おばあさん担当が決まるのであれば，無駄な準備はいらなくなるのだけれど，それはまさにシナプス仮説ですよね．

　　ただ，シナプス説でも，構造的な変化なら何でも長期持続すると簡単には決めつけられませんね．簡単に元に戻ってしまう構造変化だってありうる．

冨永：シナプスがどんどん増えていったら，脳の容積も増えていかなくちゃならないでしょう．でも現実には増えられない．それはシナプス説の弱点です．

小倉：確かに．だから，シナプス新生説に立つ限り，シナプス新生とシナプス廃止は一組で起きていて，増える一方ではないと考えるべきだと思います．本当に脳が大きくなっていく乳幼児期は別として．

冨永：でも，廃止されるシナプスは，それまで何かの情報を担ってたんでしょう．簡単に廃止されるようでは，シナプス新生も長期記憶を担う資格はないってことになって，シナプス新生仮説の主張と矛盾します．それとも，前もっては何の情報も担っていない「未使用」シナプスだったんでしょうか．だったら，子どもの大脳皮質シナプスの大部分は「未使用」なんでしょうか．新品のハードディスクみたいに．でも，機能していないシナプスは存続できない，というのが神経発生学の教えですよね．

小倉：全く活動していないシナプスは存続できないかもしれません．でもそれは，一定頻度で自発活動させておけば，維持くらいはできる．だから，情

報をまだ担っていない「未使用」シナプスは想定してもいいでしょう．

片眼遮蔽による皮質盲の視覚野のような場合，競争があるから使わない方は滅びる．だけど，両眼遮蔽して競争をなくせば，引き分けになって締切が延長されますよね．視覚野でも，臨界期前のシナプスは，まだ役割の決まっていない「未使用」シナプスといえるでしょう．連合野や，感覚野でも高次領域で情報を貯蔵する部分では，この臨界期がものすごく延長されている，「未使用」がたくさん残っている，あるいは「使用中」でも消して「再使用」できる，いいかえると，高次皮質では臨界期以前の乳児期状態がずーっと続いている，と考えたらどうでしょう．

冨永：大脳皮質は幼形成熟（ネオテニー）（体の一部の器官が幼若形を残したまま成熟する現象．たとえば，両生類の幼生は鰓で呼吸し成体は肺で呼吸するが，ある種のサンショウウオは鰓をもったまま成熟する）だというわけですか．それとも，何か1つ覚えると，代償的に何か1つ忘れるとか．

小倉：それもありかもしれません．でも，心理学では，記憶は奥の方にしまわれて読み出せなくなっているだけで，消えてはいないといわれます．

冨永：「奥の方」って何でしょう．

小倉：それはたとえですから，実体はなくてもいい．「簡単に読み出せない」という結果を，原因であるかのようにいいかえているだけです．実体としては，たとえば，こんな風に考えてもいいかもしれません．できたてホヤホヤの記憶では，1つの情報は，細い一本道の経路ではなくて，何本もの平行して走る経路に保存されている．だから，その記憶が成立したときと少しでも似た刺激入力があれば，簡単にその経路に吸い込まれて，同じ出力ができる．つまり思い出せる．でも，時間がたつと，そのバイパスのシナプスは，その後の新情報保存の際に次々廃止されて，経路はだんだん少なくなっていく．こうなると，よほどぴったりの入力が来ないかぎり同じ出力はできない．つまりなかなか思い出せないことになります．その状態を「奥にしまった」と例えているのだ，と．

冨永：最後の1本が他にとられたら，完全忘却ってことですか．

小倉：そういうことになりますね．エピジェネティック説に立つとして，1情報に1回路が振り向けられたら，1回路がニューロン何個で構成されてい

るかわからないけれど，貯蔵できる情報の量が激減してしまいます．
冨永：必ずしも1情報1回路とか，1情報1細胞と考えなくてもいいんじゃないでしょうか．エピジェネティックな制御がかかるのは核 DNA に対してでしょうが，その産物をシナプスレベルで利用できる形式があればいいでしょう．
小倉：それは結局シナプス説ですよ．構造変化によらない，という点では違うけど．産物の配分という意味では「タグ」ですね．でも，そのタグをどうやったら一生維持できるかな．もしも構造によらず生化学だけでそれができるくらいだったら，リン酸化だって一生維持できていいじゃないかってことになりますよ．

■シナプス新生で新たな情報を獲得できるか
冨永：シナプス新生って，同一のシナプス前細胞とシナプス後細胞の間で起きるんでしょうか．
小倉：ん？　どういう意味ですか．
冨永：LTP に伴ってシナプスが大きくなり，やがて分裂して増えるという説がありますね（6.10節参照）．でも，私たちの観測結果はそうではなく，シナプスが既存のシナプスとは無関係にニョキニョキ発芽するようにみえます．もちろん，完全に無関係ではなくて，LTP を起こしたシナプスの近くという縛りはありますけど．

　でも，分裂仮説と発芽仮説って，ごく小さな違いのようにみえて，結構大きな差じゃないかと思うんです．だって，分裂では，伝達強化は起こせても，プレ・ポストの組み合わせは変わりません．だけど，発芽がグルタミン酸の溢出（スピルオーバー）によって起こるとしたら，そのプレ・ポストの一対にだけじゃなくて，隣にあるニューロンにも及んじゃいます．発芽が隣のニューロンに及べば，経路が増えることになります．
小倉：なるほど，そうですね．下流の回路が増えることになる．これは分裂仮説と発芽仮説の重要な違いですね．発芽によればより多くの，またはより細かな情報を担えるだけの細胞数を動員できる．それ，どうやったら実験的に確かめられますかね．

冨永：GFPで標識した切片培養を長期ライブ観察することでしょうか．

小倉：それはすでに手掛けてます．10年前に，GFPをアデノウィルスベクターで入れてライブ観察しようとしたことがありましたね．GFPが一過性の発現しかせず，RISEの過程を観察することはできませんでしたが，今やり直すとしたら，トランスジェニックマウスで，GFPをところどころに発現する系統があります．これはゲノムに組み込まれてるから長期観察できる．

冨永：そこで1個の細胞にRISEを起こして，隣の細胞にシナプス発芽が起きないかみればいい．ただ，1個の細胞をどうやって興奮させるかが問題です．電極では傷がつきます．ケージド化合物なら細胞を傷つけずに興奮させることは可能かもしれませんね．

小倉：あるいは，光によって脱分極を起こすチャネルロドプシンを利用して，1つのプレから溢れるほどの量のグルタミン酸を放出させて，直下のポストと周囲のポストの動きを見比べる方法でしょうか．まてよ，1つのシナプスを超えてスピルオーバーするのは，プレからのグルタミン酸とは限らないな．ポストからのBDNFだってありうる．その仮説なら，チャネルロドプシン活性化はポスト側に適用するべきかな．

　ところで，シナプスが新生・廃止するとき，リーダーシップをとっているのはプレかしら，ポストかしら．

冨永：プレからグルタミン酸が出なければ興奮が始まらないんですから，因果的にはプレがリード役でしょう．でも，今問題にしているのは，ポストの発芽が原因でプレがついてくるのか，プレの分枝が原因でポストが発芽するのかということですよね．それならポストがリード役でしょう．プレはオッチョコチョイというか，つねにウロウロ相手を探して出入りしていて，ポストが発芽すればすぐ飛びついてくる，って感じがします．私の観察経験では．

■LTPとRISEの間に谷間はあるか

冨永：自分の実験結果にケチをつけるのもヘンですが，RISEは，3回のLTP繰り返しのあと，その3回目のLTPも消えてから，ゆっくり立ち上がります．LTPが短期記憶で，RISEが長期記憶なら，いったん記憶が薄れると

いう谷間があるんでしょうか．

小倉：実際には谷間はないでしょう．3回というのは必要最低条件であって，実際の動物個体では4回目のLTPも，5回目のLTPもあって，3回目後の谷間を埋めていると考えるのが自然だと思います．ただ，条件を厳密につめて動物実験したら，谷間がみえてくるかもしれません．

冨永：たとえばどんな条件？

小倉：場所細胞（1.1節参照）実験では，ラットが睡眠中に昼間の体験，ラットは夜行性だから前夜の体験かもしれないけど，それをバーチャルに追体験して，記憶の固定を行っているといいます．夢はそのためにみている，という考えもできます．

冨永：夢はだいたい3時間おきにみます．これは，私がみつけた「RISEを導くLTPの繰り返しは，続けざまではダメで，少なくとも3時間の間隔が必要だ」という結果と合致します．実際ヒトの心理学実験で，夢をみそうになったら（REM睡眠に入ったら）揺り起して夢をみさせない，というようなことをすると，記憶が保存されないそうです．

小倉：そうですね．だから，2回までは夢をみてよいが，3回目は禁じるとやったらどうなるでしょうね．完全断眠と同じ結果になるとか．もしかすると，1回目は実体験で，2回目以降が夢かもしれない．だったら夢を1回だけみせた場合と2回以上みせた場合とで比較する．そうやったら，2回ではダメとか，谷間がみえてくるとかあるかもしれません．それこそ夢のような話ですが．

■海馬は記憶の貯蔵庫か

冨永：私たちがシナプス新生を海馬でみていることを，ときどき批判されます．「海馬は本当に記憶の保存部位なのか」って．

小倉：あ，それは誤解です．海馬はモデル系です．でも，海馬も原皮質という別名があるように皮質の端くれですから，新皮質で起こる出来事を同様に起こすだけの仕組みは備わっているはずです．原皮質と新皮質で，シナプス新生がまるで違う機構で起こるとは思われないので，海馬に代表させて実験しているにすぎません．それはLTPの実験だって同じことですよ．

冨永：「LTP イコール長期記憶」と考える人たちも，「海馬の LTP イコール長期記憶」とは考えてませんからね．まあ，そう考えている人も，中にはいますが．

小倉：海馬 LTP と等価な LTP は新皮質でも起きます．視覚野でも前頭葉でも．ただ実験条件を揃えるのが，海馬や小脳以外では容易でないので，わざわざ苦労して新皮質でやることはない，というだけのことです．しかし，RISE が他の脳部位でも起きることを示しておく必要はありますね．

冨永：実際，起きます．まだ嗅内野だけ（7.13 節参照）ですから，一般化するには不十分かもしれませんけれど，嗅内野は新皮質ですから，議論を皮質一般に拡張できる期待はもてます．

　切片培養という系で実験をしていることが批判されることもあります．「成熟脳なら LTP は 1 発で長期持続するぞ，培養系は何か大事なものが足りなくて，それで 3 回も繰り返さなくちゃならないんだろう」って．

小倉：成熟動物からの急性切片標本で起こせることは，調べた限りすべて培養切片でも起こせますから，そんな心配はないと思いますが，それは確かに気を配らなくちゃいけないことではありますね．たとえば，「培養切片は抑制性ニューロンが分化する前につくってるだろう，だから自然状態より抑制が足りないんだ」とか．

冨永：それはないでしょう．ビククリン（GABA 受容体の阻害薬）で GABA 伝達を止めると，たちまち大暴れしますよ．むしろ抑制が利いて自発興奮は急性切片より少ないくらいでしょう．

小倉：じゃ，逆に「自発活動が少ないから伝達効率が底を打っていて，だからLTPが起きやすいんだろう」とか，「だから RISE みたいな現象がみえるんだろう」とか．「培養海馬はまだ未熟で，シナプスが新生する余地がいっぱい残っているけど，成熟脳にはもう余地がない，RISE は未熟脳の現象で，培養でしか起きないだろう」とか．

冨永：うーん．そういう意見もくるし，分子レベルで，たとえば「培養はベースの環状 AMP レベルが低いんじゃないか」とか，「培養切片は PKA 活性が低くて，1 回目の LTP や 2 回目はそのレベルを急性切片並みにもち上げるために必要なだけじゃないか」とか．

小倉：なるほど．確かにその可能性は否定しきれません．他にも文句はいくらでもつけられるでしょう．でも，少なくともいえることは，条件が整えば，皮質にはこういうことを起こす能力が備わっている，ということです．だって，モデル系というのは元々そういうものです．可能性を示すためのものです．モデル現象がそのままインビボ脳で常に起きていると「思い上がっている」つもりはありません．そう期待はしていますけれど．

■ RISE と LOSS の意味

冨永：LOSS という現象の生理的意義なんですが，小倉先生おすすめの考えは，RISE とペアで起きて 1 つの記憶だという考えですね．でも，そうじゃなくて，独立に起こせて RISE は記憶，LOSS は忘却という単純な考え方もできます．あるいは，海馬は記憶の一時保存装置なので，皮質に移したらもう用はないから，LOSS は RISE を「ご破算」にする仕組みだ，という考え方もできます．それはありえないんですか．

小倉：考え方ですから，ありえないということはないでしょうが，それだったら LOSS はなぜ LTD を 3 回も繰り返さなくちゃいけないんでしょうね．1 回でいいでしょうに．そろばんで「ご破算で願いましては」と，チャーッと 1 回でやるでしょ．私は，さっきもいったように，RISE や LOSS は，本来は皮質で起こるものなんだ，と思ってます．海馬では長期保存はしないので，そもそも「ご破算」は不要じゃないかしら．

冨永：でも，RISE によってかどうかはわからないけれど，海馬でも長期記憶は起きているという証拠はあります．たとえば場所記憶はその例です．

小倉：ええ，確かに．時間と空間の情報は，コンピュータでいうところの OS（オペレーション・システム）にあたるような基本情報ですから，それだけは海馬の中に置いておいて，消さないんでしょう．そういう基本情報は，海馬でも RISE と LOSS によって保存されているかもしれない．

冨永：海馬は，哺乳類脳の中で例外的にニューロン新生が一生続いている部位です．しかし海馬が一生大きくなり続けているわけではないので，海馬ニューロンは入れ替えが一生続いているということになります．海馬のデータ消去は，この細胞入れ替えで行われている，という考えもあるようです．

小倉：海馬では LOSS なんかでシナプスを消す必要はない，新しいニューロンが新しいシナプスをつくって，古いシナプスを細胞ごと蹴散らしていくんだ，という考えですね．富山大学の井ノ口先生が最近そういう論文を出しました．そういうことはあっておかしくないでしょう．海馬でデータを「ご破算」にする仕組みはとくに考えなくていい，という意味では私と方向はいっしょです．

　でも，海馬でもニューロン新生が続くのは歯状回だけです．海馬 CA1 も新皮質も，細胞の入れ替えはできません．だから，一歩譲って，歯状回では新生ニューロンが古いニューロンと古いシナプスを追い落とせるとしても，他では LOSS のようなシナプスレベルの機構で廃止をする必要があるんじゃないでしょうか．とはいえ，私は皮質でも「ご破算」はしてないだろうと思います．やはり私は，LOSS は「ご破算」ではなく，RISE と一組でハイライティングだ，と考えたいですね．こういう，直接実証できない概念的なことは，論文には書けませんけれど．

冨永：概念は総説に書くのでしょう．

小倉：そうです．定年までに全貌をつかんで，それを総説に書いてから引退したいですね．全貌って，何もかもすべてという意味ではなく，大きな見通しという意味です．でも，総説を書くには，原著論文をたくさん出しておかないといけない．個々の原著論文は細部ですから，実験量に比例する．

冨永：わっ，矛先がこっちに向いてきた．しかし，私たちのような，通説と違う説は，論文がなかなか通りません．敵意丸出しのレフェリーが，実験系から何から全く認めず，即，ナンセンス！　リジェクト！　っていって寄越しますからね．

小倉：メジャーな雑誌ほど，「斯界（しかい）の権威」が査読するから，手ひどい反発を受けます．でも，それにひるんで論文を引っ込めてしまったら，外からみれば結局実験しなかったのと同じです．メジャー雑誌でなくても，ともかく形として残し，1つずつ積み上げていかないと，後の人に伝わりません．リジェクトをばねにしてがんばりましょう．

冨永：リジェクトをばねになんていったら，私なんかもう全身ばねで，大リーグ養成ギブスを着けた星飛雄馬（ひゅうま）みたいなもんです．

■ 謝　辞

　本書を上梓するにあたって，当研究室の過去・現在のメンバーの顔と研究とをあらためて思い起こし，彼らの情熱と努力があってこそ研究を進められたことを再認識した．テーマの関係で本文中では言及できなかったメンバーも含め，各位に心からの謝意を表したい．また，研究の場面場面でさまざまなご支援・ご協力をいただいた先生方，とくに黒田洋一郎先生・木村純子先生ご夫妻（東京都神経科学総合研究所），工藤佳久先生（東京薬科大学），田代朋子先生（青山学院大学），加藤宏司先生（山形大学），小澤瀞司先生（群馬大学），小島正己先生（産業技術総合研究所），岡田誠剛先生，松田博子先生（関西医科大学），高橋正身先生（北里大学），近藤俊三先生（日本電子），柳田敏雄先生，木下修一先生，近藤寿人先生（当研究科）に，深くお礼申し上げる．朝倉書店編集部の方々にも大変お世話になった．感謝したい．

　最後に筆者（小倉）の悪癖ながら，拙詩を記して本書を終える．

生命機能研究科
生動万端原理何　　せいどうばんたんげんりはなんぞ
命夫尽論尚疑多　　めいふろんをつくしてなおぎおおし
機経杼緯成綾錦　　きけいちょいりょうきんをなす
能合諸才解綺羅　　よくしょさいをあわせてきらをとかん

（生命ダイナミクスの表出は綺羅のようにさまざまだが，貫く原理は何か．研究科参加を命ぜられた研究者が論を尽くしても，まだまだ解けない疑問ばかりだ．しかし，多彩華麗な綾錦（あやにしき）も，機（はた）が縦糸を，杼（ひ）が横糸を寄せてできあがるもの．皆の才と技を寄せて融合させれば，この綺羅の秘密も解きほぐせるだろう．七絶平声歌韻：科／何多羅）

索　引

欧　文

A10　51
AC　87
AMPA型グルタミン酸受容体　75, 80
APP　165
βアミロイド　164
BDNF　120, 148
CA1　72, 125
CA3　72, 125
CaMKⅡ　87, 94
Ca透過性AMPA型受容体　82, 136
Ca^{2+}イメージング装置　91
Ca^{2+}回転仮説　120
Ca^{2+}過負荷仮説　160
Ca^{2+}/ジアシルグリセロール依存性タンパク質リン酸化酵素　87, 112
Ca^{2+}窓仮説　119
CREBP　89
Di-4-ANEPPS　129
dunce　64
EPSP　19
excitation　25
failure　24
firing　26
Gタンパク質共役型　22
GABA　19
GFP　91, 188
GluR1　80, 136
HPA軸　170
I-1　89
integration　19
IPSP　19
LOSS　141
LTD　68, 95, 105
LTP　68, 105
MAPK　134
MAPKK　134
Mg^{2+}蹴り出し　84
Mg^{2+}閉塞　84
MRI　171
mRNA編集現象　83
NGF　148
NMDA型グルタミン酸受容体　75, 84
PET　171
PKA　59, 87
PKC　87, 112
PLA　87
PP1　88
PP2　97
PPF　116
proBDNF　145
PSD　103
PTF　116
PTHrP　121
PTSD　171
REM睡眠　189
RISE　128
spill-over　151
st-LTP/LTD　98
synaptic delay　27
threshold　19

あ　行

アクティブシナプス　76
足場タンパク質　88
アストログリア　14
アスパラギン酸　79
アセチルコリン　20, 43
アデニル酸シクラーゼ　58, 87
アポトーシス　162
アミノホスホノ吉草酸　75
アミロイド前駆体タンパク質　165
アメフラシ　36, 53
アラキドン酸合成酵素　87
アルツハイマー病　164
アンドロゲン　172

イオンチャネル共役型　22
閾値　19
異シナプス性LTD　110
異シナプス性LTP　111
依存症　47
一次視覚野　147
一酸化窒素合成酵素　87
溢出　151
遺伝子改変マウス　94
イートミー信号　163
意味記憶　1
陰陽効果　149

ウミウシ　60

鋭敏化　54
エクオリン　91
エストロゲン　121, 172
エタノール　50
エピジェネティック制御　183
エピソード記憶　1
鰓引き込み学習　36
塩化物イオン　18
塩基多型　149
延髄　10
エンドルフィン　51

おばあさん細胞　37, 184
オペラント条件づけ　65
オリゴデンドログリア　14

か 行

カイニン酸型グルタミン酸受容
　　体　75
海馬　2
海馬 LTD　95
海馬 LTP　4, 68
覚醒剤　47
拡大切片培養　154
画像記憶　3
可塑性　6
活動依存的生存　119, 123
活動電位　26
カフェイン　50
株細胞　16
過分極　19
ガラス管微小電極　23
カリウムイオン　18
カルパイン　86
カルモジュリン　86
カルモジュリン依存性タンパク
　　質リン酸化酵素　86
環境ホルモン　175
環状 AMP　36
環状 AMP 依存性タンパク質キ
　　ナーゼ　59, 87
環状 AMP 反応性要素結合タン
　　パク質　89
環状 AMP ホスホジエステラー
　　ゼ　65
カンナビノイド　52
間脳　10
ガンマアミノ酪酸　19

記憶貯蔵庫　190
キスカル酸型グルタミン酸受容
　　体　75
機能局在　40
機能的円柱　147
キノコ体　2, 66
逆伝播　99
逆行性健忘　164
逆行性伝導　125
嗅球　9
弓状核　51

急性切片　118, 124
嗅内野　154
橋核　123
共焦点顕微鏡　105
棘　127
虚血　158
虚血性神経細胞死　157

杭状棘　137
グリア　13
グリア伝達物質　17
グリシン　20, 173
グルタミン酸　19, 79, 126
グルタミン酸受容体　75, 136

形態変化　103
ゲイン調節　114
ケージド化合物　108
血液脳関門　14
ケニオン細胞　66
原皮質　10

交感神経節　46
後期 LTP　116
後細胞説　74
後索核　5
行動解析　155
後脳　9
高頻度刺激　69
興奮　25
興奮性アミノ酸　79
興奮性シナプス後電位　19
興奮性伝達物質　21
興奮毒性　119, 161
交連線維　78
コカイン　48
黒質　48
骨相学　40
コンディショニング　3

さ 行

再還流障害　162
最初期遺伝子　152
細胞外誘導　28
細胞仮説　36, 183
細胞接着分子　169
細胞体　13
細胞内 Ca^{2+} 濃度　91, 119, 159

細胞内誘導　28
細胞分裂促進因子関連タンパク
　　質キナーゼ　134
サイレントシナプス　76
作業記憶　6
酸素欠乏　161

ジエチルステルベストロール
　　175
視蓋　10
軸索　13
軸索初節　19
自己脳刺激　51
視床　5
歯状回　68, 125
指状突起　137
シータ・バースト刺激　72
失敗伝達　24
悉無的　27
シナプス　17
シナプス仮説　34, 185
シナプス恒常性　150
シナプス後肥厚　103
シナプス新生　132
シナプス前促通　57
シナプス剪定　45, 156
シナプス遅延　27
シナプス廃止　143
シナプス発芽　139, 187
シナプス分裂仮説　103, 187
シナプトフィジン　132
シャファー線維　72, 125
樹状突起　13
樹状突起幹　137
樹状突起棘　127
樹状突起局在性 RNA　102
順応　116
条件づけ　3
条件反射　41
ショウジョウバエ　36
情緒性分泌　41
情動　6
小脳　10
小脳 LTD　110
小脳 LTP　110
小脳顆粒ニューロン　118
情報強調　150
初代培養　16
ジョロウグモ毒素　136

侵害刺激　56
神経管　8
神経幹細胞　15
神経筋接合部　43
神経細胞の増殖　10
神経成長因子　148
神経節　11, 46
神経伝達物質　17
神経胚　8
神経ペプチド　21
心的外傷後ストレス障害　171

錐体ニューロン　72, 125
竦み反応　6
スコトフォビン　33
ストレス　170
スーパーファミリー　22

静止電位　19
性的二型核　121
赤核　139
脊索　8
セクレターゼ　167
切片培養　117
セロトニン　48
前行性健忘　164
穿孔パッチ法　29
前交連線維　125
前細胞説　74
線条体　48
センチュウ　37
穿通線維　68
前庭動眼反射　114
セントラルドグマ　32, 83
前脳　9

想起　34
走光性抑制学習　36
ゾウリムシ　23
阻害タンパク質1　89
側坐核　48
即時記憶　4
素量解析　75

た 行

代謝共役型グルタミン酸受容体　112
苔状線維　78, 126

体性感覚野　147
大脳　9
大脳運動野　139
大脳皮質　10
タウキナーゼ　166
タウタンパク質　165
ダウン症　167
タグ　100
脱感作　48, 116
脱分極　19, 84
短期記憶　4
端細胞　10
タンパク質脱リン酸化酵素1　88
タンパク質脱リン酸化酵素2　97

遅延記憶　5
中期記憶　4
中脳　9
中脳水道周囲灰白質　51
聴蓋　10
長期記憶　4
長期増強現象　68
長期抑圧現象　68
調節サブユニット　115
地理的構成性　150
陳述記憶　1
鎮痛　49

対パルス促通　116

低体温治療　162
テタヌス刺激　72, 131
テトロドトキシン　145
デールの規則　21
電位依存性Caチャネル　58
電位依存性Kチャネル　26
電位依存性Naチャネル　25
電位感受性色素　129
電気シナプス　30
電子顕微鏡　132
伝導　26

ドゥーギーマウス　90
統合　19
同シナプス性LTD　110
同定ニューロン　54
登上線維　109

ドーパミン　48
ドレブリン　132

な 行

内在性麻薬様物質　49
内側毛帯　5
ナトリウムイオン　18
慣れ　53

二光子共焦点顕微鏡　105
ニコチン　50
二重制御　112
ニューロステロイド　174
ニューロトロフィン　148
ニューロン新生　192

ネオテニー　186
ネクローシス　162
ネコ片眼遮蔽実験　144

脳萎縮　165
脳幹　10
脳血管性痴呆　158
脳血栓　158
脳出血　158
嚢胚　8
脳由来神経栄養因子　120, 148
ノルエピネフリン　46

は 行

バイアスト・ランダム・ウォーク　154
排除　117
薄切切片　70
梯子状　11
場所細胞　2
罰　5
発火　26
発火タイミング依存的可塑性　98
パッチ・クランプ法　29
反響回路　154
斑状シナプス　103
反応性グリア　17

皮質盲　147
ビスフェノールA　175

微速度撮影 152
非陳述記憶 1
表在化 76
標識 100
疲労 116

フォトダイオードアレイ 130
フォルスコリン 127
複棘シナプス 104
複棘終末 137
副甲状腺ホルモン関連ペプチド 121
副腎皮質ホルモン 170
腹側被蓋野 5, 48
腹部神経節 56
物質仮説 32, 39
プラナリア 32
プレ説 74
プロゲスチン 172
分散培養 117, 135

平行線維 109
平衡胞 61
ヘッブの仮説 34
ペプチド性伝達物質 60
辺縁系 5
扁桃体 6

放射グリア 15
報酬 5
報酬系 48
縫線核 48
胞胚 8
ポスト説 74
ホールセル・クランプ法 29

ま 行

膜抵抗 102
麻薬 47

ミクログリア 14
未使用シナプス 185
水迷路 2, 93

迷走神経 41
免疫記憶 39

網膜 10

網羅的遺伝子解析 134
モノアミン 47
モルヒネ 49

や 行

有孔シナプス 103, 137
夢 2, 189
ゆらぎ 152

幼形成熟 186
幼若型受容体 82
抑制性シナプス後電位 19
抑制性伝達物質 21

ら 行

緑色蛍光タンパク質 91

連続発火後促通 116

老人斑 164

人 名

アルコン，ダニエル 36, 60
アルツハイマー，アロイス 164
アルバニタキ，アンジェリク 54
アンガー，ジョージ 33
伊藤正男 109
井ノ口馨 155, 192
ウィーゼル，トルステン 147
江橋節郎 24
岡哲雄 49
小澤瀞司 82
小野富男 121

河西春郎 104
カーソン，レイチェル 175
鎌田武雄 23
ガル，フランツ 40
川合述史 138
川人光男 51
カンデル，エリック 34, 54
クイン，ビル 63
工藤佳久 86
久場健司 46

クリック，フランシス 32
小泉修一 17
纐纈教三 46
コーエン，スタンレー 148
コーエン，ラリー 129
小島正己 145
コリングリッジ，グラハム 75

崎村健司 93
ザクマン，ベルト 28
桜井正樹 109
サトウ，ゴードン 122
サルツバーグ，ブライアン 129
ジェラード，ラルフ 23
シェリントン，チャールズ 17
篠崎温彦 75
下村脩 91
シュバルツクロイン，フィリップ 69
昭和天皇 63
鈴木達雄 88
瀬良好太 44

高村光太郎 50
田代朋子 134
チェン，ジョー 94
チェン，ディック 86
チェン，ロジャー 107
塚原仲晃 139
デイビス，ロン 64
デール，ヘンリー 21
利根川進 94

中島暉躬 138
中西重忠 21
沼正作 21
ネーア，エルヴィン 28
ノヴァク，リンダ 84

ハクスレー，アンドルー 23
畠中寛 120
バーディ，イヴ=アラン 148
パブロフ，イワン 3, 41
ヒューベル，デイビッド 147
深作欣二 50
ブー，ムーミン 98
フライ，ウーヴェ 100
ブリス，ティム 36, 68

索　引

ベア，マーク　95
ヘップ，ドナルド　34
ベンザー，シーモア　36
ペンフィールド，ワイルダー
　　38
ホジキン，アラン　23
ボードリー，ミシェル　86

マッコーネル，ジェームズ　32
マリノウ，ロバート　86

マレンカ，ボブ　76
水波誠　67
宮脇敦史　107
ミュラー，ドミニク　103
メンツェル，ランドルフ　67
モリス，リチャード　93

柳田敏雄　153
山本長三郎　70
吉川和明　168

リンチ，ゲリー　86
ルー，バイ　149
レビ＝モンタルチーニ，リタ
　　148
レモ，テリェ　36，68

ワトソン，ジェームズ　32

著者略歴

小倉明彦（おぐらあきひこ）
1951年　東京都に生まれる
1977年　東京大学大学院理学研究科
　　　　動物学専攻修士課程修了
現　在　大阪大学大学院生命機能研究科教授
　　　　理学博士

E-mail: oguraa@fbs.osaka-u.ac.jp

冨永恵子（とみながけいこ）
1964年　福岡県に生まれる
1993年　九州大学大学院薬学研究科
　　　　薬学専攻博士課程修了
現　在　大阪大学大学院生命機能研究科准教授
　　　　薬学博士

E-mail: tomyk@fbs.osaka-u.ac.jp

研究室ホームページ: http://www.fbs.osaka-u.ac.jp/jpn/general/lab/18

シリーズ〈生命機能〉3
記憶の細胞生物学　　　　　　　定価はカバーに表示

2011年2月15日　初版第1刷

著　者　小　倉　明　彦
　　　　冨　永　恵　子
発行者　朝　倉　邦　造
発行所　株式会社　朝　倉　書　店

東京都新宿区新小川町 6-29
郵便番号　162-8707
電　話　03(3260)0141
FAX　03(3260)0180
http://www.asakura.co.jp

〈検印省略〉

© 2011 〈無断複写・転載を禁ず〉　　　新日本印刷・渡辺製本

ISBN 978-4-254-17743-5　C 3345　　　Printed in Japan

| 阪大 木下修一著
| シリーズ〈生命機能〉1

生物ナノフォトニクス
―構造色入門―

17741-1 C3345　　　A 5 判 288頁 本体3800円

ナノ構造と光の相互作用である"構造色"(発色現象)を中心に，その基礎となる光学現象について詳述。〔内容〕構造色とは／光と色／薄膜干渉と多層膜干渉／回折と回折格子／フォトニック結晶／光散乱／構造色研究の現状と応用／他

| 阪大 河村　悟著
| シリーズ〈生命機能〉2

視　覚　の　光　生　物　学

17742-8 C3345　　　A 5 判 212頁 本体3000円

光を検出する視細胞に焦点をあて，物の見える仕組みを解説。〔内容〕網膜／視細胞の応答発生メカニズム／視細胞の順応メカニズム／桿体と錐体／桿体と錐体の光応答の性質の違いを生みだす分子基盤／網膜内および視覚中枢での視覚情報処理

| 東京成徳大 海保博之監修・編
| 朝倉心理学講座 2

認　　知　　心　　理　　学

52662-2 C3311　　　A 5 判 192頁 本体3400円

20世紀後半に隆盛を迎えた認知心理学の，基本的な枠組みから応用の側面まで含めた，その全体像を幅広く紹介する。〔内容〕認知心理学の潮流／短期の記憶／注意／長期の記憶／知識の獲得／問題解決・思考／日常認知／認知工学／認知障害

| 東京成徳大 海保博之監修　前広島大 利島　保編
| 朝倉心理学講座 4

脳　神　経　心　理　学

52664-6 C3311　　　A 5 判 208頁 本体3400円

脳科学や神経心理学の基礎から，心理臨床・教育・福祉への実践的技法までを扱う。〔内容〕神経心理学の潮流／脳の構造と機能／感覚・知覚の神経心理学的障害／認知と注意／記憶と高次機能／情動／発達と老化／リハビリテーション

| 元東大 石川　統・立教大 黒岩常祥・京産大 永田和宏編

細　胞　生　物　学　事　典

17118-1 C3545　　　A 5 判 480頁 本体16000円

細胞生物学全般を概観できるよう約300項目を選定。各項目1ないし2ページで解説した中項目の事典。〔内容〕アクチン／アテニュエーション／RNA／αヘリックス／ES細胞／イオンチャネル／イオンポンプ／遺伝暗号／遺伝子クローニング／インスリン／インターロイキン／ウイルス／ATP合成酵素／オペロン／核酸／核膜／カドヘリン／幹細胞／グリア細胞／クローン抗体／形質転換／原核生物／光合成／酵素／細胞核／色素体／真核細胞／制限酵素／中心体／DNA，他

| 海保博之・楠見　孝監修
| 佐藤達哉・岡市廣成・遠藤利彦・
| 大渕憲一・小川俊樹編

心　理　学　総　合　事　典

52015-6 C3511　　　B 5 判 792頁 本体28000円

心理学全般を体系的に構成した事典。心理学全体を参照枠とした各領域の位置づけを可能とする。基本事項を網羅し，最新の研究成果や隣接領域の展開も盛り込む。索引の充実により「辞典」としての役割も高めた。研究者，図書館必備の事典〔内容〕Ⅰ部：心の研究史と方法論／Ⅱ部：心の脳生理学的基礎と生物学的基礎／Ⅲ部：心の知的機能／Ⅳ部：心の情意機能／Ⅴ部：心の社会的機能／Ⅵ部：心の病態と臨床／Ⅶ部：心理学の拡大／Ⅷ部：心の哲学

| 理研 甘利俊一・前京医大 外山敬介編

脳　科　学　大　事　典

10156-0 C3540　　　B 5 判 1032頁 本体45000円

21世紀，すなわち「脳の世紀」をむかえ，我が国における脳研究の全貌が理解できるよう第一線の研究者が多数参画し解説した"脳科学の決定版"。〔内容〕総論(神経科学の体系と方法，脳の理論，脳の機能マップ，脳の情報表現原理，他)／脳のシステム(認知，記憶と学習，言語と思考，行動・情動，運動，発達と可塑性，精神物理学と認知心理学)／脳のモデル(視聴覚系・記憶系・運動系のモデル，認知科学的アプローチ，多層神経回路網，パターン認識と自己組織化，応用，最適化，他)

上記価格(税別)は 2011 年 1 月現在